“十三五”国家重点出版物出版规划项目

先进制造理论研究与工程技术系列

产品公差设计与虚拟装配

王 瑜 著

哈爾濱工業大學出版社
HARBIN INSTITUTE OF TECHNOLOGY PRESS

内容简介

虚拟装配技术作为数字化制造中的一个重要方面，越来越受到人们的重视。利用虚拟装配技术能及早发现设计、制造和装配中的问题，从而减少产品的开发成本，缩短开发周期，提高产品装配的效率和质量。

本书主要介绍了公差产品（含公差的产品）虚拟装配中的基本理论和关键技术。全书共分6章，内容包括：虚拟装配系统的开发基础、尺寸链自动生成及产品公差设计、基于虚拟现实的公差产品建模技术、基于虚拟现实的公差产品装配工艺规划、基于虚拟现实的公差产品虚拟装配及摩托车发动机虚拟装配系统开发实例。

本书可供从事虚拟装配、计算机辅助公差设计研究的人员参考，也可作为高等院校相关专业的教材。

图书在版编目(CIP)数据

产品公差设计与虚拟装配/王瑜著. —哈尔滨：哈尔滨工业大学出版社，2019.8
（先进制造理论研究与工程技术系列）
ISBN 978-7-5603-8239-5

Ⅰ.①产… Ⅱ.①王… Ⅲ.①公差—设计 Ⅳ.①TG802

中国版本图书馆 CIP 数据核字(2019)第 097697 号

策划编辑 张 荣
责任编辑 李长波 谢晓彤
出版发行 哈尔滨工业大学出版社
社 址 哈尔滨市南岗区复华四道街 10 号 邮编 150006
传 真 0451-86414749
网 址 http://hitpress.hit.edu.cn
印 刷 黑龙江艺德印刷有限责任公司
开 本 787mm×1092mm 1/16 印张 11 字数 260 千字
版 次 2019 年 8 月第 1 版 2019 年 8 月第 1 次印刷
书 号 ISBN 978-7-5603-8239-5
定 价 48.00 元

参 考 文 献

[1] 国家药典委员会编. 中华人民共和国药典（2010 年版 2 部）. 北京：中国医药科技出版社. 2010.

[2] 毕殿州主编. 药剂学. 第 4 版. 北京：人民卫生出版社. 2000.

[3] 崔福德主编. 药剂学. 第 7 版. 北京：人民卫生出版社. 2011.

[4] 梁文权主编. 生物药剂学与药物动力学. 北京：人民卫生出版社. 2003.

[5] 张汝华主编. 工业药剂学. 北京：中国医药科技出版社. 2001.

[6] 常忆凌主编. 药剂学. 北京：中国地质大学出版社. 2005.

[7] Michael E Aulton. Pharmaceutics. Third edition. Churchill Livingstone. 2007.

[8] 张绪峤主编. 药物制剂设备与车间工艺设计. 北京：中国医药科技出版社. 2000.

[9] 郑俊民主编. 药用高分子材料剂学. 北京：中国医药科技出版社. 2000.

[10] 邓才彬主编. 生物药物制剂工艺. 北京：人民卫生出版社. 2003.

[11] 李大魁主编. 药学综合知识与技能. 北京：中国医药科技出版社. 2008.

[12] 药品生产质量管理规范（2010 年修订）（卫生部令第 79 号）.

[13] 处方管理办法（卫生部令第 53 号）.

前　言

复杂产品的装配是产品制造中的瓶颈问题。对于像汽车、卫星这种结构复杂、零部件数量多、装配精度要求高的复杂产品，往往需经多次反复试装、拆卸、返修、再试装的过程，才能装配出合格产品。整个过程延长了复杂产品的开发周期，增加了制造成本，严重削弱了我国装备制造业的研制能力。据统计，在传统的制造过程中，1/3 以上的人在产品的生产过程中直接或间接从事与装配有关的工作，装配费用则占整个生产成本的 30%～50%。由此可以看出，装配是产品生产过程中的一个重要环节。

在装配环节上，目前主要存在以下两个问题：第一，在新产品的生产过程中，产品的生命周期被局限在"设计—制造（装配）—评价"和"实物验证"的封闭模式中，各个环节没有相互协调，产品的设计有误或不合理将导致无法进行装配，这时需要修改设计或重新设计；第二，产品的装配一直依赖人的经验知识和技巧，装配的质量取决于装配人员的技能和经验，且在产品的装配过程中装配人员无法实现与设计人员的知识交互。如果装配工艺不合理，需要重新调整装配工艺进行装配，对于不可拆卸的装配，重新调整装配过程将会导致零部件的损坏。这些问题均会导致产品成本增加、研发周期变长。随着经济的快速发展和市场的全球化，国内外市场竞争日益加剧，快速地适应满足市场需要、减少产品成本、提高产品质量和缩短产品研发周期这些因素对一个企业生存和发展越来越重要。为了提高产品的市场竞争力，企业不得不缩短产品的研发周期来抓住市场。运用现有的高新技术不断寻找新的设计方法，不断地缩短产品研发周期以适应市场需求。为了满足上述需要，迫切地需要新的方法和手段，而虚拟现实技术的出现为装配技术的发展开辟了新的研究领域。装配人员可通过虚拟现实的交互手段，在无须实物的模型下验证产品装配方案和实现装配过程的优化，从而有效地提高装配工作的效率和降低装配成本。虚拟装配正是在这种背景下提出的。

近年来，随着计算机技术和人工智能技术不断地深入发展，虚拟装配引起了越来越多的关注，国内外的学者对虚拟装配的理论以及应用做了大量的研究工作。虚拟装配是实际装配过程在计算机上的本质体现，即采用计算机仿真与虚拟现实技术，通过构建模型，在计算机上仿真装配的全过程，实现产品的工艺规划、加工制造、装配和调试。目前大多数虚拟装配系统都采用CAD系统建模，然后在虚拟环境下对模型信息进行重构，而复杂产品由于零部件的种类繁多会变得很难管理。同时，目前大多数虚拟装配系统中都采用理想尺寸的装配体，与实际装配存在差距。因此，在虚拟装配中考虑产品的公差，实现公差产品(含公差的产品)虚拟装配，将使虚拟现实环境下的装配仿真具有更高的拟实性与实用性，会使虚拟装配更具工程意义。

本书总结了作者多年从事虚拟装配系统理论与应用研究的成果，系统阐述了公差产品虚拟装配系统开发中所涉及的基于稳健性目标的公差设计方法、虚拟现实环境中的公差产品建模技术、装配工艺规划、基于虚拟现实的公差产品虚拟装配系统的开发等关键技术。

特别感谢崔岗卫、石义官、陈丽丽、杨文龙、闫荣杰、白金友、马在有等学生在虚拟装配方向上所做的研究工作及为本书撰写提供素材。

由于作者水平有限，书中可能存在疏漏及不足之处，恳请读者批评指正。

作　者

2019年3月

于哈尔滨工业大学

目　　录

第1章 虚拟装配系统的开发基础

1.1 虚拟装配系统的总体设计

1.1.1 软件系统的功能需求分析

虚拟装配系统是具有交互功能和虚拟环境的软件系统。在虚拟环境中，用户不仅可以通过三维鼠标操作零件进行装配，而且能够观察操作效果，同时还能对装配过程进行记录并生成装配文档。具体来说，虚拟装配系统应该包含如下功能。

(1)自动获取 Creo 模型生成虚拟装配系统所需的数据信息。

(2)具有良好沉浸感的虚拟现实环境，该环境能够快速生成装配管理系统中所需的模型，并且能够实时地处理图形数据。

(3)设计人员能通过三维鼠标操作虚拟环境下的零件进行仿真装配，并能通过外设来观察虚拟环境中的操作过程和结果。

(4)建立系统本身的标准零件模型库和工装工具模型库，能实现工具操作空间的验证。

(5)能够记录和显示零件的装配工艺，最终实现装配工艺的输出，生成装配工艺文档。

(6)系统具有用户管理功能，能实现对用户的管理。

(7)系统运行稳定可靠，用户界面美观、操作方便，占用系统资源较少。

1.1.2 软件系统的总体结构

1. 软件系统的层次结构

根据前面的功能需求分析，虚拟装配系统采用了模块编程的思想，把相同和相似的功能封装成类，减少冗余代码，提高软件系统的工作效率。虚拟装配系统的总体结构如图1.1所示，它由用户层、应用层、系统服务层和数据层组成。

(1)用户层。设计人员通过此模块与虚拟装配环境进行交互，完成设计者与系统之间的信息交换和操作控制。用户层包括用户界面、三维鼠标和二维鼠标。用户界面通过视图、界面、工具栏和菜单等方式实现了系统参数的设定、相关控制指令的输入及虚拟场景的可视化等。用户层对用户的指令和请求进行解析，然后调用应用层的相关功能模块进行处理。

(2)应用层。应用层实现了虚拟装配系统的主要功能，包括数据转换、模型加载、顺序规划、路径规划、装配仿真、工艺管理与工艺输出等。用户通过虚拟装配系统的模型转换接口将 CAD 中设计的零部件导入到虚拟现实的环境中。用户通过工艺规划得出的装配顺序和装配路径交互地操作零部件模拟装配过程，验证装配规划结果。应用层通过自动识别约束实现虚拟环境下零件的精确定位，及时发现规划中的问题并提醒用户进行修正，得到最优的装配规划结果，最终输出装配工艺文档或工艺视频。

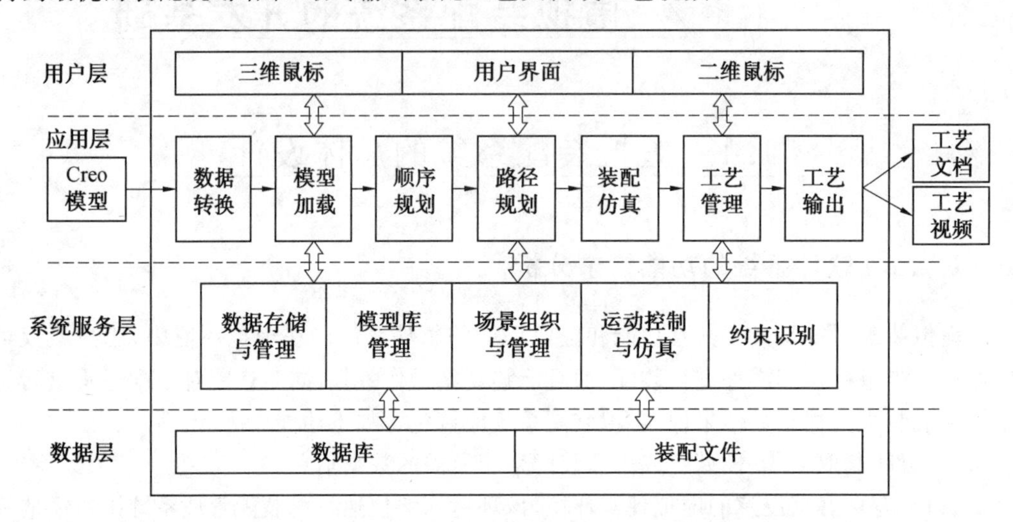

图 1.1 虚拟装配系统的总体结构

(3)系统服务层。系统服务层是虚拟装配系统的核心，包括数据存储与管理、模型库管理、场景组织与管理、运动控制与仿真和约束识别等模块。数据存储与管理模块包括数据库的动态创建、装配文件的生成和管理、数据库的访问等；模型库管理模块实现了对虚拟装配系统本身的工具模型库和标准零件模型库的建立、应用和管理等；场景组织与管理模块实现了虚拟场景图的建立、显示和模型的加载等；运动控制与仿真模块通过读取三维鼠标的数据来控制模型的运动和装配仿真操作等；约束识别模块实现识别相互碰撞的两零部件的约束，并对约束进行求解，进行零部件的精确定位。

(4)数据层。数据层包括数据库和装配文件两部分。数据库包括系统数据库和模型数据库两部分，系统数据库记录了用户信息、工装工具信息和国标零件信息等；模型数据库记录了模型的装配信息，包括零部件之间的层次结构、尺寸信息、约束信息和工艺信息。模型数据库支持系统动态创建，不需要设计人员干预。装配文件记录模型的几何信息，系统支持 NFF 文件和 SLP 文件两种格式。

2. 软件系统的工作流程

虚拟装配系统的工作流程如图 1.2 所示。

系统对 CAD 模型进行模型信息转换并将装配信息存入数据库，将几何信息存储到 NFF 文件中。在虚拟环境下对模型信息进行重构生成装配模型，通过三维鼠标移动零部件进行装配，系统实时地进行碰撞检测和约束识别。在碰撞检测和约束识别的基础上，进行精确定位，对需要装配工具的装配操作验证工具的操作空间，最后保存装配工艺信息，进行下一个装配任务。所有装配任务完成后，用户可以查看和修改装配工艺得到最优的装配工艺，最终输出装配工艺文档。

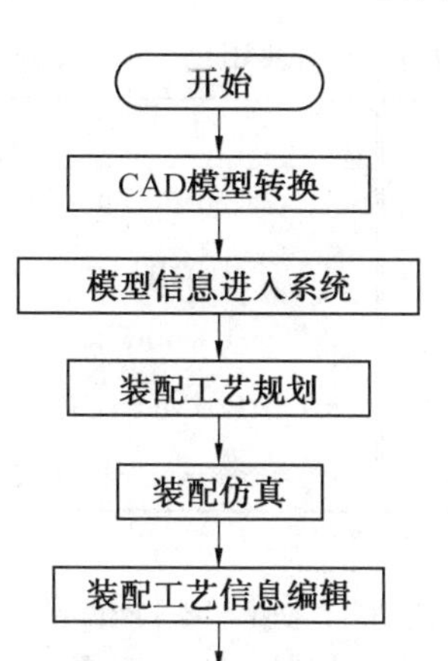

图1.2 虚拟装配系统的工作流程

1.2 虚拟装配系统的数据库设计

为满足便于管理、容易实现和数据完整性的基本要求和系统的功能需求，虚拟装配系统采用SQL Server来存储和管理数据。SQL Server是微软公司推出的数据库管理系统，与Visual Studio 2010(VS 2010)开发工具有良好的集成性，可以通过多种API接口进行数据连接，其功能强大、操作方便、易于掌握。虚拟装配系统的数据包括装配模型的数据和系统运行时的数据，因此设计了相应的模型数据库和系统数据库。

1.2.1 模型数据库的设计

产品的模型信息由数据库和一些NFF文件组成，模型数据库存储了模型的装配信息和工艺信息。具体来讲，模型信息由元件表(Part)、特征表(Feature)、尺寸表(PartDimension)和工艺表(Process)等13张表构成。下面给出了数据库中几个重要的表的结构及功能。

元件表描述了装配体中所含零件的信息和属性(表1.1)。在本数据库中，元件指产品中的零件或者组件。元件的装配路径表示了元件相对于装配体根结点的标识，由PartID所组成的数组来表示，存储于ProIDTable中。PartPosMatrix与表中的字段PartPosMatrixID相对应，描述零件的位姿矩阵。几何文件存储位置描述了零件的几何信息，组件时该字段的内容为空。

表 1.1 元件表中的字段及功能描述

字段	功能描述	字段	功能描述
Part＃	编号	ParentPart＃	装配体的零件编号
PartName	名称	PartID	在 Creo 中的标识
PartMateFeatID	配合特征矩阵	PartGeomFile	几何文件存储位置
PartType	类型	PartPosMatrixID	相对于装配体的初始位姿矩阵
ParentPartName	装配体名称	AsmcompPathID	元件的装配路径

特征表描述了装配模型中所有零件的特征及其属性(表 1.2)。特征表中的 OwnerPart＃与元件表中的 Part＃相对应,表示特征所属零件编号。特征的类型由 FeatureTypeName 和 FeatureSubTypeName 共同决定。常见的特征有拉伸、旋转和扫描等。

表 1.2 特征表中的字段及功能

字段	功能描述	字段	功能描述
Feature＃	特征编号	FeatureID	特征在 Creo 中的标识
OwnerPart＃	特征所属零件编号	FeatureType	特征类型
FeatureTypeName	特征类型名称	FeatureSubTypeName	特征子类型名称

几何项表描述了装配体中所有几何项的信息和属性(表 1.3)。零件由基本特征组成,特征则由基本的几何项组成,常见的几何项有表面、基准等。几何项表中的 OwnerFeat＃表示了几何项所属特征编号,OwnerPart＃表示了几何项所属零件编号,这两个字段与 GeomItemID 共同描述了唯一的几何项。

表 1.3 几何项表中的字段及功能

字段	功能描述	字段	功能描述
GeomItem＃	几何项编号	GeomItemID	几何项在 Creo 中的标识
OwnerFeat＃	几何项所属特征编号	GeomItemType	几何项类型
OwnerPart＃	几何项所属零件编号	GeomItemTypeName	几何项名称

表面表描述了装配体中所有零件的表面信息和属性,表 1.4 描述了表面表中的主要字段及功能。表面的类型包括平面、柱面、样条曲面、锥面和圆环面等。字段 SurfaceID 表示了表面在 Creo 中的标识,既与几何项表中的字段 GeomItemID 相对应,又与 NFF 文件中面片的 ID 值相对应,通过此字段便实现了虚拟装配模型面片层与表面层之间的相互映射,从而实现了装配信息和几何信息的集成。字段 SurfaceID 和 OwnerPart＃共同描述了一个零件的几何面。字段 Orientation 表示平面法向量或者圆柱面的轴线向量的方向。

表1.4 表面表中的主要字段及功能

字段	功能描述	字段	功能描述
Surface#	表面编号	SurfaceID	表面在Creo中的标识
SurfaceType	表面类型	SurfaceTypeName	表面类型名称
Orientation	表面方向	Diameter	圆柱面直径,平面为空
OwnerPart#	所属的零件号		

配合特征表描述了装配模型中零件特征之间的配合信息,表1.5描述了配合特征表中的字段及功能。常见的配合类型有插入、匹配和对齐等。

表1.5 配合特征表中的字段及功能

字段	功能描述	字段	功能描述
MateFeatID	编号	CompIsAsm#	零件2是否为组件
Asm#	组件1编号	AsmGeomItemID	组件1配合的几何项ID
AsmName	组件1名称	AsmGeomItemTypeName	组件1配合的几何项名称
Comp#	组件2编号	CompGeomItemID	组件2配合的几何项ID
CompName	组件2名称	CompGeomItemTypeName	组件2配合的几何项名称
MateType	配合类型	CompIsAsmName	装配件的名称
MateTypeName	配合名称		

尺寸表描述了装配体中零件的尺寸及配合尺寸的信息(表1.6)。尺寸值属性包括尺寸的名义值、上下偏差、实际值等。字段OwnerPart#和OwnerFeat#共同标识了尺寸所属的零件。

表1.6 尺寸表中的字段及功能

字段	功能描述	字段	功能描述
Dim#	尺寸编号	DimID	尺寸在Creo中的标识
OwnerPart#	尺寸所属零件号	OwnerFeat#	尺寸所属特征号
DimType	尺寸的类型	DimValue	尺寸名义值
ULimit	尺寸上偏差	LLimit	尺寸下偏差
ProcessError	尺寸实际值	DimSymbol	尺寸符号

工序表描述了装配的装配工序(表1.7)。装配工艺的工程信息存放在工艺表中,该表的构成较简单。工序表中的字段AssemblyName与工艺表中的AssemblyName相对应,是这两张表沟通的桥梁。

表 1.7 工序表中的字段及功能

字段	功能描述	字段	功能描述
ProcedureID	工序号	ProcedureName	工序名称
ProcedureDesc	工序内容	Tool	装配工具
OtherMaterial	辅助材料	WorkShop#	车间
ProcessID	工艺序号	AssemblyName	组件名称

1.2.2 系统数据库的设计

系统数据库描述了系统自身的基本信息，由标准件表(GBLibs)、系统用户表(SysUser)和工具表(Tool)组成。SysUser 管理系统用户和系统初始值的设定，该表的结构较简单。Tool 用于对系统常用工具的存储和管理(表 1.8)。采用字段 ToolName 和 ToolDim1 共同表示一个装配工具。GBLibs 实现对标准零件信息的存储和管理(表 1.9)，字段 Name 和 Para1 标识了标准零件库中的零件。

表 1.8 工具表的字段及功能

字段	功能描述	字段	功能描述
Tool#	工具编号	ToolName	工具名称
ToolGeomFile	工具几何文件	ToolType	工具类型
ToolDim1	关键特征参数	ToolDim2	其他特征参数
ToolDim3	其他特征参数	ToolDim4	其他特征参数
Material	工具材料	ToolDesc	工具描述

表 1.9 标准件表的字段及功能

字段	功能描述	字段	功能描述
Part#	零件编号	Name	零件名称
Type	零件类型	Para1	零件尺寸
Para2	零件尺寸	Para3	零件尺寸
ToolDim3	其他特征参数	ToolDim4	其他特征参数
Detail	零件的具体描述	Geom	零件的几何文件

1.2.3 数据库访问技术

软件系统在运行过程中，需要频繁地访问数据库来进行数据的存储和调用，为了实现对数据库的操作和提高运行效率，除了设计相应的数据库之外，还要设计数据访问层，以便虚拟装配系统对数据库的访问。VS 2010 提供的数据库访问技术主要包括 ODBC(开放数据互连)、MFC ODBC(MFC ODBC类)、DAO(数据访问对象)、OLE DB(对象链接与嵌入数据库)和ADO(ActiveX数据对象)。在虚拟装配系统中使用ADO数据库访问技术来访问数据库,通过在开发的软件系统与SQL Server数据库之间建立一个连接,实现软件系统对模型信息的存储与调用。

ADO是一种基于OLE DB底层技术的高层数据库访问技术,ADO封装了OLE DB所提供的接口,通过访问OLE DB提供的程序来访问数据库,用户能够编写应用程序以通过OLE DB访问和操作数据库中的数据。相比于其他数据库访问技术,ADO具有编程简单、使用方便、访问速度快、占用磁盘空间少和内存消耗少等优点。

在VS 2010中使用ADO操作数据库有两种方法:一种是使用ActiveX控件,另一种是使用ADO对象。使用ADO对象具有更大的灵活性,将ADO对象封装到类中就能很好地简化对数据库的操作。ADO中包含三个核心对象:连接对象(Connection)、指令对象(Command)和记录集对象(Recordset)。其中,Connection用于连接数据源,在使用ADO访问数据库之前,需要先创建一个ADO连接对象,通过该对象打开数据库的连接;Command用于执行传递给数据源的操作指令;Recordset可操作来自数据源的数据,它包含执行数据库操作后返回的一个记录集。一个基于ADO数据库访问技术的应用程序通常是使用Connection建立与数据源的连接,然后使用Command给出对数据库操作的指令,最后通过Recordset对结果记录集进行浏览、更新等操作。

在VS 2010中使用ADO访问数据库的基本流程如下。

(1)引入ADO动态链接库。

为了保证编译器能够正确地编译,在使用ADO之前需要导入ADO库文件,利用#import指令在工程的stdafx.h头文件中添加如下代码将msado15.dll动态链接库导入到工程中:

```
#import "c:\ program files\ common files\ system\ ado\ msado15.dll"
no_namespace
rename ( " EOF " ,"adoEOF")
```

VS 2010在程序中使用#import指令的目的是告诉编译器将该指令中指定的动态链接库导入程序中。

(2)初始化COM库环境。

ADO库是一组COM动态库,因此在应用程序调用ADO之前,需要先对OLE/COM库环境进行初始化。通常在程序开始运行时初始化OLE/COM库环境,在程序结束时释放占用的COM资源。在MFC(Microsoft Foundation Classes)应用程序里,一般是在应用程序主类的InitInstance成员函数里用AfxOleInit( )初始化OLE/COM库环境,它也可以在程序结束时关闭COM。另外,也可以使用以下初始化函数和释放资源函数。

```
初始化函数为    CoInitialize(NULL) ;  //初始化 OLE/COM 库
释放资源函数为  CoUninitialize( ) ;  //清除 COM 库
```

(3)用Connection连接数据库。

利用智能指针来创建ADO与数据库的连接,首先添加一个连接对象指针

_ConnectionPtr，然后用 CreateInstance( )函数创建连接对象的实例，再调用 Open( )函数创建与数据库的连接。

(4)根据建立好的连接，利用连接对象和指令对象执行 SQL 指令，或使用记录集对象获取结果记录集并进行处理和查询。

(5)使用完后关闭连接，释放对象所占的资源。

为了满足系统需求，系统中设计 CSqlDatebase 类封装了对数据库的访问和操作。

CSqlDatebase 的定义如下。

```
class CSqlDatebase
{
public:
    int ExecuteSQL(CString condition);//执行 SQL 指令
    CSqlDatebase();//初始化 COM 接口，打开系统的数据库连接
    ~CSqlDatebase();//关闭记录集和数据库
    CString databasename;//要打开的数据库的名称
    _variant_t strSQL;//需要执行的 SQL 指令
    _ConnectionPtr pADOConnection;//数据库连接对象
    _RecordsetPtr  pADORecordSet;//数据库记录集对象，用于记录执行 SQL 指
                                   令后返回的记录
    _CommandPtr  pADOCmd;//指令行对象
protected:
    Bool InitialDatabase();//由 CSqlDatebase()调用，对数据库进行初始化
};
```

1.3 虚拟场景的构建

软件系统的虚拟场景是在 VS 2010 环境下通过虚拟现实开发工具 WorldToolKit (WTK) 开发的。WTK 是 Sense8 公司开发的虚拟现实开发工具包，为用户提供了一个完整的三维虚拟环境交互开发平台，主要用于开发虚拟现实应用程序。WTK 包含 1 000 多个高效率的 C 函数，通过调用 WTK 提供的这些函数，用户可以构造自己的虚拟世界。在虚拟环境中，用户可以通过交互设备与虚拟环境进行交互，模拟真实的装配与拆卸过程。

WTK 是以面向对象方式来组织的，大部分 WTK 函数的命名也是遵循面向对象的思想，其主要的类包括宇宙(Universe)、传感器(Sensor)、视点(Viewpoint)、多边形(Polygon)、顶点(Vertices)、光源(Light)、结点(Node)、几何(Geometry)、窗口(Windows)、路径(Path)、任务(Task)、运动连接(Motion Links)、用户界面(User Interface)等。其中，宇宙是最高层次的类，它管理着 WTK 中的所有对象，相当于虚拟世界中所有对象的容器，在一个虚拟环境应用程序中，可以有多个虚拟场景、多个循环过程，但只能有一个宇宙。在构建虚拟世界时，必须首先调用宇宙构造函数 WTuniverse_ new( )来创建并初始化宇宙。用户不但可以增加或删除宇宙中的对象,还能够定义各种场景的运行规则,可以把宇宙理解为虚拟场景的管理者。

下面对场景结构、仿真引擎及 WTK 对场景图的绘制进行介绍。

1.3.1 场景结构

为实现产品装配模型在虚拟环境下的重构,需要构建一个虚拟场景。场景是由光源模型及其位姿、几何模型及其位姿和烟雾模型组成的一个集合,所以场景包含四个基本元素:光源模型、几何模型、烟雾模型和位姿。要构建虚拟场景,须先建立一个与之对应的场景图。场景图是一种层次形的场景结构,WTK 以这种树形结构来组织场景。在创建虚拟现实应用程序时,依次加入各种结点对象,并将其组织装配成层次结构的场景图,利用场景图指导仿真引擎对场景进行渲染绘制。场景图由结点组成,结点表示场景中的对象。结点分为组合型结点和内容型结点。组合型结点主要用以保持和维护场景的层次结构,内容型结点包括几何结点、光源结点、烟雾结点和位姿结点,分别与场景的四个元素对应。WTK 的一个简单场景结构如图 1.3 所示。

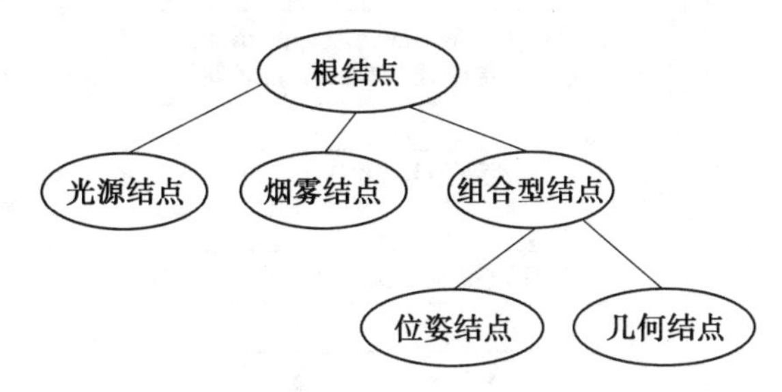

图 1.3 WTK 的一个简单场景结构

场景图的层次结构非常适合组织安排场景元素。场景图可以提高 WTK 渲染绘制的性能,它能够根据当前视点,只选择整个场景的有效部分进行渲染绘制。WTK 提供了一些非常有用的场景构建函数,可以通过载入场景描述文件来构建场景。WTK 也提供了一些非常方便的场景修改和重构函数,用户可以调用这些函数向场景结构中添加、删除或修改结点来更改虚拟场景。

1.3.2 仿真引擎

WTK 的内部有一个仿真引擎,它是 WTK 的核心,整个仿真循环在宇宙中进行,通过调用 WTuniverse_go( )函数来启动仿真引擎进入仿真循环,调用 WTuniverse_stop( )函数来关闭仿真引擎退出仿真循环。利用宇宙行为函数 WTuniverse_setactions( )和结点任务函数 WTtask_new( )可以控制仿真引擎,宇宙行为函数通常用来控制仿真中整体的动作行为,而结点任务函数则定义单个物体的行为,包括模型运动、运动导航和装配定位等。仿真引擎在每一个仿真循环中调用任务函数,在绘制每一帧的场景时都自动调用宇宙行为函数。

在仿真循环中,每循环一次就渲染一次宇宙,渲染宇宙的具体方式由场景图决定。仿真引擎根据场景结构来渲染虚拟环境,根据烟雾、光源和位姿结点的影响范围对场景中的几何模型进行渲染。仿真循环不仅能绘制和渲染虚拟场景,还能读取传感器的输入信息,并对场景中各结点对象的状态信息进行更新。然后在软件窗口中显示画面,每个画面为一帧。在更新场景后,WTK 根据传感器输入信息激活任务对象,任务对象与单个 WTK 对象相关联,场景中的 WTK 对象按照任务优先级执行对应的任务函数。WTK 的仿真循环如图 1.4 所示。

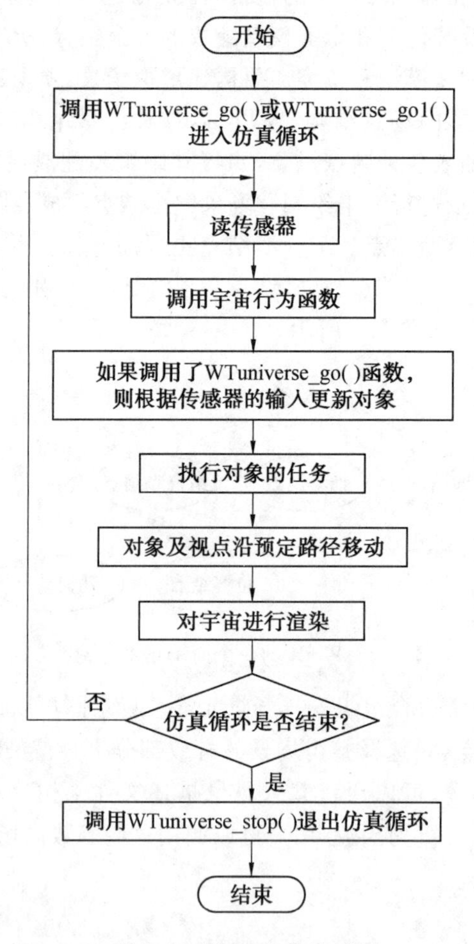

图 1.4 WTK 的仿真循环

1.3.3 WTK 对场景图的绘制

结点是场景图的构成元素,可以利用结点来构建场景图,并设置模型的位姿、光源、烟雾等效果。WTK 仿真引擎在对场景图中的结点进行遍历时,按照深度优先的方式进行,即从根结点开始访问,按照先上后下、先左后右的方式进行。当一个结点有多个子结点时,首先访问最左边的子结点,以及这一结点的子辈结点,然后再访问第二个子结点。WTK 仿真引擎遍历场景图时的顺序如图 1.5 所示。

在遍历场景图的过程中,WTK 仿真引擎对虚拟场景进行绘制和渲染,并将各个结点的信息以图像的形式显示在窗口中。WTK仿真引擎对各结点进行访问时，其处理方式会因各结点类型的不同而有所区别。若访问的是几何结点，则在当前光源、烟雾和位姿状态下绘制相应的几何模型；若访问的是位姿结点，则修改几何模型的位置和姿态；若访问的是光源结点，则将其添加到当前活动光源集合；若访问的是烟雾结点，则更新当前的烟雾状态。WTK仿真引擎每帧遍历整个场景图一次，在仿真循环的最后一步，已对整个场景图进行遍历。

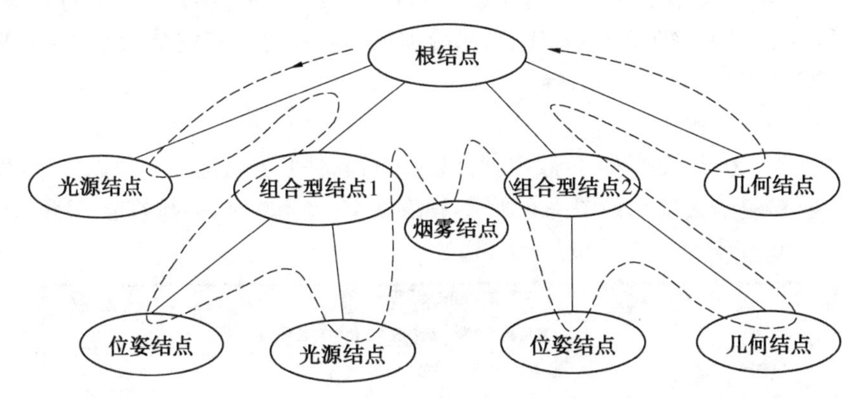

图1.5 WTK仿真引擎遍历场景图时的顺序

在进行零件几何模型的绘制时，将需要显示在虚拟场景中的几何模型包装成一个结点，并将其连接到场景图中。即首先通过模型转换接口将产品零部件模型的几何信息转换成NFF文件，然后将这个NFF文件包装成一个结点，利用WTK的结点加载函数WTnode_load( )将其导入场景图中，这样零部件的几何模型就能够在虚拟场景中显示出来。可以根据显示效果调整NFF输出的面片信息，使之达到较好的显示效果。

1.4 系统开发环境的设计

1.4.1 系统开发软、硬件环境选择

(1)系统的硬件环境。

虚拟装配系统采用的硬件设备有计算机、鼠标、键盘、三维鼠标。

(2)系统的软件环境。

操作系统：Windows 7；

开发平台：Microsoft Visual Studio 2010；

虚拟现实开发平台：WorldToolKit R10；

CAD建模工具：Creo 2.0；

CAD二次开发工具：Pro/TOOLKIT；

数据库管理系统：Microsoft SQL Server 2008；

三维空间立体球传感器开发包：3DxWare SDK。

1.4.2 系统开发环境的设置

软件系统开发是在 Visual Studio 2010 环境下进行的，构建虚拟场景时要用到虚拟现实开发工具 WTK 中的函数，模型信息转换时要用到 Pro/TOOLKIT 中的函数，为了对上述函数进行统一编译，需要在程序开发之前对软件系统的开发环境进行正确的设置，包括 Creo 2.0 安装要求、操作系统环境变量和 VS 2010 编译环境的设置。通过在 VS 2010 中添加 Creo 和 WTK 的包含目录、库目录、附加依赖项和忽略特定默认库，实现 MFC 程序与 Pro/TOOLKIT、WTK 的兼容。

1. Creo 2.0 安装要求

由于 WTK R10 不支持 64 位版本，所以在进行软件开发时应充分考虑其开发环境的兼容性。Creo 2.0 安装要求如图 1.6 所示，在安装 Creo 2.0 时，必须勾选 APT 工具包中的 Creo Toolkit 和平台中的 Windows 32 位。

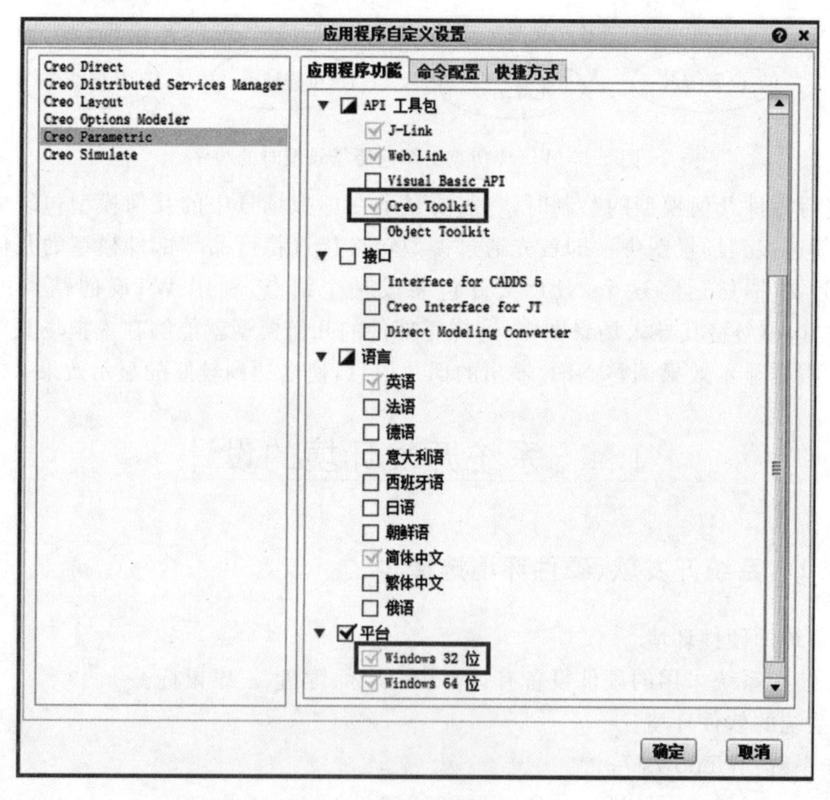

图 1.6 Creo 2.0 安装要求

2. 设置操作系统环境变量

为了使软件系统运行时能够将 Creo 和 WTK 调入内存中，需要设置操作系统的环境变量，告知程序所在的完整路径。环境变量设置如图 1.7 所示，依次选择“我的电脑—属性—高级系统设置—环境变量”，在“系统变量”中添加 WTK 与 Creo 的环境变量。

PRO_COMM_MSG_EXE＝“D:\Software\Creo\Creo2.0\Creo 2.0\Common

Files\M120\x86e_win64\obj\pro_comm_msg. exe”;

WTKCODES=“C:\Program Files\WTKR10. 0”;

Path= “D:\Software\Creo\Creo2. 0\Creo 2. 0\Parametric\bin”。

图 1.7　环境变量设置

3. VS 2010 编译环境设置

(1)设置包含目录。

在 VS 2010 中新建一个项目,设置包含目录如图 1.8 所示,依次选择“项目—属性—配置属性—VC++目录—包含目录”,将 Pro/TOOLKIT 和 WTK 的头文件路径加入到相应的包含目录中。

D:\Software\Creo\Creo2. 0\Creo 2. 0\Common Files\M120\prodevelop\includes;

D:\Software\Creo\Creo2. 0\Creo 2. 0\Common Files\M120\protoolkit\includes;

D:\Software\Creo\Creo2. 0\Creo 2. 0\Common Files\M120\protoolkit\protk_appls\includes;

C:\Program Files\WTKR10. 0\include。

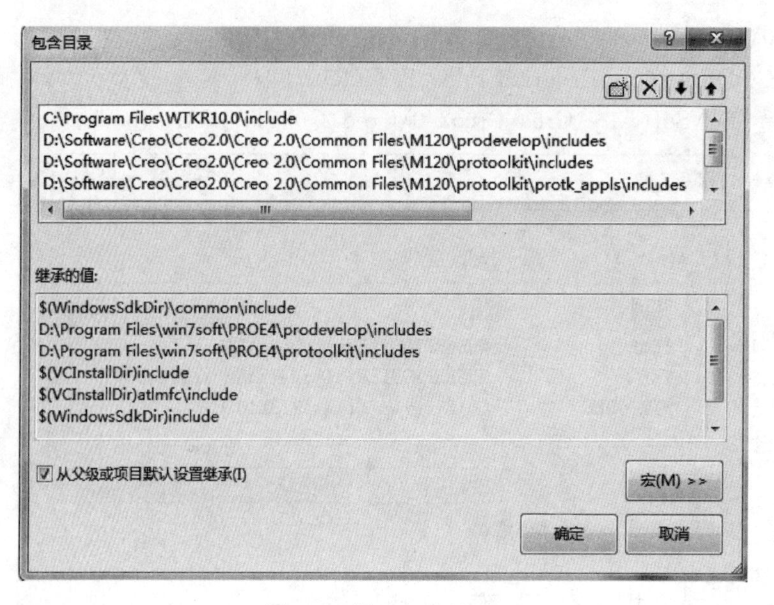

图 1.8　设置包含目录

(2)设置库目录。

设置库目录如图 1.9 所示，依次选择“配置属性—VC++目录—库目录”，将 Pro/TOOLKIT 和 WTK 的库文件路径加入到相应的库目录中。

D:\Software\Creo\Creo2.0\Creo 2.0\Common Files\M120\prodevelop\i486_nt\obj;

D:\Software\Creo\Creo2.0\Creo 2.0\Common Files\M120\protoolkit\i486_nt\obj;

C:\Program Files\WTKR10.0\lib。

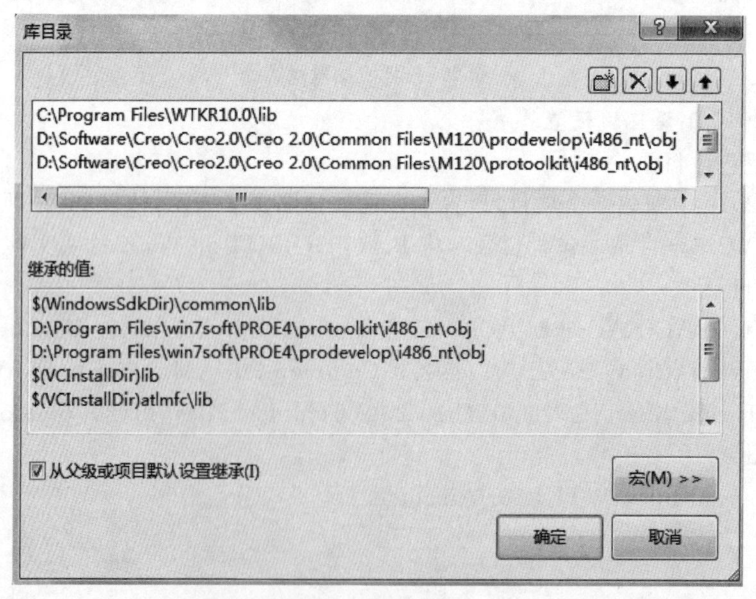

图 1.9　设置库目录

(3)设置链接库文件。

设置链接库文件如图 1.10 所示,依次选择“配置属性—链接器—输入”,分别在“附加依赖项”和“忽略特定默认库”中添加所需库文件。

附加依赖项:wtk.lib; opengl32.lib; wsock32.lib; winmm.lib; mpr.lib; psapi.lib; protkmd.lib; pt_asynchronous.lib; netapi32.lib。

忽略特定默认库:libcd.lib; libcmt.lib; msvcrt.lib。

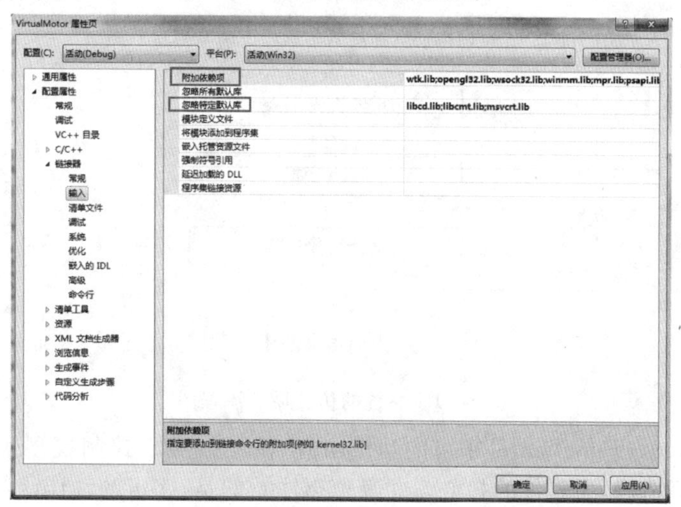

图 1.10　设置链接库文件

1.4.3　实现基于 MFC 的程序框架

虚拟装配系统实质上是基于 MFC 的多文档程序,为了将 WTK 作为外部库嵌入到软件中,并在 WTK 的仿真循环的基础上实现装配仿真,图 1.11 描述了系统的仿真循环流程图,通过此仿真循环构造出场景图和实现虚拟仿真。需要经过以下步骤建立程序框架。

(1)在系统的初始化函数 InitInstance()中输入如下代码新建一个宇宙。宇宙是虚拟场景元素的容器。

WTuniverse_new(WTDISPLAY_NOWINDOW,WTWINDOW_DEFAULT);

WTuniverse_setoption(WTOPTION_USEWTPUMP, FALSE)。

(2)在 CVAMSView 中的初始化函数中输入如下代码进入虚拟场景图,显示虚拟场景中的元素。

m _ pWTwindow = WTwindow _ newuser (GetSafeHwnd ( ), TWINDOW _ DEFAULT);//使用 MFC 视图,m_pWTwindow 表示 CVAMSView 窗口的句柄

WTwindow_setviewpoint(m_pWTwindow, WTuniverse_getviewpoints());//设置视点

WTwindow_setrootnode(m_pWTwindow,WTuniverse_getrootnodes());//设置进入场景图的入口

WTwindow_zoomviewpoint(m_pWTwindow);//移动视点

WTuniverse_setactions(UniverseActionFunction);//设置场景图的动作函数

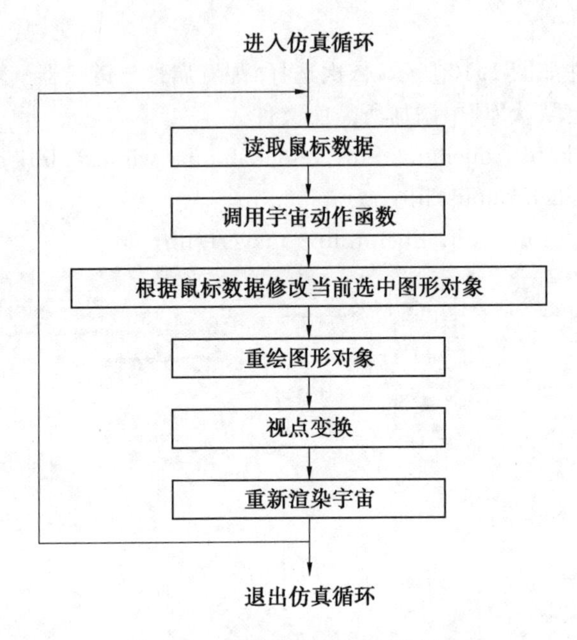

图 1.11 系统的仿真循环流程图

UniverseActionFunction 是宇宙的动作函数，该函数实现控制模型运动、碰撞检测、装配精确定位等功能，为软件的核心。尤其值得注意的是，宇宙的动作函数必须是一个全局函数，不能在任何类中进行定义。

(3)当系统空闲时，仿真循环一次。在 CVAMSApp 的 OnIdle 加入以下代码。

WTuniverse_ready();

WTuniverse_go1();//系统空闲时，进入仿真循环

(4)当系统退出时，退出 WTK 的仿真循环，删除宇宙。

WTuniverse_delete();//删除宇宙

1.5 虚拟装配系统功能开发

虚拟装配系统在基于 MFC 的基础上，利用 VS 进行开发。图 1.12 所示为虚拟装配系统中的常用功能。

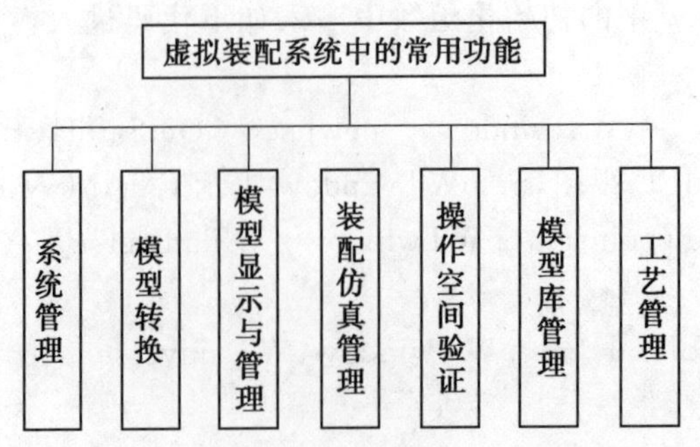

图 1.12 虚拟装配系统中的常用功能

1.5.1 系统管理功能

虚拟装配系统支持用户对软件进行的自身管理,包括添加和删除用户、查看用户和设置用户权限等功能。图 1.13 和图 1.14 分别为系统登录和用户管理界面。

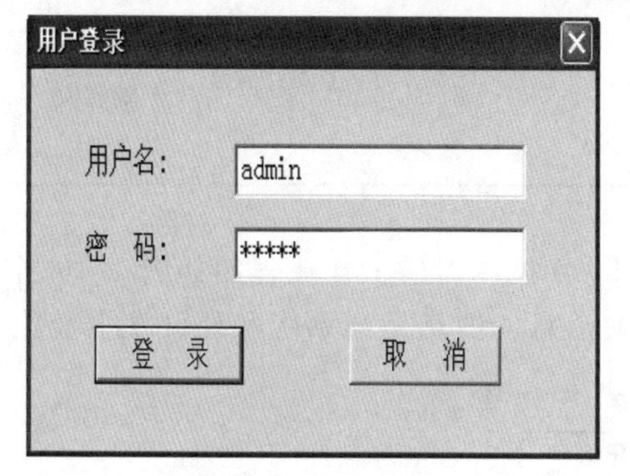

图 1.13 系统登录

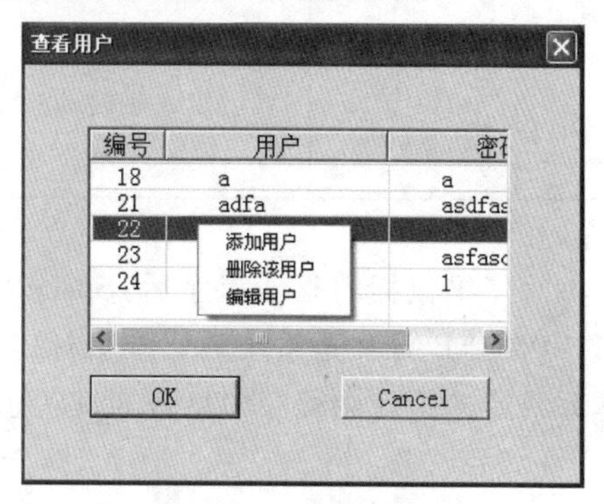

图 1.14 用户管理

1.5.2 三维鼠标驱动

虚拟装配系统中采用了 3DConnexion 中的 SpaceBall 5000 控制器来控制模型的运动。如图 1.15 所示,SpaceBall 5000 控制器拥有增强的高精度光学控制器和 12 个便于操作的可编程按键,图中 x_t、y_t、z_t、x_r、y_r和 z_r分别表示当前沿三个坐标轴的平移和转动量。目前 WTK 中并不支持虚拟场景下三维鼠标的操作,故需要书写其驱动程序。编写驱动程序的目的在于获得其中的沿坐标的转动量和平移量,并在应用程序中与模型的运动联系起来。

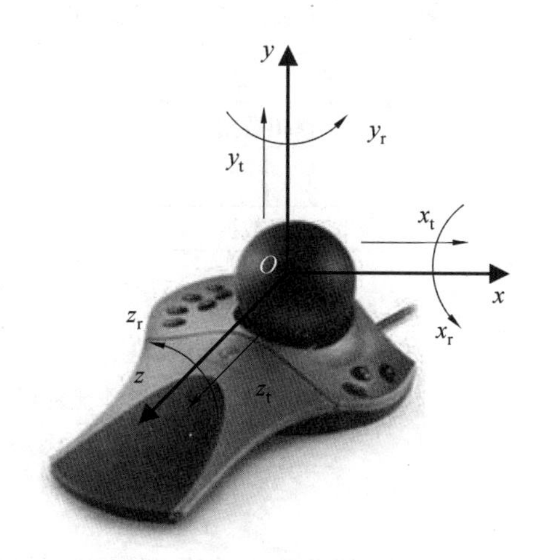

图 1.15 SpaceBall 5000 控制器

为了便于控制模型的运动,系统对其中 9 个数字键功能做了相应的规定,见表 1.10。

表 1.10 SpaceBall 5000 控制器中各键在虚拟装配系统中的功能

按键	功能	按键	功能
0	平移	2	转动
3	仅 x 轴平移	4	仅 y 轴平移
5	仅 z 轴平移	6	仅 x 轴转动
7	仅 y 轴转动	8	仅 z 轴转动
9	缺省值		

编写三维鼠标的驱动程序后，SpaceBall 5000 控制器的工作流程图如图 1.16 所示，WM_SPACEBALL 是系统为三维鼠标定制的消息。消息是当系统和外设发生变化时，操作系统传递给应用程序信息告知其状态发生了变化。

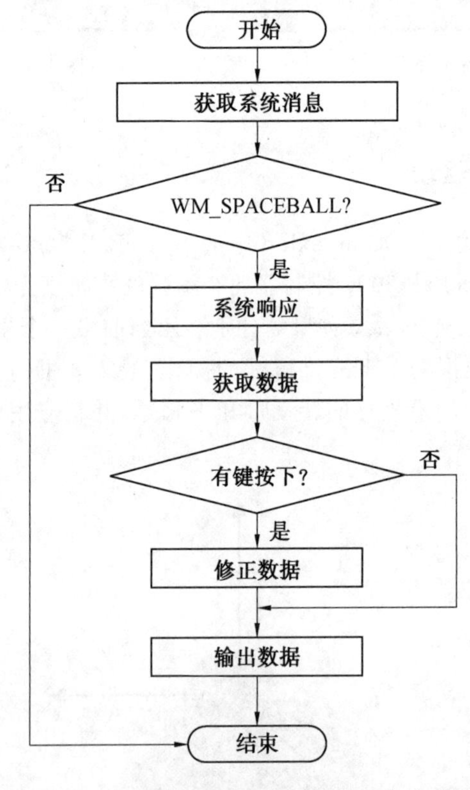

图 1.16 SpaceBall 5000 控制器的工作流程图

1.5.3 模型转换

Creo 中建立的模型在虚拟环境中不能被直接识别调用，因此，需要开发一个模型转换接口，将 Creo 中建立的零部件和装配体模型转换为 WTK 能够直接读取的中性文件格式，从而将 Creo 中建立的产品模型导入虚拟环境中，实现模型信息的共享。在具体的实现过程中，模型转化接口的功能封装在类 CModelNewView 和 CSQLDataBase 中。图

1.17为模型转换接口界面。

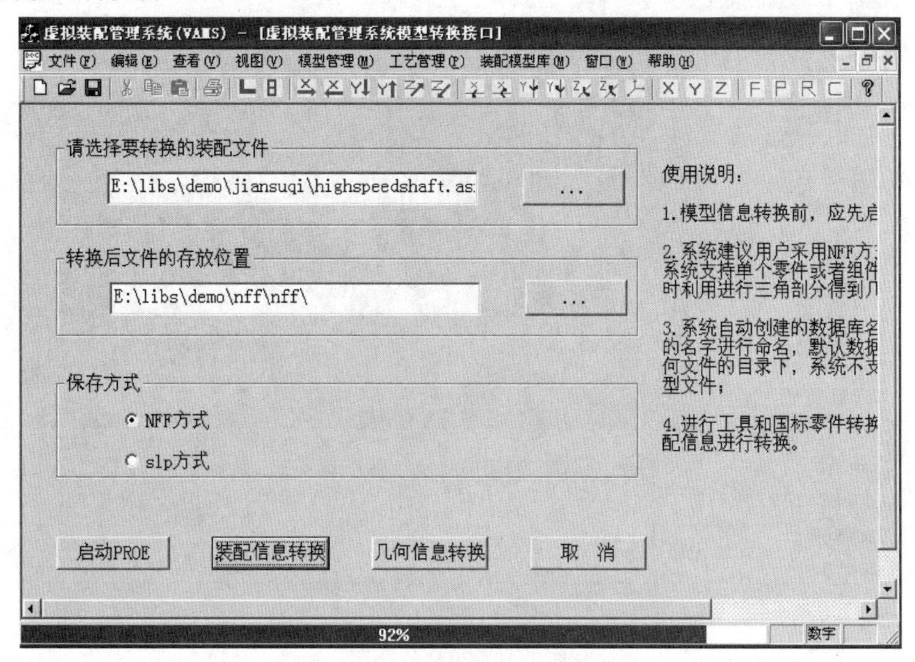

图 1.17 模型转换接口界面

在调用 Pro/TOOLKIT 中的函数开发转换接口时,需要注意的是当调用其中的访问函数时,其函数参数中的动作函数必须是系统中的全局函数。

1.5.4 模型显示与管理

如图 1.18 所示,左边为模型树窗口,显示了装配模型的层次结构信息。下边的信息区包括装配工艺信息、零件信息、配合信息和约束信息。右上角的运动控制工具栏能实现对模型的运动控制。主窗口是虚拟场景区,用于显示模型在虚拟场景下的操作,并观察模型之间的相对位置和运动。

1.5.5 模型库管理

装配模型库包括工具模型库和标准零件库两部分,在 1.2 节中建立的相应数据库基础上,通过几何建模、模型转换构建了虚拟装配模型库。装配模型库的各项基本功能均集中在界面里,并将其封装在不同的类中来实现用户所需的各种操作。

(1)工具模型库的管理。

工具模型库如图 1.19 所示,用户可以通过结构树查看工具模型库的层次结构和特定类型下的工具,并可以查看特定类型工具的相关的特征信息。工具模型库支持添加、删除和编辑工具等基本操作,图 1.20 所示为添加工具的界面。

工具模型库同时还支持编辑、删除和加载到虚拟场景中等其他功能。

(2)标准零件库的管理。

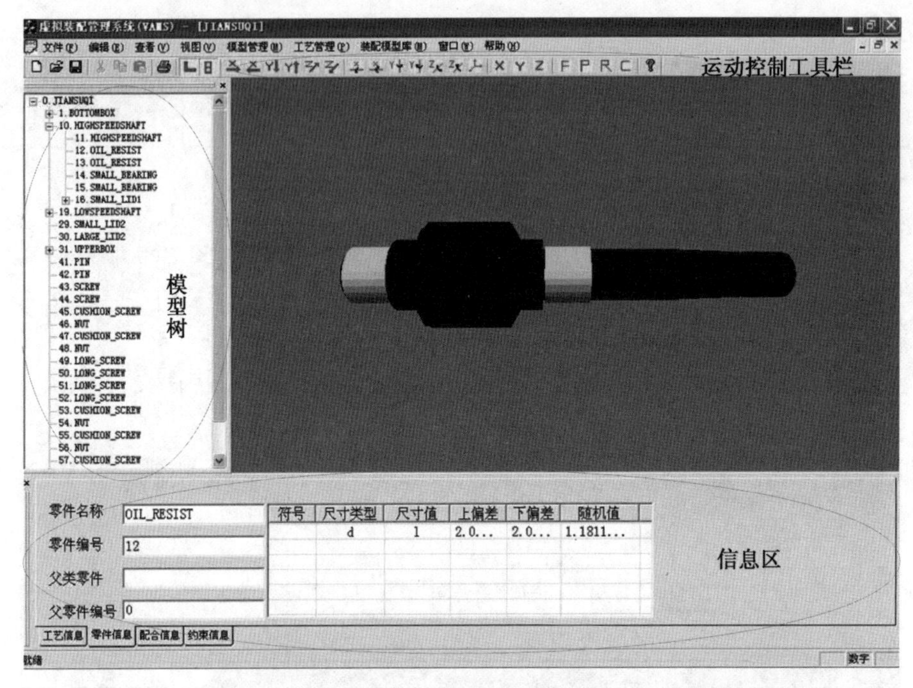

图 1.18　模型的显示

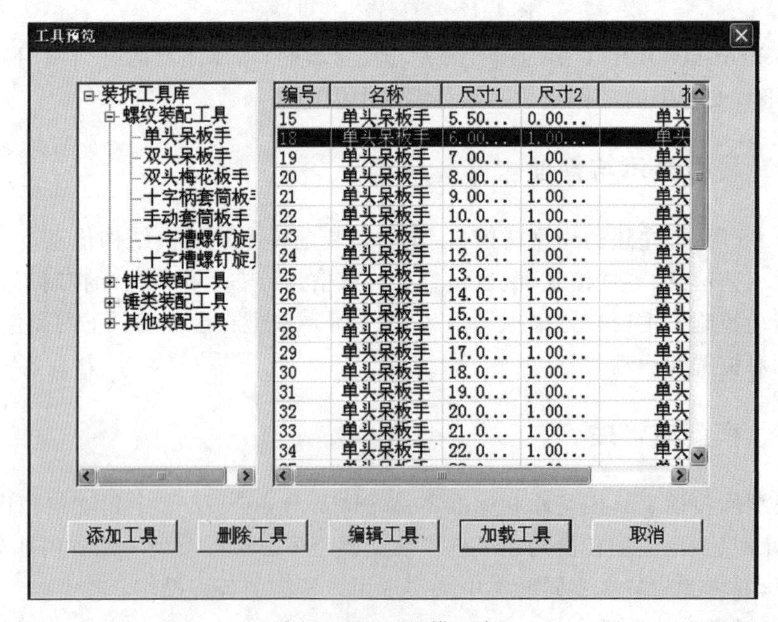

图 1.19　工具模型库

标准零件库如图 1.21 所示，用户通过标准零件库首页可以直观地查看国标模型库的层次结构。用户能通过选择界面上的模型类型查看该模型的子类型。子类型采用树结构直观地表达了模型库的层次结构。

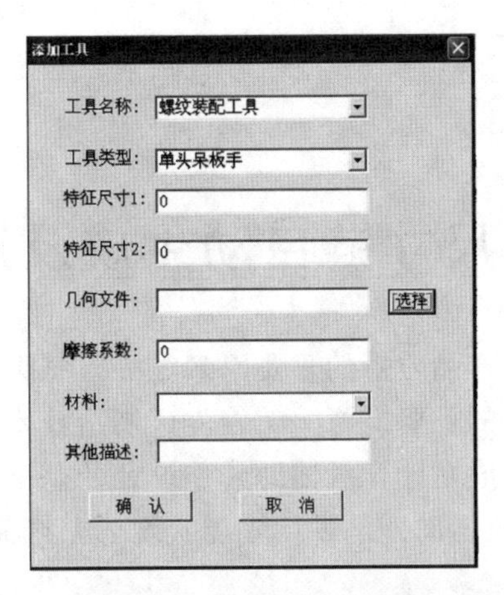

图 1.20　添加工具的界面

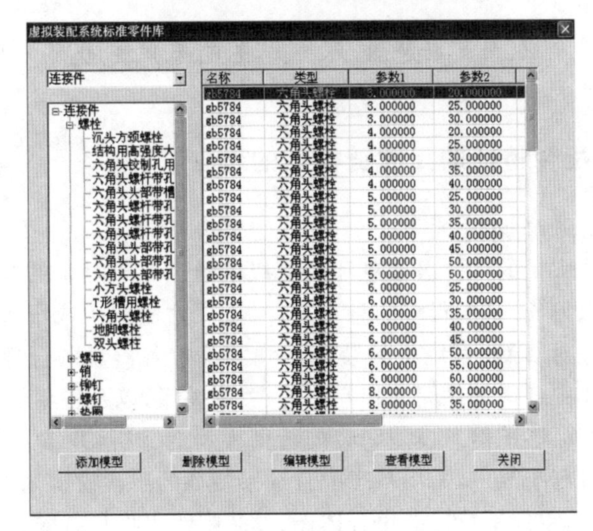

图 1.21　标准零件库

第 2 章

尺寸链自动生成及产品公差设计

产品的制造公差是影响产品质量的重要因素之一。根据产品的加工和使用环境设计产品的公差是提高产品质量的重要措施。随着先进制造技术的发展,计算机辅助公差设计成为可能。尺寸链自动生成是计算机辅助公差设计的基础,有了尺寸链才能进行公差分析和公差综合,有了计算机辅助公差设计才能实现公差产品从设计到装配一体化软件系统的开发。

2.1 装配尺寸链自动生成

2.1.1 基于配合特征的尺寸链模型的建立

1. 面向尺寸链的装配模型

装配体中包含了大量的零件级信息和装配级信息。对于复杂的装配体,这些信息的复杂程度成几何倍数增长,其中很多信息重复,对于尺寸链的生成很多信息是不需要的。生成尺寸链的关键是对 CAD 系统中的装配体和零部件各信息的合理描述与表达,这些信息应该包含装配体中各零部件间的相互装配、关联关系,以及各零部件的几何特征和精度特征等。通过对产品装配信息模型和装配特征模型的分析,并结合 Creo 软件的特点,将传统的层次模型进行了改进,采用基于配合约束特征的层次模型来表达装配体信息,其中特征是最小的单元,零件是特征的集合体,通过装配约束将具有配合关系的零件联系起来,如图 2.1 所示。

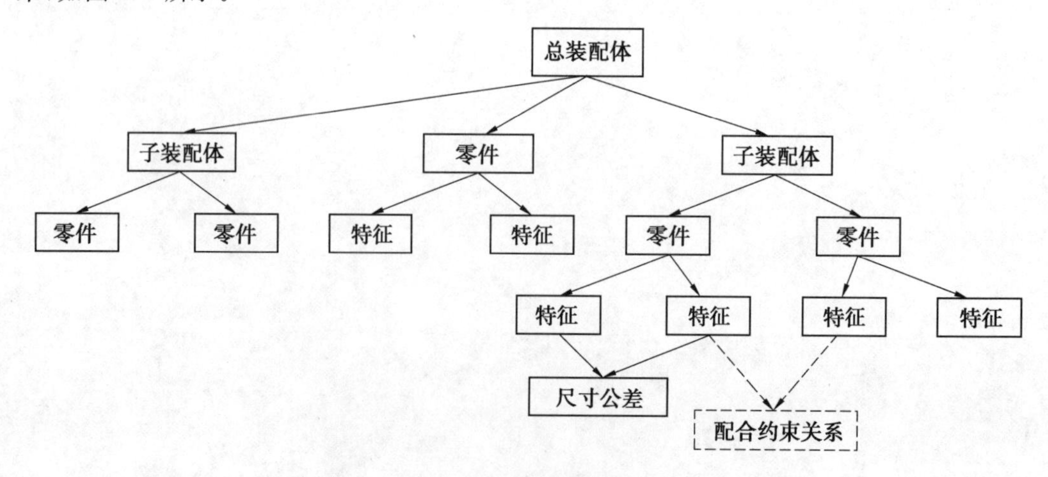

图 2.1 基于配合约束关系的装配模型

为了进行公差设计，模型中的特征只需要装配级中的配合约束关系及零件级中的尺寸精度特征。在 Creo 系统中，Creo 装配体有着自己独特的构成方式，装配体是由零件之间通过一定的装配约束关系进行装配的。装配层次模型只能表达出配合关系及零件的隶属关系，对于零件级的尺寸精度特征是保存在各自零件模型中的，这就需要对装配体进行逐层解析以获得图 2.1 所示的所有信息。从总装配体出发逐层解析装配体，获得装配约束特征，再以装配约束特征为媒介进行零件级解析，最后获得尺寸精度特征，装配体解析流程如图 2.2 所示。

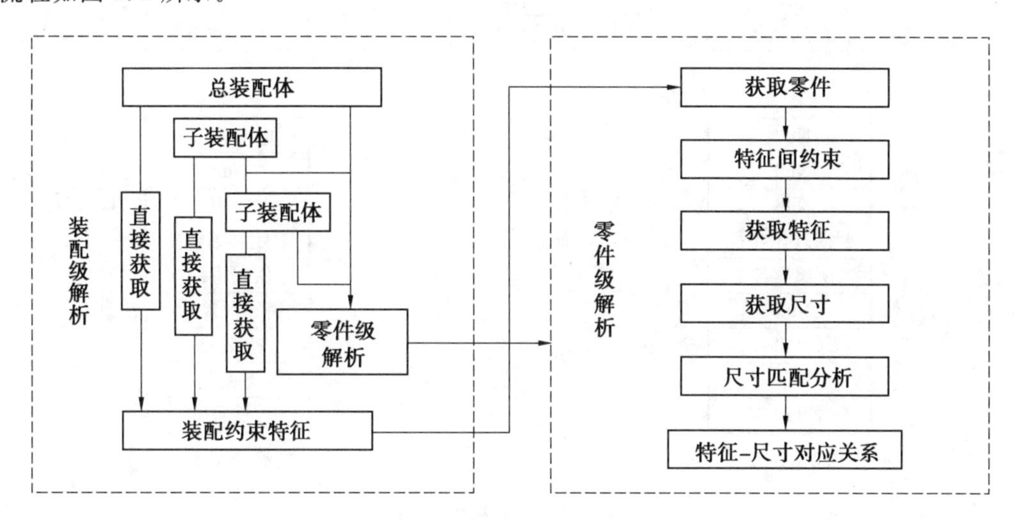

图 2.2 装配体解析流程图

装配信息模型以及装配特征模型建立后，需要用数据库将产品的基本信息(包括几何信息、装配信息以及公差信息等)进行存储从而方便后续的使用。本章采用 ACCESS 数据库系统来存储数据，基于本章的需要所定义的尺寸链结构图如图 2.3 所示。

以装配体中的配合约束关系为出发点，以封闭环的起始端为首结点按照配合顺序依次进行排列，在该尺寸链结构中，每个结点与前后两结点都是相关联的。每一个结点的 i 配合特征面(简称配合面)和 j 配合面分别与上下结点的 j 和 i 配合面属于同一零件，每个结点的特征间尺寸是指该结点的 i 配合特征面与上一结点的 j 配合特征面间的距离。用户指定构成封闭环的面元素后，从封闭环的某个面元素作为出发点，按照尺寸链组成环的构成顺序进行搜索，生成装配尺寸链，并根据组成环的增减性输出尺寸链设计函数。

2. 尺寸链的数据结构

针对本章生成尺寸链的方法，提出了一种装配尺寸链的数据结构如下。

```
Typedef structPro_Dim_Info
{
char dim_name;//尺寸符号
double dim_value;//尺寸值
double tol_upper;//上偏差
double tol_lower;//下偏差
ProSelection sel_left;//链环左边界元素
```

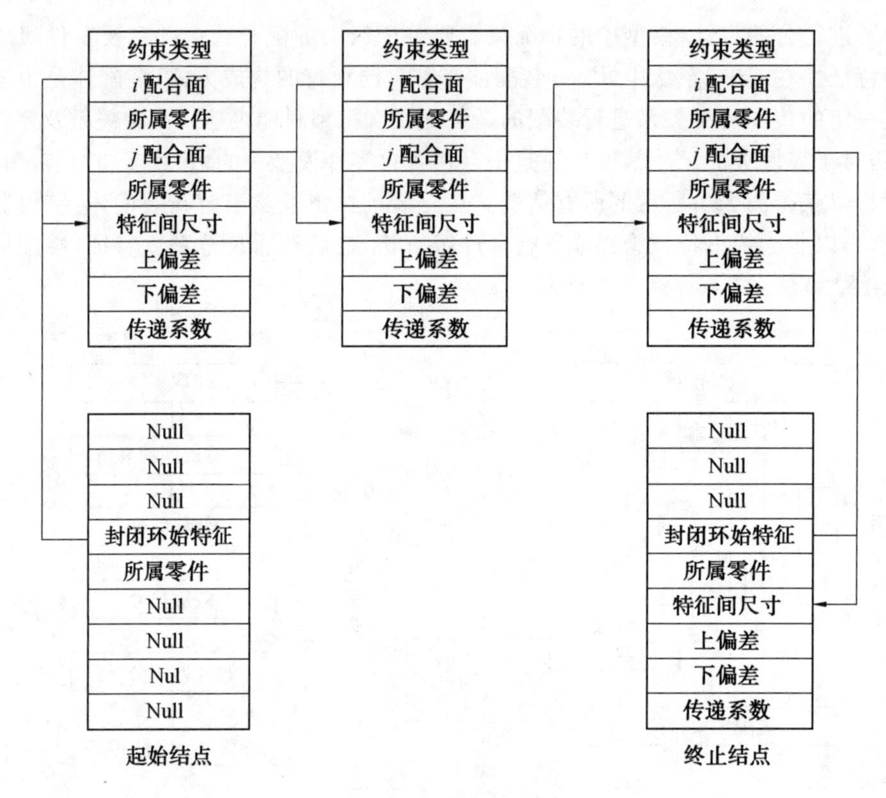

图 2.3 尺寸链结构图

```
ProSelection sel_right;//链环右边界元素
int label;//传递系数
}
```

使用链表的形式来表示尺寸链,ProSelection 是 Pro/TOOLKIT 中定义的数据类型,用来表示尺寸链中构成组成环的几何元素信息。对于两个不同的几何元素信息,若属于同一个组成环,则分别分配给 sel_left 和 sel_right,几何元素信息的提取将在下节详细介绍。label 是 int 形变量,代表组成环在尺寸链中的增减性或代表封闭环,该变量有三个取值:"-1"代表该组成环为减环,"0"代表该组成环为封闭环,"+1"代表该组成环为增环。

3. 尺寸链配合信息的获取

通过对产品装配模型和特征模型的研究,建立面向尺寸链的装配信息模型,根据该装配模型以及尺寸链结构图可知,尺寸链的生成是建立在对 Creo 内部各种信息的充分挖掘基础上的。结合尺寸链及图 2.3 主要需要提取的装配体的装配约束信息,使用 Pro/TOOKIT 中的 ProAsmcompConstraintsGet()和 ProAsmcompConstraintCompreference Get()函数可分别获得装配体中的装配约束条件和构成该约束条件的配合特征元素,然后将同一个零件的配合特征提取出来。

Creo 中的装配件(简称组件)是一种实体模型,与 ProSolid 具有相同的结构。所有对 ProSolid 和 ProMdl 的操作都适用于 ProAssembly 对象组,组件操作的对象有 ProAsm(装配骨架)、ProAsmcomp(装配元件)、ProAsmcompconstraint(装配元件约束)、

ProAsmcomppath(装配元件路径)和 ProAssembly(装配组件)。

装配体的表达采用从根结点到叶结点的 id_table 表,零件和子装配体都称为元件,与模型项的定义相同,可通过实体特征访问函数 ProSolidFeatVisit()来访问组件中的元件。对于元件描述主要根据该元件在装配体中的元件路径描述,不同元件的路径是唯一的,如图 2.4 所示。Pro/TOOLKIT 中使用 ProAsmcomppath()对象能够完整地描述元件路径,它的定义如下。

```
typedef struct Pro_comp_path
{
ProSolid owner;
ProIdTable comp_id_table;
int table_num;
}ProAsmcomppath;
```

其中,owner 表示元件路径所属的装配件句柄,comp_id_table是元件的标识符表,table_num 是标识符表中的元素个数,即元件在组件中所处的层次。

图 2.4 为装配层次示例图,图中数字代表下一级元件在上一级元件中的标识符,元件在装配体中的所有标识符是它的唯一标识。例如,元件 A 的 comp_id_table 分别是 5、12、4,元件 B 的 comp_id_table 分别是 6、12、4。当系统获得所有面元素后,根据面元素所属零件的 comp_id_table 将同一零件的面元素分配给一个尺寸结构的 sel_left 和 sel_right。

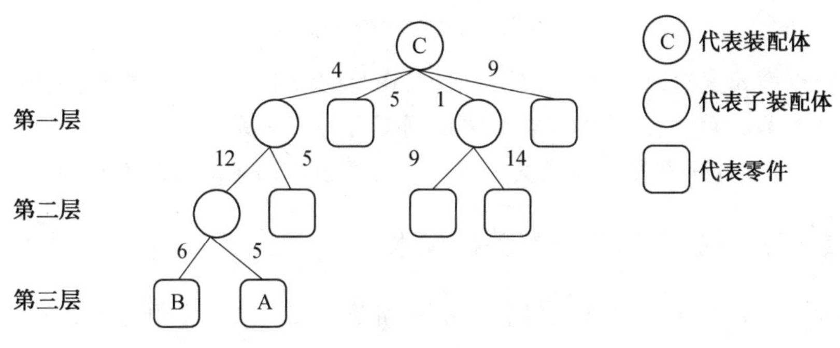

图 2.4　装配层次示例

2.1.2　装配尺寸链生成策略

计算机辅助公差设计(CAT)研究的热点就是如何在计算机中对装配体中各个尺寸、公差及配合关系进行准确无误的表达,并在此基础上自动生成装配尺寸链。本节通过对 Creo 装配图的解析获得尺寸、公差及配合关系信息,建立尺寸及尺寸链模型。程序自动读取模型中的信息,采用深度优先搜索算法自动生成尺寸链,并提出判断组成环增减性的方法,生成公差设计函数,为后续的公差分析和公差综合做准备。图 2.5 所示为装配尺寸链生成流程图。

装配尺寸链的生成是在装配约束信息的基础上产生的,所以首先应该在装配约束信息的基础上通过搜索算法查找有约束关系的配合特征面。由于封闭环只是要求装配体在一定的方向及一定面上的尺寸，一个复杂的装配体中包括了多种装配约束条件，装配约束条件的复杂性直接导致了生成尺寸链的复杂性呈几何指数增长，根据构成封闭环的两几何要素形式(线或面)需要用到不同的约束条件，所以很多约束条件对于装配尺寸链的生成是多余的，需要在装配约束信息的基础上剔除无关的装配约束条件，从而得到与尺寸链相关的装配约束条件，生成装配尺寸链。

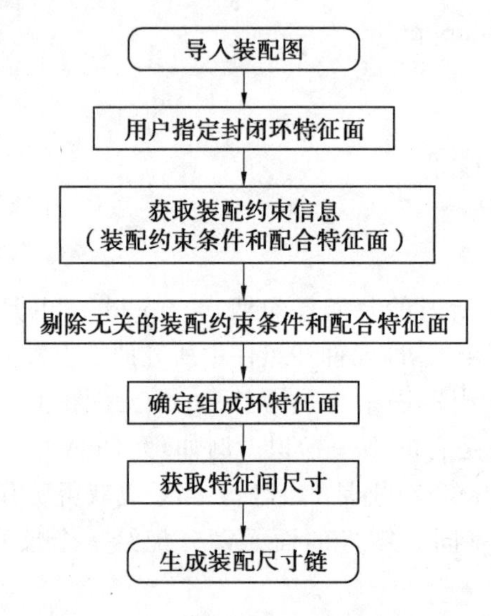

图 2.5 装配尺寸链生成流程图

本节仅研究以面元素构成的封闭环的装配体，在装配约束信息数据库的基础上，通过用户指定封闭环的两面元素后，使用搜索算法根据配合约束关系查找出组成环的构成元素，并通过 Pro/TOOLKIT 提供的函数为相关的尺寸赋值从而生成装配尺寸链。

2.1.3 装配尺寸链自动生成的关键技术

在某种装配方法的基础上，运用尺寸链来分析机械装配过程中的装配精度。根据分析结果使机器达到经济合理的目的，这一过程中应用的尺寸链就是装配尺寸链，若全部组成环的构成要素与封闭环的构成要素平行，则这种装配尺寸链就是一维装配尺寸链。

1. 封闭环的确定

封闭环通常是零件加工或装配体装配最后形成的尺寸环，它的尺寸、精度一般都是由其他组成环的尺寸、精度来决定的。在尺寸链中，封闭环一般代表产品的装配精度，在一个尺寸链中只能有一个封闭环。由于本书研究的是装配尺寸链，所以构成封闭环的两特征面是没有装配关系的，即两配合特征面是两个不同零件实体上的，通过构成封闭环的面元素的坐标来确定组成环的搜索方向。本系统采用人机交互的形式，选择封闭环所引用的配合特征面作为生成装配尺寸链的出发点。

2. 无关约束关系的剔除

装配尺寸链的闭合环路是按照一定方向进行的，尺寸链中的尺寸只是零件某个方向或某个面内的尺寸。以封闭环的组成元素为出发点，排除与生成装配尺寸链无关的装配约束条件，从而减少查找各个组成环的搜索量。对于不同的装配约束条件，剔除的方法也不相同，以下为几种常见的装配约束条件的剔除方法。

(1)匹配或对齐配合。若用户选择构成封闭环的两配合特征元素为面元素，则需要在所有匹配和对齐装配约束条件中查找所引用的相关面特征元素。根据该特征元素是否与封闭环的起始端面平行，去除引用不平行的配合特征面的装配约束条件。在 Pro/TOOLKIT 中可以使用 ProSurfaceXyzdataEval()函数得到平面的法向量，然后将两个法向量叉乘，判断两平面是否平行。若不平行，则该装配约束条件可以剔除。

(2)插入配合。若封闭环的起始端面和轴有插入配合关系，判断该起始端面与轴线是否垂直，若不垂直则该装配约束条件可以剔除。

(3)相切配合。通过 Pro/TOOLKIT 二次开发函数 ProSurfaceParaEval()获得曲面切线或者切点处的法向量，判断该法向量与封闭环的起始端面的法向量是否平行。若不平行，则该装配约束条件可以剔除。

3. 组成环的查找

当剔除了无关的装配约束条件后，数据库中所保存的配合约束条件都是和封闭环两特征元素相关的。如何按照尺寸链的顺序将配合约束条件排列出来是生成尺寸链的关键，下面以一个简单的装配尺寸链模型来说明搜索原理。

如图 2.6 所示，A_1、A_2、A_3分别为组成环，X 为封闭环。其余的编号为参与装配尺寸链的组成环的特征元素，构成封闭环的两特征要素为 A_{31}和 A_{11}。

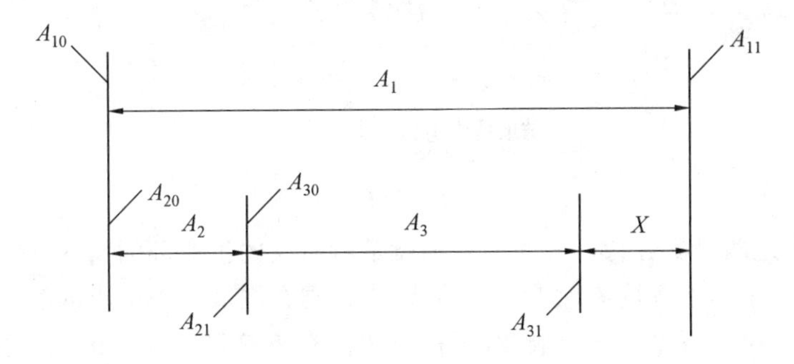

图 2.6　组成环链搜索模型

排除多余的特征元素后，在余下的数据中进行查找，首先查找封闭环的起始端面 A_{31} 作为起点。在数据库中查找与 A_{31}属于同一个零件的配合特征面 A_{30}，并判断该配合特征面是否为封闭环的终止端。若是，则结束搜索过程；若不是，则查找与 A_{30}有装配约束条件的配合特征面。重复上述过程，直到搜索到封闭环的终止端结束，依次记录查找到的配合特征面及装配约束条件，具体流程如图 2.7 所示。根据 2.1.1 节的介绍，通过面元素的 ID 与其所属零件达到映射，可以判断不同面元素是否属于同一个零件。

4. 装配尺寸链表的生成

查找到组成环后，构成装配尺寸链的组成环及构成组成环的配合特征面均已经得到保存，只需要将相关特征的尺寸进行赋值，就可以得到装配尺寸链。根据装配尺寸链的模型结构，每个结点的前一个配合特征面与上一结点的后一个配合特征面是属于同一零件

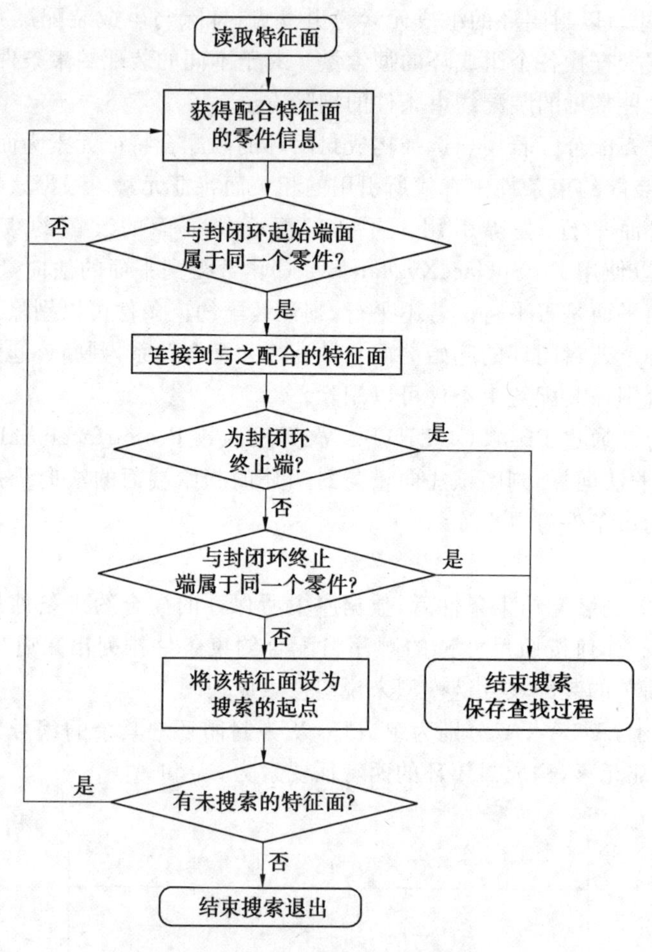

图 2.7　组成环查找流程图

的。所以，提取这两个配合特征面间的距离就是所对应的组成环的尺寸。

尺寸链模型中并不直接体现零件级的特征，根据在图 2.1 中给出的解析方法，对于模型中已经存在的尺寸可以直接获取，对于特征间没有直接尺寸标注的尺寸按照从动尺寸获取，需要通过程序建立相关的尺寸。首先确定一个平面作为建立尺寸的基准平面，如图 2.8 所示。

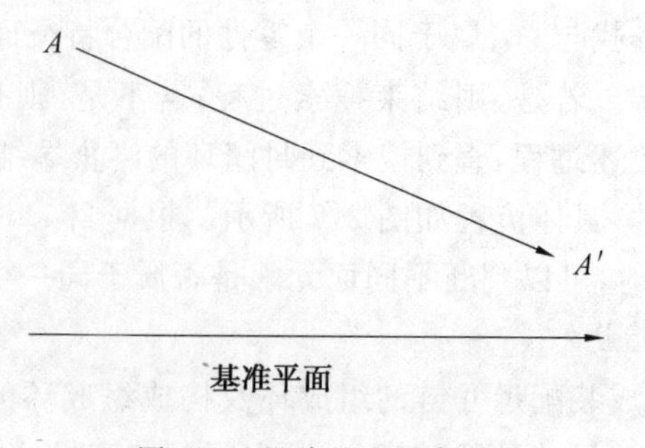

图 2.8　尺寸基准示意图

分别在组成环结构中的 sel_left 和 sel_right 两个几何元素中找到两个点 A 和 A'，则向量$\overrightarrow{AA'}$在基准平面上的投影就是两特征面间的尺寸，即该组成环的尺寸。提取出尺寸链后系统会应用 ProSelectionHighlight()函数将构成尺寸链的所有面元素加亮处理，获得尺寸的主要代码如下。

```
ProError CUsrDimension::UsrSolidDimAllGet
{err=ProArrayAlloc(0,sizeof(ProDimension),1,(ProArray *)&(alldim_str.dim)
if(err! =PRO_TK_NO_ERROR)
err=ProArrayAlloc(0,sizeof(ProDimension),1,(ProArray *)dims);
if(err! =PRO_TK_NO_ERROR)
    err = ProSolidDimensionVisit ((ProSolid) dim _ owner, PRO _ B _ FALSE,
UsrDimVisitAction,NULL,&alldim_str);
if(err! =PRO_TK_NO_ERROR)
err=ProArraySizeGet(alldim_str.dim,&dims_num);
if(err! =PRO_TK_NO_ERROR)
return err;
for(int i=0;i<dims_num;i++)
{err=ProArrayObjectAdd((ProArray *)dims,-1,1,&(alldim_str.dim[i]));}
return PRO_TK_NO_ERROR;
err=ProDimensionSymbolGet(&dim[i],dim_name);
if(err! =PRO_TK_NO_ERROR)
continue;
CString cs_dimname=(cstring)dim_name;
err=ProDimensionValueGet(&dim[i],&dim_value);
if(err! =PRO_TK_NO_ERROR)
continue;}……
```

5. 组成环增减性的判断

生成尺寸链后，虽然按顺序找到了尺寸链中的封闭环和所有组成环，但是并没有确定各个组成环的增减性，也就不能生成设计函数。

下面以图 2.9 为例说明组成环增减性的判断方法。在一维装配尺寸链中，从构成封闭环 A_0的任意几何元素出发，根据装配约束条件可以依次找到各个组成环及构成组成环的几何元素。对于封闭环，设置它的传递系数为空，用 0 标识，并且该尺寸是由构成尺寸的几何元素投影在系统中的坐标差得到的。以封闭环的起始要素到终止要素的向量为向量标准，对于搜索到的每个组成环都把组成环的起始要素到终止要素的向量与向量标准

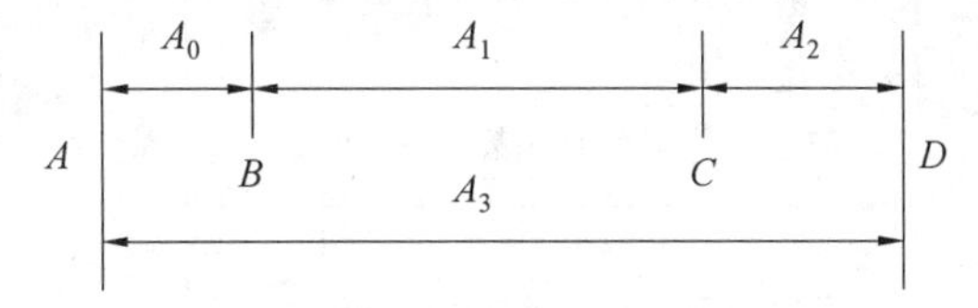

图 2.9 增减环示意图

进行比较。若组成环是增环，则相比较的两个向量方向是相同的；同理，对于比较结果相反的向量所对应的组成环就是减环。

以图 2.9 为例，本节所生成的是一维尺寸链，在生成尺寸链之前已经设置了基准平面，因此所需要的坐标值就在该基准平面方向上。假设 A、B、C 和 D 点的坐标值是依次增大的，其中 A_0 为封闭环，它的方向为由 A 到 B，即 A 为搜索的起点，则由 A 搜索到 D，向量 $\overrightarrow{AD}$ 和向量 $\overrightarrow{AB}$ 的方向相同，则组成环 A_3 为增环。而向量 $\overrightarrow{DC}$ 和向量 $\overrightarrow{CB}$ 的方向都和向量基准 $\overrightarrow{AB}$ 的方向相反，则组成环 A_1 和 A_2 为减环。

公差设计函数是表示封闭环与组成环之间关系的函数，它的基本形式是 $A_0 = f(A_1, A_2, \cdots, A_n)$，将该函数展开可得

$$A_0 = f(A_1, A_2, \cdots, A_n) = \zeta_1 A_1 + \zeta_2 A_2 + \cdots + \zeta_n A_n = \sum_{i=1}^{n} \zeta_i A_i \tag{2.1}$$

式中 ζ_i ——组成环的传递系数。

由式(2.1)可知，决定公差设计函数的是组成环的序号和组成环的传递系数。对于线性尺寸链，组成环的传递系数是“+1”或“−1”，根据向量法已经可以判断组成环的传递系数，并且已经提取出了组成环的代码，按照这种方法可以确定图 2.9 所示的公差设计函数为 $A_0 = A_3 - A_2 - A_1$。

2.1.4 公差设计软件系统体系结构

图 2.10 所示为公差设计软件系统体系结构图，表明了软件系统的整体流程。Creo 实体模型载入后，通过用户指定封闭环的两平面，软件系统会自动地提取装配信息，根据用户所指定的封闭环两平面按顺序进行搜索生成尺寸链。计算机自动地判断出各环的增减性后生成装配尺寸链设计函数，并根据设计函数进行公差分析和公差综合，其中，装配信息提取是该软件系统的数据支撑。

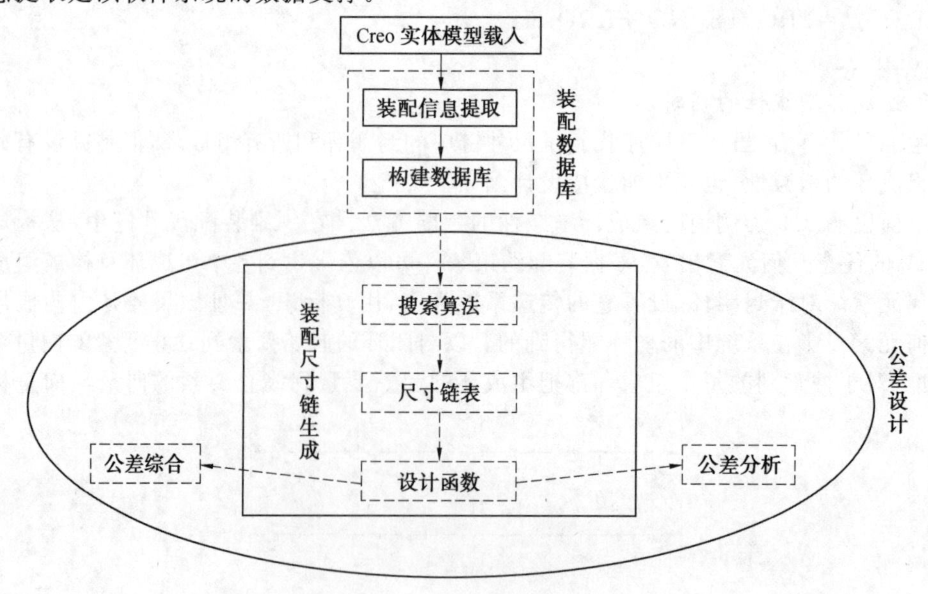

图 2.10 公差设计软件系统体系结构图

根据本节需要实现的功能,公差设计软件系统主要包括数据库模块、尺寸链自动生成模块、公差分析模块和公差综合模块等。图2.11中给出了系统所有模块,其中,Creo集成模块是本软件系统与Creo实现集成和进行数据共享的模块,属于Creo的底层模块。当Creo运行时可以采用自动或手动的方式使该模块运行。

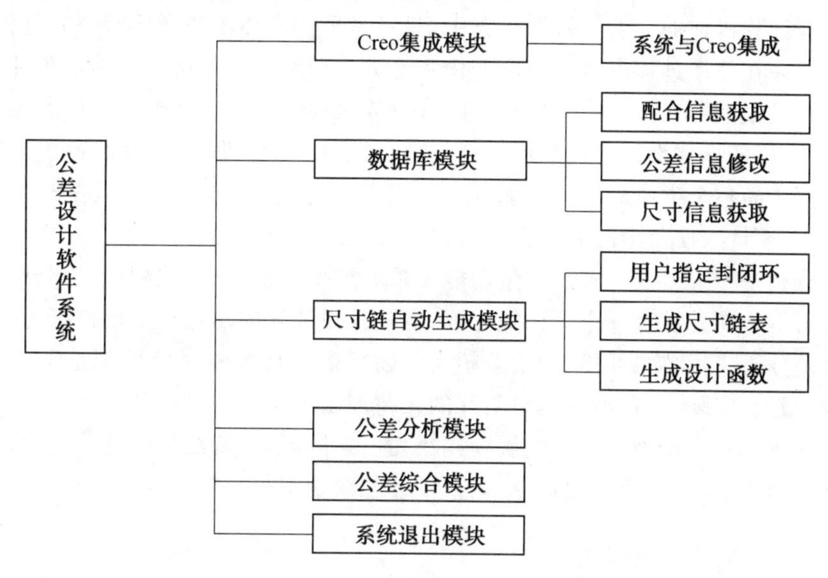

图2.11　软件系统总体模块示意图

数据库模块用来获取并存储生成尺寸链所必需的配合信息及零件、尺寸公差信息。

尺寸链自动生成模块确定构成封闭环的两平面,系统会自动进入尺寸链表的显示部分,显示组成环和封闭环的尺寸及系统默认的上下偏差。组成环的上下偏差可以人机交互修改,并生成设计函数,最后通过与数据库的连接,实现尺寸链表的存储及获取。

公差分析模块根据选定的公差分析方法,按照设计函数分析封闭环的公差。

公差综合模块界面如图2.12所示,点击"获取信息"按钮,系统首先从尺寸链数据库中提取出尺寸链表显示在列表框中。由用户指定封闭环的公差,系统根据选定的公差综合方法,分配各个组成环的公差,列表框中的数据也会得到更新,数据保存功能用来存储公差综合得到的尺寸链表。

图2.12　公差综合模块界面

2.2 基于加工与使用环境的公差模糊可靠性分析

公差分析即为给定零件的尺寸公差和形位公差进行零件的可装配性分析和功能分析。在以往计算机辅助公差分析的研究中,只考虑了加工环境的变化对公差分析的影响,没有考虑产品在使用过程中由于温度变化和受力变形而引起的误差。然而零件在使用中的变形有时是很大的,变形误差对产品性能的影响也将很大,在公差分析中若不考虑使用环境的影响,可能导致设计不理想或设计失效。况且并行工程要求设计者在产品设计时就要考虑到产品整个生命周期的性能,因此,根据并行设计的客观要求,在产品设计的公差分析中,必须计入使用中的变形误差,这样才能使公差分析的结果更符合实际情况。公差可靠性分析是指公差设计满足装配功能要求的概率分析,也即装配成功率分析。然而,装配成功与不成功并没有一个严格的界限,也就是说装配成功是一个模糊概念。因此,在以往的公差分析中,认为封闭环的误差超出封闭环的设计公差时装配都是不成功的结论并不符合实际。实际上,只不过是封闭环的误差超出封闭环的设计公差的量越大,封闭环误差对装配成功这一模糊概念的隶属度越小而已。因此,在装配可靠性分析中,采用模糊理论,即将装配成功设置为模糊边界,以模糊装配成功率进行公差分析才更符合实际。

2.2.1 综合尺寸误差的定义

1. *加工误差* t_m

实际制造环境下使用某种加工方法进行加工时,实际尺寸误差相对于误差分布中心(误差带的算术中心)所产生的偏移称为工艺误差,用 t_p 表示。t_p 是一个随机变量,如图 2.13 所示,有

$$t_p = x_s - x_p \tag{2.2}$$

式中 x_s—— 加工后零件实际误差的坐标;

x_p—— 实际加工误差的分布中心坐标。

设计工程师根据零件功能、设计手册和设计经验确定的零件尺寸允许变动范围称为设计公差,用 T_d 表示。当按照对称公差原则设计时,公差带中心与名义尺寸值一致。

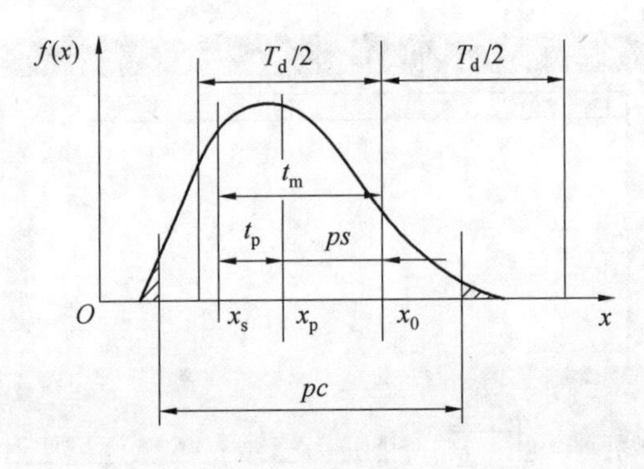

图 2.13 误差关系示意图

实际加工误差的分布中心 x_p 相对于设计公差带中心 x_0 的偏移量称为工艺误差漂移，即实际加工误差的分布中心 x_p 与设计公差带中心 x_0 的差值，用 ps 表示，ps 也是一个随机变量。有

$$ps = x_p - x_0 \tag{2.3}$$

式中　x_0——设计公差带的中心。

实际尺寸相对设计公差带中心的偏移量即为加工误差，用 t_m 表示。由图 2.13 易知

$$t_m = t_p + ps \tag{2.4}$$

某种工序在具体的加工条件下在质量上可能达到的水平，即工序质量的波动可能达到的实际范围称为工序能力，用 pc 表示。工序能力在数值上等于该工序工艺误差的分布范围。若工艺误差的分布范围很宽，且远离误差均值的误差以小概率出现(如误差为正态分布)，实际生产中一般要求工序具有保证生产 99.73% 合格品的能力。因此，就将含有 99.73% 误差的误差分布范围作为工序能力，如图 2.14 所示。

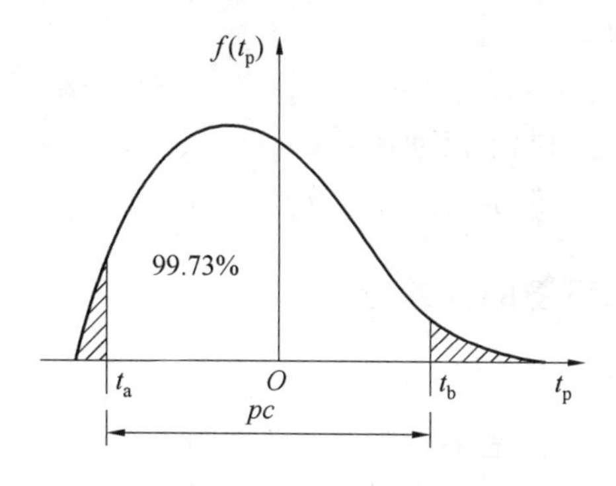

图 2.14　工序能力示意图

工序能力表示工序所具有的绝对加工能力，而没有考虑产品的具体技术要求，为了表示工序的相对加工能力，引入工序能力指数 C_p

$$C_p = \frac{\text{产品技术要求}}{\text{工序能力}} \tag{2.5}$$

工序能力指数越大，工序生产合格品的能力越强，产品质量越高。根据工艺误差分布中心是否与设计公差带中心重合，工序能力指数有两种表示形式。

(1) 工艺误差分布中心与设计公差带中心重合，此时

$$C_p = \frac{T_d}{pc} \tag{2.6}$$

(2) 工艺误差分布中心与设计公差带中心不重合，工艺误差漂移为 ps(图 2.15)，此时工序能力指数用 C_{pk} 表示

$$C_{pk} = \frac{T_d - 2|ps|}{pc} \tag{2.7}$$

一般设计工艺能力指数 C_p 在 1.33 左右为理想，C_p 过大，则工序成本增加，经济性不好；C_p 过小，则不能可靠地保证工序质量，不合格率增大，造成浪费，同样降低经济效益。

加工误差 t_m 的分布范围为该尺寸的设计公差 T_d；工艺误差 t_p 的分布范围为该工序的工序能力 pc。

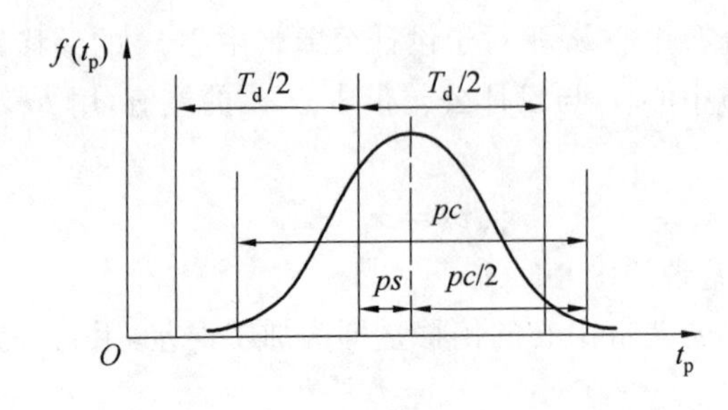

图 2.15 工艺误差分布中心漂移

2. *综合尺寸误差 t*

为了在公差分析中引入产品使用中的零件变形误差，在这里定义综合尺寸误差的概念。

定义：零件的加工误差与使用状态中由温度和力的作用产生的误差的综合称为综合尺寸误差(用 t 表示)。即

$$t = t_m + t_h + t_f = ps + t_p + t_h + t_f \tag{2.8}$$

式中 t_h—— 工作热变形引起的尺寸误差；

t_f—— 工作时受力变形引起的尺寸误差。

2.2.2 基于加工环境的误差分析

1. *工艺误差的分布规律*

在以往的公差统计分析中，将零件工艺误差视为与设计公差重合，这与实际情况有较大差异。实际上，为了在加工中有一定的质量欲度，即让工序能力有一定的储备，在工艺设计时通常使工艺误差小于设计公差，且由于加工设备的精度不足、刀具的磨损或者采用试切法进行加工等原因，工艺误差往往呈现为非正态分布。并且在实际生产加工中，为了减少废品率，加工者往往要保证工件的最大实体尺寸，操作者技术的熟练程度、工艺系统的原有误差等多种因素也会造成零件工艺误差分布的偏态性。因此，在研究零件误差的分布规律时除了要考虑正态分布、均匀分布、三角分布等对称分布外，还要研究瑞利分布、贝塔(B) 分布等非对称的偏态分布。

(1) 正态分布。当机械加工系统处于比较理想的状态且生产过程稳定时，工艺误差服从正态分布(图 2.16)。其概率密度函数为

$$f(t_p) = \frac{1}{\sqrt{2\pi}\sigma} e^{-\frac{t_p^2}{2\sigma^2}} \tag{2.9}$$

式中 σ—— 正态分布的工艺误差的标准差。

为保证加工合格率达到 99.73%，即具有 99.73% 的置信度，取 $6\sigma = pc$，即

$$\sigma = \frac{pc}{6} \tag{2.10}$$

则正态分布的工艺误差的概率密度函数为

$$f(t_p) = \frac{6}{\sqrt{2\pi}\, pc} e^{-\frac{18t_p^2}{pc^2}} \quad \left(-\frac{pc}{2} \leqslant t_p \leqslant \frac{pc}{2}\right) \tag{2.11}$$

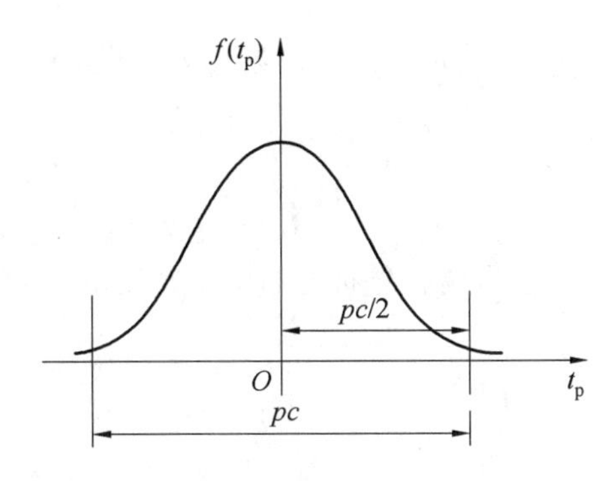

图2.16　正态分布的工艺误差

具有99.73%的置信度时，t_p的取值范围为$[-pc/2, pc/2]$。

(2) 均匀分布。其分布如图2.17所示，概率密度函数为

$$f(t_p)=\frac{1}{pc}\quad\left(-\frac{pc}{2}\leqslant t_p\leqslant\frac{pc}{2}\right) \tag{2.12}$$

具有100%的置信度时，t_p的取值范围为$[-pc/2, pc/2]$。

(3) 三角分布。其分布如图2.18所示，概率密度函数为

$$f(t_p)=\begin{cases}\dfrac{4\left(t_p+\dfrac{pc}{2}\right)}{pc^2} & \left(-\dfrac{pc}{2}\leqslant t_p\leqslant 0\right)\\[2ex] \dfrac{4\left(\dfrac{pc}{2}-t_p\right)}{pc^2} & \left(0\leqslant t_p\leqslant\dfrac{pc}{2}\right)\end{cases} \tag{2.13}$$

具有100%的置信度时，t_p的取值范围为$[-pc/2, pc/2]$。

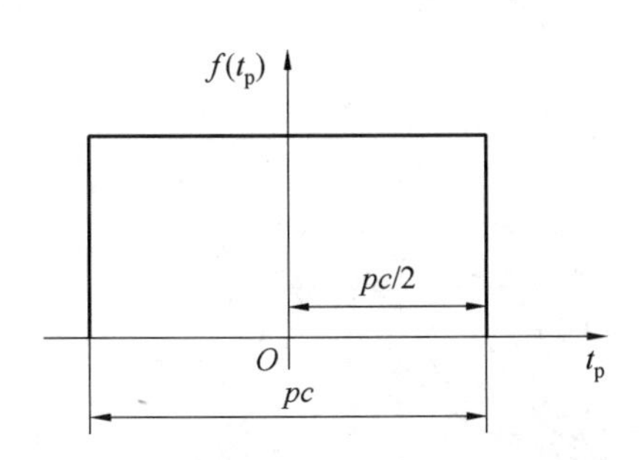

图2.17　均匀分布的工艺误差

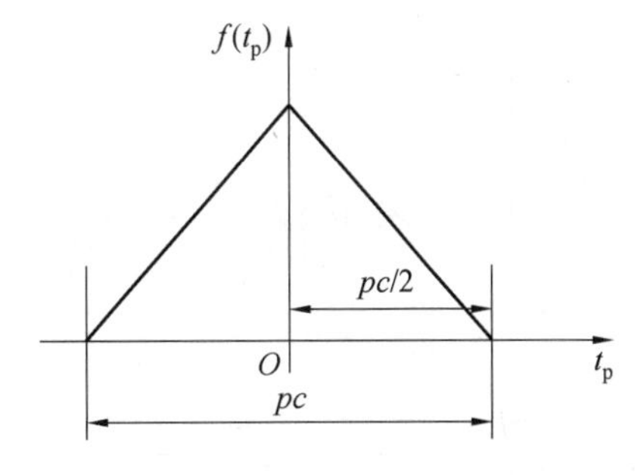

图2.18　三角分布的工艺误差

(4) 瑞利分布。对于端面跳动和径向圆跳动一类的误差，一般不考虑正负号，所以接近0的误差值较多，远离0的误差值较少，其分布是不对称的，可用瑞利分布表示。瑞利分布如图2.19所示，其概率密度函数为

$$f(x)=\frac{x}{k_0^2}e^{-\frac{x^2}{2k_0^2}}\quad(x\geqslant 0, k_0>0) \tag{2.14}$$

式中　k_0——瑞利分布最大概率的变量值。

取99.73%的置信度进行单向截尾，即

$$P(x \leqslant pc)=\int_0^{pc} f(t)\mathrm{d}t=0.9973$$

得 $pc=3.44k_0$，即

$$k_0=\frac{pc}{3.44} \tag{2.15}$$

代入式(2.14)，得工艺误差为瑞利分布时的概率密度函数为

$$f(t_{\mathrm{p}})=\frac{t_{\mathrm{p}}}{\left(\frac{pc}{3.44}\right)^2}\mathrm{e}^{-\frac{t_{\mathrm{p}}^2}{2\left(\frac{pc}{3.44}\right)^2}} \quad (0\leqslant t_{\mathrm{p}}\leqslant pc) \tag{2.16}$$

具有 99.73% 的置信度时，t_{p} 的取值范围为$[0,pc]$。

(5)B分布。B分布可以描述很多实际工艺误差的分布，如采用试切法加工时，操作者主观上存在着宁可返修也不可报废的倾向性，所以误差分布也会出现不对称情况，即加工轴时宁大勿小，故误差曲线凸峰偏向右；加工孔时宁小勿大，故误差曲线凸峰偏向左。又如当工艺系统存在显著的热变形时，误差分布曲线也不对称：若刀具热变形严重，则加工轴时误差曲线凸峰偏向左，加工孔时曲线凸峰偏向右。所有这些误差分布都可用 B 分布来表示。

B 分布由于具有有限的分布范围，故可取 100% 的置信度。B 分布的情况如图 2.20 所示，其概率密度函数为

$$f(t_{\mathrm{p}})=\frac{1}{pc\,\mathrm{B}(p,q)}\left[\frac{t_{\mathrm{p}}}{pc}+\frac{1}{2}\right]^{p-1}\left[\frac{1}{2}-\frac{t_{\mathrm{p}}}{pc}\right]^{q-1} \quad \left(-\frac{pc}{2}\leqslant t_{\mathrm{p}}\leqslant\frac{pc}{2}\right) \tag{2.17}$$

式中 p、q—— 分布参数，随着 p、q 的取值不同，B 分布曲线的形状也不同(图 2.20)；

$\mathrm{B}(p,q)$—— 按下式积分定义的 B 函数。

$$\mathrm{B}(p,q)=\int_0^1 z^{p-1}(1-z)^{q-1}\mathrm{d}z \tag{2.18}$$

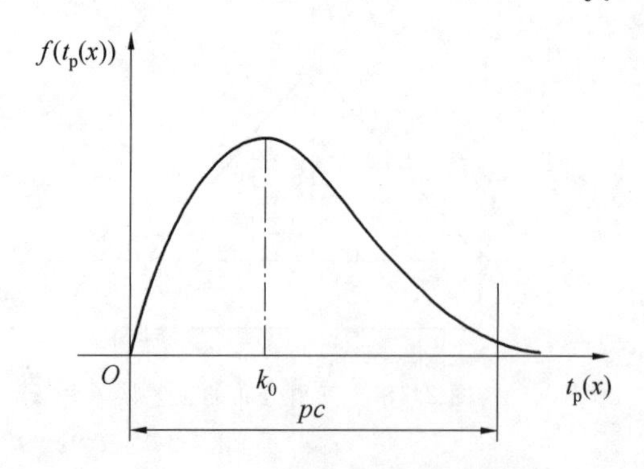

图 2.19 瑞利分布的工艺误差

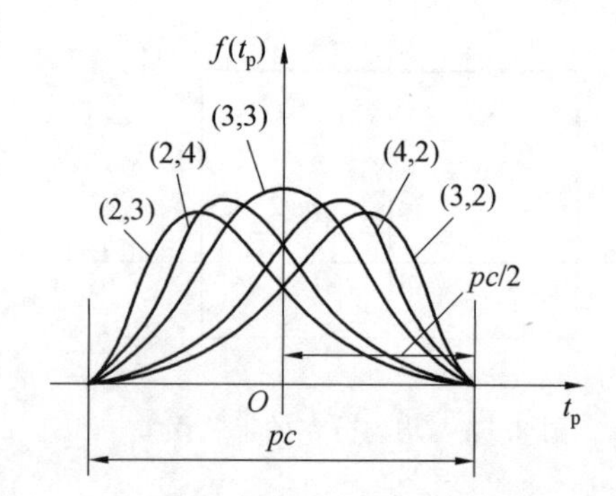

图 2.20 B分布的形状及工艺误差

具有 100% 的置信度时，t_{p} 的取值范围为$[-pc/2,pc/2]$。

B 分布的分布参数 p、q 可通过实际加工数据的统计特性计算得到。每一组分布参数 p、q 对应一种工艺误差的分布情况，p、q 的数值取决于加工设备、零件表面特征及操作者的技术水平等因素。对于确定的加工设备、零件表面特征和操作者，进行 n 次加工，分别测得每次加工的工艺误差值 $t_{\mathrm{p}k}(k=1,2,\cdots,n)$，则工艺误差的数学期望 $E(t_{\mathrm{p}})$ 和方差

$D(t_p)$ 的统计表达式为

$$E(t_p)=\frac{1}{n}\sum_{k=1}^{n}t_{pk}=\bar{t}_p \tag{2.19}$$

$$D(t_p)=E\,(t_{pk}-\bar{t}_p)^2=\frac{1}{n}\sum_{k=1}^{n}\,(t_{pk}-\bar{t}_p)^2 \tag{2.20}$$

从而求得 B 分布的分布参数 p、q 分别为

$$p=\frac{\left[\frac{pc}{2}+E(t_p)\right]\left[\left(\frac{pc}{2}\right)^2-E^2(t_p)-D(t_p)\right]}{pcD(t_p)} \tag{2.21}$$

$$q=\frac{\left[\frac{pc}{2}-E(t_p)\right]\left[\left(\frac{pc}{2}\right)^2-E^2(t_p)-D(t_p)\right]}{pcD(t_p)} \tag{2.22}$$

由于最大实体效应或刀具磨损，当加工外表面特征（如圆柱体、棱柱体等）时，得到的加工尺寸易于偏大，因此工艺误差的分布曲线向右偏斜，即 $p>q$；当加工内表面特征（如孔、槽等）时，得到的加工尺寸易于偏小，因此工艺误差的分布曲线向左偏斜，即 $p<q$。

当无法获取实际生产数据或获取数据比较困难时，将不能应用式(2.21) 和式(2.22) 计算分布参数 p 和 q，此时可对 p 和 q 的值进行如下近似估计。

工艺误差的分散性（方差）越小，B 分布参数 p、q 的取值越大。对于精度较高的加工工艺，分布参数 p、q 可在 3.5 ～ 4.0 之间取值；如果不知道具体的加工方法，p 和 q 可在 1.5 ～ 2.0 之间取值。综合考虑影响分布参数 p、q 取值的加工特征尺寸、表面特征、最大实体效应和刀具磨损等因素，p 和 q 的推荐值见表 2.1。

表 2.1　B 分布参数 p 和 q 的推荐值

尺寸 D/mm	设计公差范围 /mm	形状特征		
		外旋转体	内旋转体	平面特征
$D<38$	0.013 ～ 0.076	3.90,3.60	2.10,2.30	3.90,3.60
	0.076 ～ 0.254	3.85,3.55	2.05,2.25	3.85,3.55
	0.254 ～ 0.762	3.80,3.50	2.00,2.20	3.80,3.50
$38\leqslant D<508$	0.013 ～ 0.076	3.85,3.55	2.05,2.25	3.85,3.55
	0.076 ～ 0.254	3.80,3.50	2.00,2.20	3.80,3.50
	0.254 ～ 0.762	3.75,3.45	1.95,2.15	3.75,3.45
$D\geqslant 508$	0.013 ～ 0.076	3.80,3.50	2.00,2.20	3.80,3.50
	0.076 ～ 0.254	3.75,3.45	1.95,2.15	3.75,3.45
	0.254 ～ 0.762	3.70,3.40	1.90,2.10	3.70,3.40

2. 工艺误差漂移及其分布规律

在机械加工中，为了能对超出公差范围的零件进行修复，需按最大实体原则装夹定位；当考虑补偿刀具的磨损时，需按最小实体原则装夹定位。更换刀具及加工系统热变形等，都会使工艺误差的均值随着时间的推移而产生漂移。因此，在进行公差分析时，必须

考虑具体的加工环境所产生的工艺误差中心漂移的分布类型及分布参数。

工艺误差漂移分布范围如图 2.21 所示，为保证足够的工序能力，图示位置已经达到了漂移的极大值，若漂移超过图示位置，将导致加工产品的合格率低于 99.73%。因此，由图中尺寸分析可知，在产品的合格率不低于99.73%的要求下，工艺误差漂移 ps 的变化范围必须满足

$$-\frac{T_d - pc}{2} \leqslant ps \leqslant \frac{T_d - pc}{2} \tag{2.23}$$

当加工状态处于正常时，工艺误差漂移在允许的范围内一般为均匀分布或正态分布。

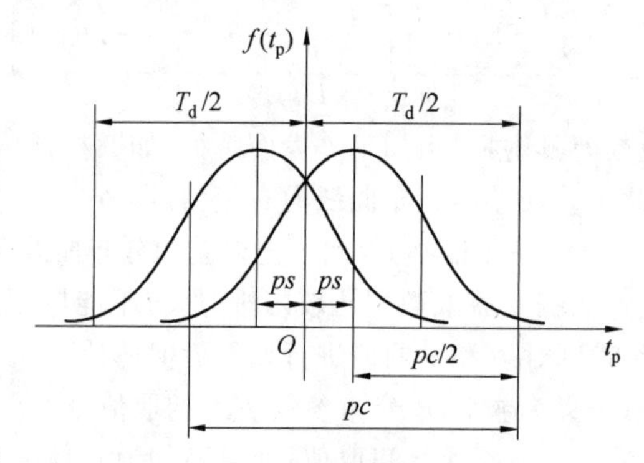

图 2.21　工艺误差漂移分布范围

(1) 当工艺误差漂移 ps 为均匀分布时，其概率密度函数为

$$f(ps) = \begin{cases} \dfrac{1}{T_d - pc} & \left(-\dfrac{T_d - pc}{2} \leqslant ps \leqslant \dfrac{T_d - pc}{2}\right) \\ 0 & (\text{其他}) \end{cases} \tag{2.24}$$

(2) 当工艺误差漂移 ps 为正态分布时，为保证具有 99.73% 的置信水平，工艺误差漂移 ps 的标准差 $\sigma(ps)$ 应为

$$\sigma(ps) = \frac{2ps}{6} = \frac{1}{6}\left(\frac{T_d - pc}{2} + \frac{T_d - pc}{2}\right) = \frac{T_d - pc}{6} \tag{2.25}$$

故概率密度函数可表示为

$$f(ps) = \frac{1}{\sqrt{2\pi}\sigma(ps)} e^{-\frac{ps^2}{2\sigma^2(ps)}} = \frac{6}{\sqrt{2\pi}(T_d - pc)} e^{-\frac{18ps^2}{(T_d - pc)^2}} \tag{2.26}$$

其中

$$-\frac{T_d - pc}{2} \leqslant ps \leqslant \frac{T_d - pc}{2} \tag{2.27}$$

由于加工中存在各种误差因素的影响，故工艺误差及其漂移的分布形式各种各样。为获取特定条件下工艺误差及其漂移的统计参数，各生产单位可根据以往生产同类零件的实测结果建立工艺过程数据库，应用数理统计的方法确定具体条件下的工艺误差统计特性。

2.2.3 使用变形误差分析

1. 温度变化引起的变形误差

机械产品在工作时，经常会伴随有大幅度的温度变化，从而引起零件的热变形，继而影响产品的性能。因此，为了实现并行设计的原则，在公差分析时，考虑工作环境中温度变化引起的热变形误差是十分必要的。

引起零件热变形的热源分为内部热源和外部热源两种。内部热源一般包括摩擦热、机床动力源的能耗转化来的热量和润滑油发热，其热量主要是以热传导的方式进行传递；外部热源主要是指机械系统外部的、以对流传热为主要形式的环境温度（它与气温变化、通风、空气对流和周围环境等有关）和各种辐射热（包括由阳光、照明、暖气设备等发出的辐射热）。

(1) 热变形引起的尺寸误差分布规律。热变形的大小与温升成正比，热变形引起的尺寸误差 t_h 为

$$t_h = k_1(\theta - \theta_0) \tag{2.28}$$

式中 k_1—— 修正系数，对于某具体零件为常数；

θ—— 工作状态下零件的温度；

θ_0—— 机械装备未运行时零件的温度，一般为常数。

由于工作过程中影响温度变化的因素错综复杂，故温度是一个在一定范围内变化的随机量。因此，热变形引起的尺寸误差 t_h 也是一个随机变量。设 θ_a 为机器正常工作时零件的平均温度，则 t_h 的均值（即期望值）为

$$E(t_h) = k_1(\theta_a - \theta_0) \tag{2.29}$$

在公差分析过程中，可以认为 t_h 服从正态分布。

(2) 修正系数 k_1 的确定。修正系数取决于热变形的方向和状态，本节分两种情况进行分析。

① 均匀受热的情况。一些形状较简单的轴类、套类、盘类零件，可近似地看成均匀受热，其热变形可以按物理学热膨胀的公式求出。

a. 长度上的热变形误差。其误差值 t_h 即为受热后长度的变化量 ΔL，表示为

$$\Delta L = \alpha_l L(\theta - \theta_0) = t_h = k_1(\theta - \theta_0) \tag{2.30}$$

式中 L—— 零件的原有长度；

α_l—— 零件材料的线膨胀系数（钢：$\alpha_l \approx 1.17 \times 10^{-5}\,\mathrm{K}^{-1}$；铸铁：$\alpha_l \approx 1.05 \times 10^{-5}\,\mathrm{K}^{-1}$；铜：$\alpha_l \approx 1.7 \times 10^{-5}\,\mathrm{K}^{-1}$）。

由此可得均匀受热时长度方向的修正系数为

$$k_1 = \alpha_l L \tag{2.31}$$

b. 直径上的热变形误差。其误差值 t_h 即为受热后直径的变化量 ΔD，可表示为

$$\Delta D = \alpha_l D(\theta - \theta_0) = t_h = k_1(\theta - \theta_0) \tag{2.32}$$

式中 D—— 零件的原有直径。

由此可得均匀受热时直径方向的修正系数为

$$k_1 = \alpha_l D \tag{2.33}$$

② 不均匀受热的情况。零件单面受热升温，上下表面间的温差($\theta-\theta_0$)将导致零件向上拱起。例如，对于长厚的板类零件，如图 2.22 所示，其热变形挠度 x 即为热变形引起的形状误差 t_h。热变形挠度 x 可做如下近似计算。

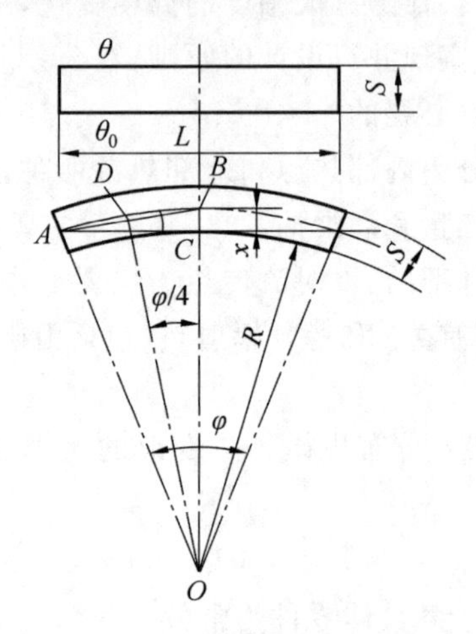

图 2.22　单面受热时的变形

由于中心角很小，故中性层的弦长可视为原长。$\triangle OAB$ 为以线段 AB 为底的等腰三角形，D 为 AB 中点，则 $OD \perp AB$；又 $AC \perp OB$，因此 $\angle DOB = \angle BAC = \varphi/4$。在 $\triangle ABC$ 中挠度 $x = BC$，$AB = L/2$，因此

$$x \approx \frac{L}{2}\sin\frac{\varphi}{4} \approx \frac{L}{8}\varphi = \frac{\alpha_l(\theta-\theta_0)L^2}{8S} \tag{2.34}$$

式中　L—— 零件的长度；

　　　S—— 零件的厚度。

由于热变形挠度 x 即为热变形引起的形状误差 t_h，即

$$\frac{\alpha_l(\theta-\theta_0)L^2}{8S} = t_h \tag{2.35}$$

故由式(2.28)可得修正系数为

$$k_1 = \frac{\alpha_l L^2}{8S} \tag{2.36}$$

2. 工作时受力引起的变形误差

当机械设备工作时，零件将受到载荷的作用，零件的形状和尺寸将发生变化，从而产生尺寸误差。由于零件的受力千变万化，在分析受力引起尺寸误差的分布规律时，既要考虑受力大小的变化规律，又要考虑受力点的变化。

(1) 零件受载挠曲产生的尺寸误差(用 t_f 表示)。根据受力方式的不同，本节分为以下几种情况进行分析。

① 受集中载荷的简支梁形式。某些凸轮轴和齿轮轴可以简化成简支梁形式，如图 2.23(a) 所示。对于确定的零件，径向挠度是集中载荷 $\boldsymbol{P}$ 的函数，在距离 A 点 $\sqrt{\frac{l^2-b^2}{3}}$

处，简支梁挠曲产生的最大径向尺寸误差(即形状误差）为

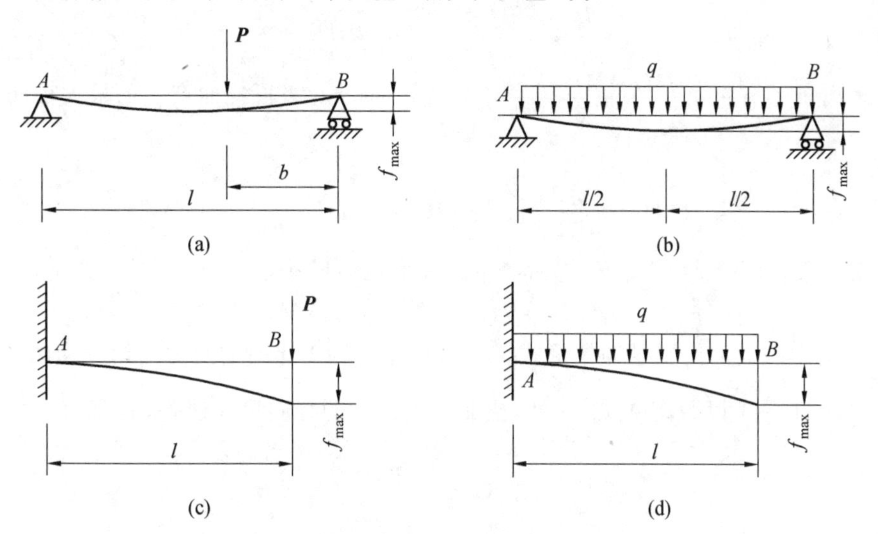

图 2.23　圆柱面径向挠曲示意图

$$t_f(\boldsymbol{P})=f_{\max}(\boldsymbol{P})=\frac{\boldsymbol{P}b\ (l^2-b^2)^{\frac{3}{2}}}{9\sqrt{3}\,lEI} \tag{2.37}$$

式中　E—— 零件材料的弹性模量；

I—— 截面惯性矩，与横截面的形状及尺寸有关，截面为圆的惯性矩 $I=\pi d^4/64$；

l—— 前后轴承支点间的距离；

b—— 力的作用点与最靠近的轴的支点间的距离，$b\leqslant\dfrac{l}{2}$。

② 受均布载荷的简支梁形式。某些精密机床的轴或重型机械的大梁等零件可以简化成受均布载荷的简支梁形式，如图 2.23(b) 所示。对于确定的零件，径向挠度是集度 q 的函数，在梁的中点，挠曲产生的最大径向尺寸误差(即形状误差）为

$$t_f(q)=f_{\max}(q)=\frac{5ql^4}{384EI} \tag{2.38}$$

③ 受集中载荷的悬臂梁形式。有些零件可简化为悬臂梁，如工作中的镗刀杆。如图 2.23(c) 所示，此时在 B 点产生的最大径向尺寸误差为

$$t_f(p)=f_{\max}(\boldsymbol{P})=\frac{\boldsymbol{P}l^3}{3EI} \tag{2.39}$$

④ 受均布载荷的悬臂梁形式。有些零件可简化为受均布载荷的悬臂梁，如某些机床的主轴。如图 2.23(d) 所示，此时在 B 点产生的最大径向尺寸误差为

$$t_f(q)=f_{\max}(q)=\frac{ql^4}{8EI} \tag{2.40}$$

⑤ 受弯矩载荷的简支梁形式。斜齿轮的轴及蜗轮或蜗杆的轴受弯矩载荷，如图 2.24(a) 所示(其中，$a\geqslant b$)。在距离 A 点 $\sqrt{\dfrac{l^2-3b^2}{3}}$ 处，简支梁 a 段挠曲产生的最大径向尺寸误差(即形状误差) $f_{1\max}$ 为

$$f_{1\max}(M)=\frac{M(l^2-3b^2)^{\frac{3}{2}}}{9\sqrt{3}\,lEI}$$

在距离 A 点 $x=\left(\sqrt{\frac{6la+4l^2-3b^2}{3}}-l\right)$ 处，简支梁 b 段挠曲产生的最大径向尺寸误差 $f_{2\max}$ 为

$$f_{2\max}(M)=\frac{M}{6lEI}[-x^3+3l(x-a)^2+(l^2-3b^2)x]$$

故简支梁在弯矩 M 作用下，挠曲产生的最大径向尺寸误差为

$$t_{\mathrm{f}}(M)=f_{1\max}(M)+f_{2\max}(M) \tag{2.41}$$

⑥ 受集中载荷的简支悬伸梁形式。有时机床主轴工作时的受力可简化为图 2.24(b)所示形式，此时在 l 段距离 A 点 $\frac{l}{\sqrt{3}}$ 处，挠曲产生最大的径向尺寸误差，其值为

$$f_{\max}(\boldsymbol{P})=\frac{\boldsymbol{P}bl^2}{9\sqrt{3}\,EI}$$

C 点挠曲产生的最大径向尺寸误差为

$$f_C(\boldsymbol{P})=\frac{\boldsymbol{P}b^2}{3EI}(l+b)$$

故简支悬伸梁在载荷 $\boldsymbol{P}$ 作用下，挠曲产生的最大径向尺寸误差为

$$t_{\mathrm{f}}(\boldsymbol{P})=f_{\max}(\boldsymbol{P})+f_C(\boldsymbol{P}) \tag{2.42}$$

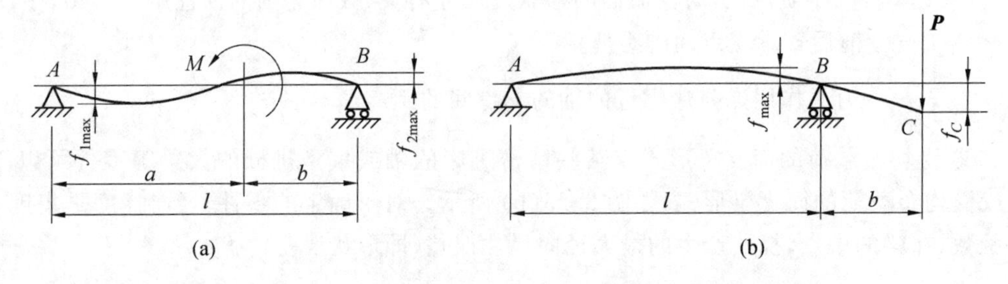

图 2.24 弯矩载荷及简支悬臂形式的径向挠曲示意图

(2) 尺寸误差 t_{f} 的分布规律。由于作用力和支反力的大小及作用点的波动、零件材料机械性能的不稳定等，零件受力变形引起的尺寸(形状) 误差 t_{f} 是一个随机变量，上面所计算的结果只能作为该随机变量的期望值。在公差分析过程中，可以假设 t_{f} 服从正态分布。

3. 组成环的综合尺寸误差

通过上面的分析，结合式(2.8) 的定义，尺寸链各组成环的综合尺寸误差 t_i(其中，i 为组成环的序号) 可表示为

$$t_i=t_{\mathrm{m}i}+t_{\mathrm{h}i}+t_{\mathrm{f}i}=ps_i+t_{\mathrm{p}i}+t_{\mathrm{h}i}+t_{\mathrm{f}i} \tag{2.43}$$

对于某一确定的零件尺寸链，每个组成环必定受到上述四种误差形式的影响，但可能其中某一(或某几) 方面的影响很小甚至可以忽略。

2.2.4 公差设计的模糊可靠性分析

本节定义封闭环的误差 t 为封闭环的实际尺寸相对于封闭环的设计公差带中心的偏移量。在以往的公差分析中，总是以封闭环的实际尺寸不超出其极限尺寸作为装配成功的标志，即 $|t| \leqslant T_d/2$（T_d 为封闭环的设计公差）。这样做在工程实际中不甚合理，如封闭环的设计公差 $T_d = 0.4$ mm，则封闭环的误差 $t = 0.2$ mm 时装配是成功的，而当 $t = 0.201$ mm 时装配是不成功的，这显然不符合工程实际。实际上，当 $|t| \leqslant T_d/2$ 时，装配肯定成功，但在 $|t| > T_d/2$ 的情况下，也有装配成功的可能性。因此，装配成功是一模糊事件，这里将这一模糊事件用 $\widetilde{B}$ 表示。

1. 隶属度及隶属函数

封闭环的误差 t 对装配成功这一模糊事件 $\widetilde{B}$ 的隶属度可以用不同的曲线表示（图2.25）。下面是隶属度的函数表示。本书只给出 $t > 0$ 时隶属函数 $\mu_{\widetilde{B}}(t)$ 的表示，$t < 0$ 的情况可类似得出。

图2.25(a)所示的边界为线性分布，其隶属函数 $\mu_{\widetilde{B}}(t)$ 为

$$\mu_{\widetilde{B}}(t) = \begin{cases} 1 & \left(t \leqslant \dfrac{T_d}{2}\right) \\ \dfrac{\dfrac{T_d}{2} + d - t}{d} & \left(\dfrac{T_d}{2} < t < \dfrac{T_d}{2} + d\right) \\ 0 & \left(t \geqslant \dfrac{T_d}{2} + d\right) \end{cases} \tag{2.44}$$

式中 t—— 封闭环的实际误差，为一随机变量；

T_d—— 封闭环的设计公差。

图2.25(b)所示的边界为正态分布，其隶属函数 $\mu_{\widetilde{B}}(t)$ 为

$$\mu_{\widetilde{B}}(t) = \begin{cases} 1 & \left(t \leqslant \dfrac{T_d}{2}\right) \\ \mathrm{e}^{-\left(\frac{t - \frac{T_d}{2}}{\sigma}\right)^2} & \left(t > \dfrac{T_d}{2}\right) \end{cases} \tag{2.45}$$

图2.25(c)所示的边界为柯西分布，其隶属函数 $\mu_{\widetilde{B}}(t)$ 为

$$\mu_{\widetilde{B}}(t) = \begin{cases} 1 & \left(t \leqslant \dfrac{T_d}{2}\right) \\ \dfrac{1}{1 + \alpha \left(t - \dfrac{T_d}{2}\right)^{\beta}} & \left(t > \dfrac{T_d}{2}\right) \end{cases} \tag{2.46}$$

其中，$\alpha > 0$，$\beta > 0$。

图2.25(d)所示的边界为凸形分布，其隶属函数 $\mu_{\widetilde{B}}(t)$ 为

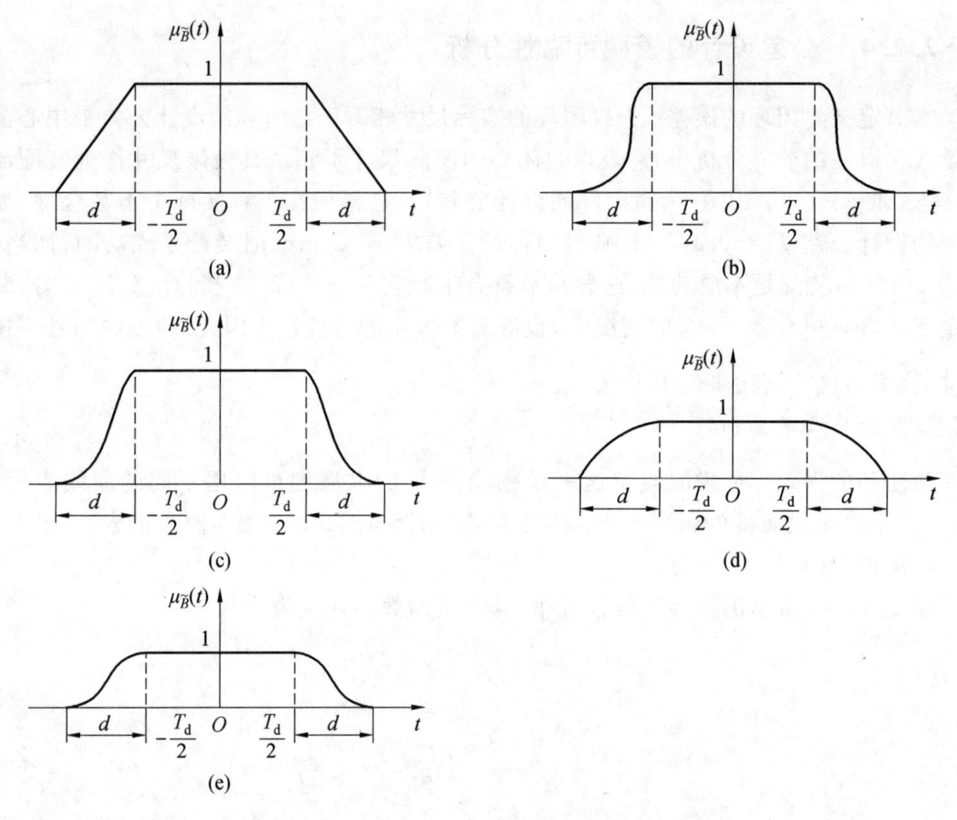

图 2.25　封闭环的误差对装配成功的隶属度

$$\mu_{\widetilde{B}}(t)=\begin{cases}1 & \left(t\leqslant\dfrac{T_d}{2}\right)\\ 1-\left(\dfrac{t-\dfrac{T_d}{2}}{d}\right)^k & \left(\dfrac{T_d}{2}<t<\dfrac{T_d}{2}+d\right)\\ 0 & \left(t\geqslant\dfrac{T_d}{2}+d\right)\end{cases} \tag{2.47}$$

其中,$k\geqslant 1$,当 $k=1$ 时为线性分布。

图 2.25(e) 所示的边界为岭形分布,其隶属函数 $\mu_{\widetilde{B}}(t)$ 为

$$\mu_{\widetilde{B}}(t)=\begin{cases}1 & \left(t\leqslant\dfrac{T_d}{2}\right)\\ \dfrac{1}{2}-\dfrac{1}{2}\sin\left\{\dfrac{\pi}{d}\left[t-\dfrac{1}{2}(T_d+d)\right]\right\} & \left(\dfrac{T_d}{2}<t<\dfrac{T_d}{2}+d\right)\\ 0 & \left(t\geqslant\dfrac{T_d}{2}+d\right)\end{cases} \tag{2.48}$$

2. 模糊装配成功率

模糊装配成功率(即模糊可靠度)为

$$P(\widetilde{B})=\int_{-\infty}^{+\infty}\mu_{\widetilde{B}}(t)f(t)\mathrm{d}t=E(\mu_{\widetilde{B}}(t)) \tag{2.49}$$

式中　$f(t)$—— 封闭环实际误差分布的概率密度函数;

$E(\mu_{\tilde{B}}(t))$—— 封闭环的误差 t 对模糊事件 $\tilde{B}$ 的隶属度的数学期望。

3.用蒙特卡洛模拟法求模糊装配成功率

蒙特卡洛(Monte Carlo)模拟法又称统计实验法，是一种通过随机变量的统计实验和随机模拟来求解工程技术及经济管理近似解的数值方法。用蒙特卡洛模拟法求模糊装配成功率，就是把求解封闭环公差及其统计量的问题作为一个随机变量的统计量问题来处理。

用蒙特卡洛模拟法求模糊装配成功率 $P(\tilde{B})$ 的原理为：模糊事件 $\tilde{B}$ 的概率即为隶属函数 $\mu_{\tilde{B}}(t)$ 的数学期望 $E(\mu_{\tilde{B}}(t))$。

设 t_i 为随机变量 t 的样本值，建立统计量 $\hat{P}(\tilde{B})$，即

$$\hat{P}(\tilde{B})=\frac{1}{m}\sum_{i=1}^{m}\mu_{\tilde{B}}(t_i) \tag{2.50}$$

式中 m—— 样本数。

$\hat{P}(\tilde{B})$ 是装配成功这一模糊事件 $\tilde{B}$ 的概率 $P(\tilde{B})$ 的无偏估计，即装配成功率的统计值。其中，随机变量 t 的第 i 个样本值 t_i 的确定为

$$t_i=\alpha_1 t_{1i}+\alpha_2 t_{2i}+\cdots+\alpha_j t_{ji}+\cdots+\alpha_n t_{ni} \tag{2.51}$$

式中 n—— 组成环的数量；

$\alpha_j(j=1,2,\cdots,n)$—— 第 j 个组成环误差的传递系数；

$t_{ji}(j=1,2,\cdots,n;i=1,2,\cdots,m)$—— 第 j 个组成环误差的第 i 个样本值。

$$t_{ji}=ps_{ji}+t_{\mathrm{p}ji}+t_{\mathrm{h}ji}+t_{\mathrm{f}ji} \tag{2.52}$$

其中的参数说明见式(2.8)。

ps、t_{p}、t_{h}、t_{f} 均为符合某种分布的随机变量，可根据具体的加工环境、被加工零件的材料性能和几何参数，确定其分布形式、统计参数和分布范围。

对每一组成环(如 j 组成环)中的 ps_j、$t_{\mathrm{p}j}$、$t_{\mathrm{h}j}$ 和 $t_{\mathrm{f}j}$ 按其分布规律进行抽样，得到第 j 个组成环误差值的一个样本，即

$$t_j=ps_j+t_{\mathrm{p}j}+t_{\mathrm{h}j}+t_{\mathrm{f}j} \tag{2.53}$$

4.蒙特卡洛模拟法求模糊装配成功率的误差估计

用蒙特卡洛模拟法求模糊装配成功率时，由于样本数量有限，必然存在一定的误差。根据中心极限定理，对于任意 $t>0$，有

$$P\left(\left|\frac{1}{m}\sum_{i=1}^{m}\mu_{\tilde{B}}(t_i)-\hat{P}(\tilde{B})\right|<\frac{t\sigma}{\sqrt{m}}\right)\approx\frac{2}{\sqrt{2\pi}}\int_0^t \mathrm{e}^{-\frac{u^2}{2}}\mathrm{d}u=1-\alpha \tag{2.54}$$

式中 σ——$\mu_{\tilde{B}}(t)$ 的均方差；

$1-\alpha$—— 置信度；

t—— 与置信度$(1-\alpha)$对应的正态分布上侧分位数。

因此，在置信度为$(1-\alpha)$时，模拟 m 次，则模糊装配成功率 $P(\tilde{B})$ 的估计值 $\hat{P}(\tilde{B})$ 的误差为 $\varepsilon=\dfrac{t\sigma}{\sqrt{m}}$，从而模糊装配成功率 $P(\tilde{B})$ 可表示为

$$P(\widetilde{B})=\left[\frac{1}{m}\sum_{i=1}^{m}\mu_{\widetilde{B}}(t_i)-\frac{t\sigma}{\sqrt{m}},\frac{1}{m}\sum_{i=1}^{m}\mu_{\widetilde{B}}(t_i)+\frac{t\sigma}{\sqrt{m}}\right] \tag{2.55}$$

(1) 置信度$(1-\alpha)$对应的正态分布上侧分位数 t 的确定。由

$$\frac{2}{\sqrt{2\pi}}\int_0^t e^{-\frac{u^2}{2}}du=1-\alpha$$

可知

$$\frac{2}{\sqrt{2\pi}}\int_0^t e^{-\frac{u^2}{2}}du=2\int_{-\infty}^t\frac{1}{\sqrt{2\pi}}e^{-\frac{u^2}{2}}du-2\int_{-\infty}^0\frac{1}{\sqrt{2\pi}}e^{-\frac{u^2}{2}}du$$

$$=2\int_{-\infty}^t\frac{1}{\sqrt{2\pi}}e^{-\frac{u^2}{2}}du-2\times0.5=1-\alpha \tag{2.56}$$

故

$$\int_{-\infty}^t\frac{1}{\sqrt{2\pi}}e^{-\frac{u^2}{2}}du=\frac{2-\alpha}{2} \tag{2.57}$$

由标准正态分布表可查得 t 值。

(2)$\mu_{\widetilde{B}}(t)$的均方差 σ 的确定。σ 可用 $\mu_{\widetilde{B}}(t)$ 的统计标准差代替。σ^2 的无偏估计量记为 s^2,则

$$s^2=\frac{1}{m-1}\sum_{i=1}^{m}\left(\mu_{\widetilde{B}}(t_i)-\overline{\mu_{\widetilde{B}}(t_i)}\right)^2 \tag{2.58}$$

式中 m—— 统计次数;

$\overline{\mu_{\widetilde{B}}(t_i)}$—— 隶属函数 $\mu_{\widetilde{B}}(t_i)$ 的总体均值估计。

$$\overline{\mu_{\widetilde{B}}(t_i)}=\frac{1}{m}\sum_{i=1}^{m}\mu_{\widetilde{B}}(t_i) \tag{2.59}$$

5.用蒙特卡洛模拟法计算模糊装配成功率的步骤

(1) 根据计算精度的要求确定随机模拟的次数 m;根据设计要求确定模糊装配成功率 $P(\widetilde{B})$ 和封闭环的误差 t 对装配成功 $\widetilde{B}$ 的隶属函数 $\mu_{\widetilde{B}}(t)$。

(2) 结合具体加工环境及各组成环相关零件的材料性能和几何参数,确定第 j 个组成环的 ps_j、t_{pj}、t_{hj} 和 t_{fj} 的分布形式、统计参数及分布范围。

(3) 根据各组成环的分布规律、统计参数和分布范围,分别对每一组成环中 ps_j、t_{pj}、t_{hj} 和 t_{fj} 的分布进行随机抽样,得到一组误差的样本值 ps_{ji}、t_{pji}、t_{hji} 和 t_{fji}。

(4) 依据综合误差的计算公式 $t_j=ps_j+t_{pj}+t_{hj}+t_{fi}$ 确定第 j 个组成环的第 i 个样本值,即 $t_{ji}=ps_{ji}+t_{pji}+t_{hji}+t_{fji}$。共有 n 个组成环$(j=1,2,\cdots,n)$,从而得到一组各组成环尺寸误差的第 i 个样本值 $t_{1i},t_{2i},\cdots,t_{ni}$。

(5) 将 $t_{1i},t_{2i},\cdots,t_{ni}$ 代入公差(误差)链方程 $t_i=\alpha_1t_{1i}+\alpha_2t_{2i}+\cdots+\alpha_jt_{ji}+\cdots+\alpha_nt_{ni}$,计算封闭环尺寸误差 t_i,即得到一个子样。

(6) 计算装配成功隶属度 $\mu_{\widetilde{B}}(t)$ 的第 i 个样本值 $\mu_{\widetilde{B}}(t_i)$。

(7) 重复步骤(3) ~ (6),共做 m 次,得到 m 个隶属度的样本。

(8) 计算模糊装配成功率 $\hat{P}(\widetilde{B})=\frac{1}{m}\sum_{i=1}^{m}\mu_{\widetilde{B}}(t_i)$。

(9) 计算隶属度 $\mu_{\widetilde{B}}(t)$ 的统计标准差,即

$$\sigma=\left[\frac{1}{m-1}\sum_{i=1}^{m}(\mu_{\widetilde{B}}(t_i)-\overline{\mu_{\widetilde{B}}(t_i)})^2\right]^{\frac{1}{2}}$$

(10) 根据置信度$(1-\alpha)$计算正态分布的上侧分位数 t。

(11) 计算模糊装配成功率的误差估计值 $\varepsilon=\frac{t\sigma}{\sqrt{m}}$。

(12) 若 $\hat{P}(\widetilde{B})-\varepsilon\geqslant P(\widetilde{B})$，则装配成功率满足设计要求，公差设计合格；否则，判定为公差设计不合格。

用蒙特卡洛模拟法计算模糊装配成功率计算程序框图如图 2.26 所示。

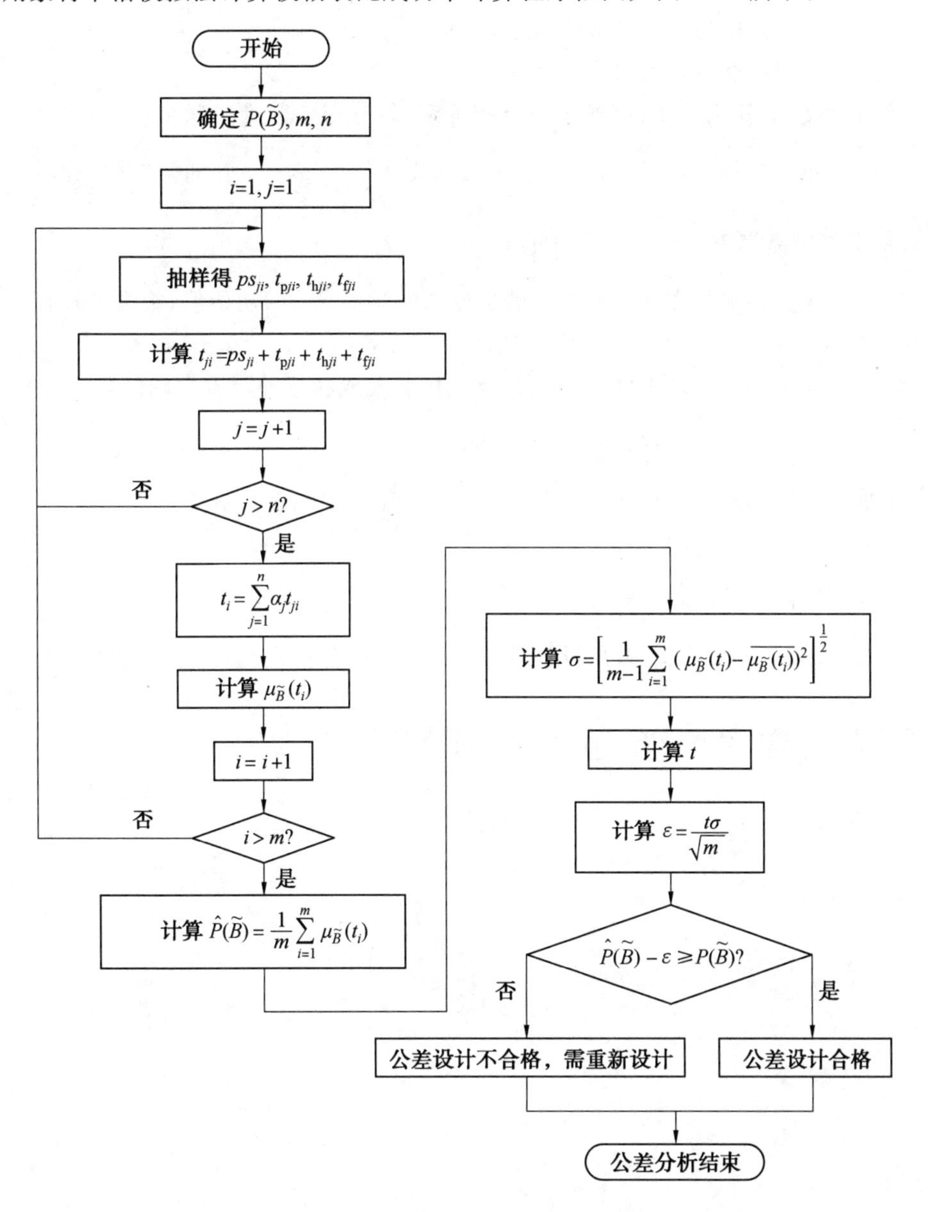

图 2.26　装配成功率计算程序框图

2.2.5 公差设计废品率的计算

在公差分析中，若不考虑模糊装配成功率，而是按封闭环的设计公差 T_d 给出废品率的要求，即要求封闭环的误差 $|t| > \frac{1}{2}T_d$ 的概率不超过 α_F，则设计的废品率可按下式计算：

$$P\left(|t| > \frac{1}{2}T_d\right) = 1 - \int_{-\frac{T_d}{2}}^{+\frac{T_d}{2}} f(t)\,dt \leqslant \alpha_F \tag{2.60}$$

式中 $f(t)$—— 封闭环误差的概率密度函数；

α_F—— 设计所允许的最大废品率。

当组成环数较多时，$f(t)$ 可按正态分布确定，但分布参数难以确定；当组成环数较少时，$f(t)$ 的分布规律都很难确定，故一般无法求得 $P\left(|t| > \frac{1}{2}T_d\right)$ 的解析解，此时可用统计实验法求得废品率 $P\left(|t| > \frac{1}{2}T_d\right)$ 的值。其步骤如下。

(1) 设置满足要求的样本数 h 及不满足要求的样本数 k 的初始值，根据计算精度确定随机模拟的次数 m，根据设计要求确定允许的废品率 α_F。

(2) ～ (5) 步同用蒙特卡洛模拟法计算模糊装配成功率的步骤中的(2) ～ (5) 步。

(6) $|t_i| > \frac{1}{2}T_d$？若是，则 $k = k + 1$；否则，$h = h + 1$。

(7) 重复步骤(3) ～ (6)，共做 m 次，得到封闭环尺寸误差的 m 个样本 $t_i(i = 1, 2, \cdots, m)$。

(8) 计算实际废品率 $\alpha = \frac{k}{m}$。

(9) 若 $\alpha \leqslant \alpha_F$，则废品率满足设计要求，公差设计合格；否则，判定为公差设计不合格。

采用统计实验法计算公差设计废品率的程序框图如图 2.27 所示。

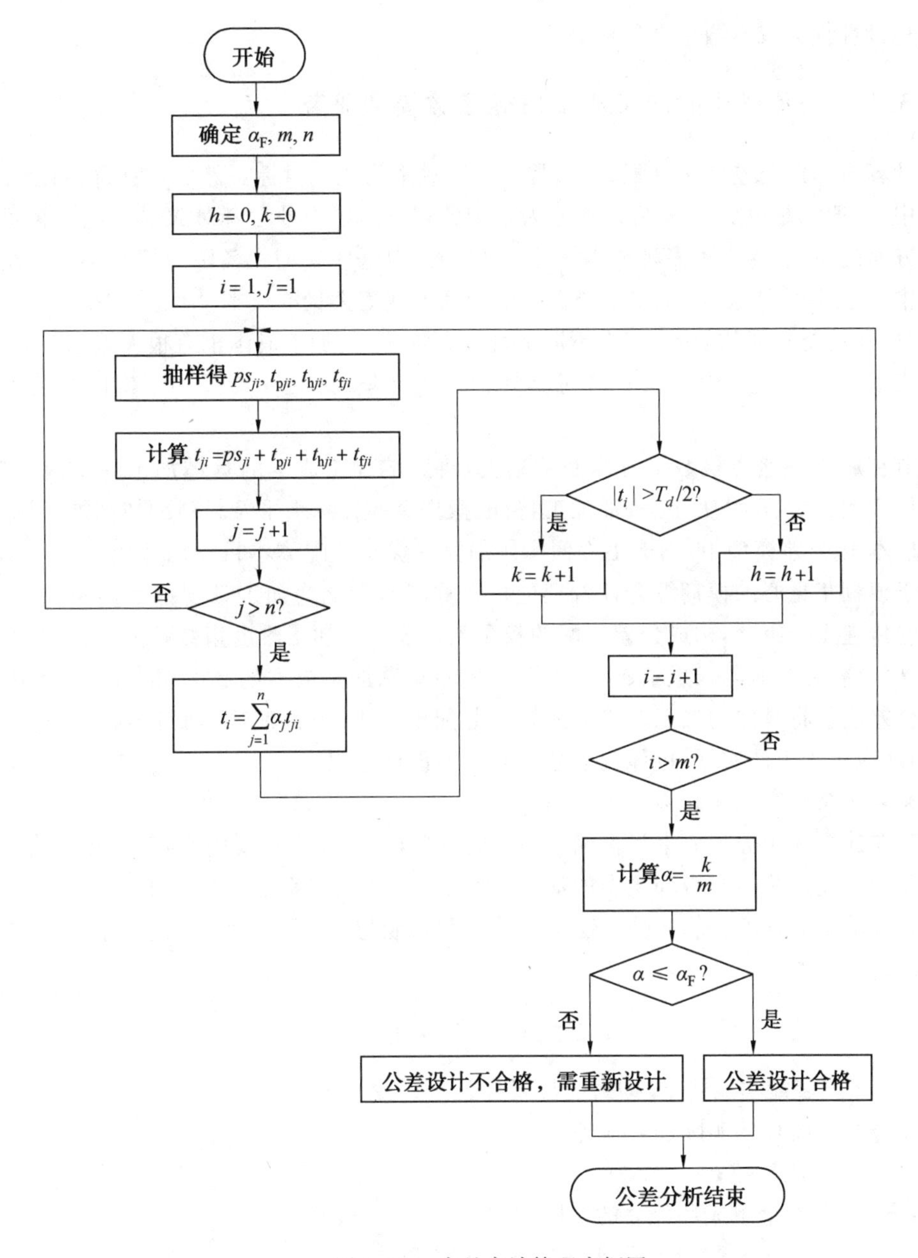

图 2.27　废品率计算程序框图

2.3　公差优化分配目标函数模型

计算机辅助公差优化分配时，优化分配目标函数模型的确定是至关重要的一步，也是公差分配的基础，直接决定着公差分配的结果。在目标函数中，加工成本是优化的一个重要目标，即寻求总加工成本的最小化。同时还要使设计的产品质量稳健性好，即寻求产品质量稳健性损失成本的最小化。因此公差优化分配目标函数模型应该包含加工成本和产品质量稳健性损失成本两个分目标。

2.3.1 公差优化的加工成本目标函数模型研究

在计算机辅助公差优化分配时，通常以加工成本为优化目标。然而，在以往的公差优化分配中，一般都是以成本－公差模型为基础的，为此，国内外学者对成本－公差模型进行了多方面的研究，建立了多种成本－公差模型。但这些模型在实际应用时必须有足够多的成本－公差统计数据，而在生产实际中精确地搜集大量的成本－公差数据是很困难的。况且，即使是相同的公差，若在不同的环境下加工，其加工成本也有很大差别。因此，简单的成本－公差模型由于没有考虑具体的加工环境，往往不能适用于实际的公差设计。

本节在成本－公差倒数平方模型基础上，将影响加工成本的具体加工环境因素（如工件毛坯成型方式、尺寸大小、表面加工特征、操作者的技术水平及材料的切削加工性等）引入到成本－公差模型中，构造出方便实用的公差优化分配成本目标函数模型。该模型运用基于模糊集重心的模糊综合评价理论将影响因素量化为加工难度指数，并将其与尺寸公差的传递系数组合，构成公差分配的权重值。公差的加工难度指数越大，其相对加工成本越高，公差分配时其权重值越大，表明该公差对总加工成本的影响越大，故应分配大一些的公差值。将具体的加工环境引入公差分配模型中，不仅使成本目标函数模型能方便、精确地应用于生产实际，也体现了公差并行的设计思想。

1. 公差优化分配成本目标函数模型

本节在建立优化分配成本目标函数模型时，综合考虑两个重要因素，即尺寸误差的传递系数 α 和公差在具体制造环境中的加工难度指数 β。传递系数 α 反映了尺寸公差对装配功能要求的影响程度。装配公差链中表达装配功能与零件尺寸实际误差间的功能方程为

$$T_{\mathrm{d}} \geqslant t = \sum_{i=1}^{n} \alpha_i t_i \tag{2.61}$$

式中 T_{d}—— 装配功能要求，即封闭环设计公差；

t—— 封闭环的实际加工误差；

n—— 组成环数；

t_i—— 第 i 个组成环尺寸的实际误差（$i=1,2,\cdots,n$）；

$\alpha_i=\partial t/\partial t_i$ —— 第 i 个组成环误差的传递系数。

在用模糊可靠度进行公差分析时（见 2.2.4 用蒙特卡洛模拟法求模糊装配成功率 $P(\widetilde{B})$），亦有 $t=\sum\limits_{i=1}^{n}\alpha_i t_i$，可见传递系数 α 反映了尺寸公差对装配功能要求和模糊可靠度分析的影响程度。α_i 越大，其相应的组成环公差对产品功能影响越大，为使产品功能稳定，应分配较小的公差值。

加工难度指数 β 是将影响加工成本的具体加工环境因素量化后得到的公差的相对加工成本。β 越大，加工越困难，相对制造成本越高，为减少加工成本，应分配较大的公差值。β 的确定方法是本节研究的重点。

根据以上分析，定义第 i 个组成环的公差分配权重值 N_i 为

$$N_i = (\beta_i / \alpha_i)^2 \tag{2.62}$$

参照现有成本－公差倒数平方模型，构建下面以制造成本为目标的公差优化分配目标函数模型：

$$\min C_M(T_1, T_2, \cdots, T_n) = C_0 + \sum_{i=1}^{n} \frac{N_i}{T_i^2} \tag{2.63}$$

式中　C_M—— 总加工成本；

C_0—— 加工成本常量；

T_i—— 第 i 个组成环设计公差。

2.加工难度指数的确定

确定加工难度指数 β 是将影响加工成本的具体加工环境因素量化成公差的相对加工成本，并且在量化过程中，要涉及一些模糊量的处理，因此，宜采用模糊综合评判技术。传统的评价方法具有简单、方便且概念清楚的优点，因而具有一定的实用价值，但在传统的评价方法中，评判专家对评判指标的评价 r_{ij}（即隶属度）是一个确定的点值模糊分，与模糊区间分相比，点值模糊分不便于专家充分地表达其评判意见，同时对专家的要求也更加苛刻。当专家难于用一点值模糊分来充分表达其意见时，势必影响评判结果的准确性和可信度。本节将采用一种新的模糊评价方法 —— 基于模糊集重心的评价方法来确定加工难度指数 β。该方法给出了一个连续的语言值标尺，采用模糊集的重心来衡量评判对象优劣程度，克服了传统的模糊决策方法，诸如专家评判不便、容易丢失评判信息和评判信息利用不充分等缺点，因而有利于提高评价的准确性和可信度。

(1) 模糊集重心的概念。若论域 U 为实数域中的有界可测集，$x \in U$，则 U 上模糊集 $\widetilde{A}$ 的重心定义为

$$G_{(\widetilde{A})} = \frac{\int_U \mu_{\widetilde{A}}(x) x \mathrm{d}x}{\int_U \mu_{\widetilde{A}}(x) \mathrm{d}x} \tag{2.64}$$

式中　$\mu_{\widetilde{A}}(x)$—— 模糊集 $\widetilde{A}$ 的隶属函数，$\int_U \mu_{\widetilde{A}}(x)\mathrm{d}x \neq 0$。

当 x 为离散分布时，即论域 $U = \{x_1, x_2, \cdots, x_n\} \subset \mathbf{R}$（$\mathbf{R}$ 为实数域）时，重心定义为

$$G_{(\widetilde{A})} = \frac{\sum_{i=1}^{n} (x_i \mu_{\widetilde{A}}(x_i))}{\sum_{i=1}^{n} \mu_{\widetilde{A}}(x_i)} \tag{2.65}$$

其中，$\sum_{i=1}^{n} \mu_{\widetilde{A}}(x_i) \neq 0$。

模糊集 $\widetilde{A}$ 的重心 $G_{(\widetilde{A})}$ 反映了其隶属函数的分布，它里面包含着许多有用的评价信息。同物体的重心反映了其重力集中的地方一样，模糊集 $\widetilde{A}$ 的重心 $G_{(\widetilde{A})}$ 刻画了模糊集的隶属度在论域 U 内集中的地方。当隶属函数 $\mu_{\widetilde{A}}(x)$ 确定时，其重心位置也确定。因此，模糊集的重心是模糊集的一个固有属性，可以用模糊集的重心来描述隶属函数的分布情

况。而隶属函数反映了公差的加工难度指数对评语集的隶属度,因而可以用模糊集的重心来刻画加工难度指数的大小。

下面运用基于模糊集重心的模糊综合评价理论来确定加工难度指数 β。

(2) 因素集的确定。因素集是以影响评判对象的各种因素为元素所组成的一个普通集合,用大写字母 U 表示。通过对相关资料和实际加工过程的分析可知,影响加工难度的因素主要有5个:工件毛坯的成型方式 u_1,工件尺寸的大小 u_2,表面加工特征 u_3,工件材料的切削加工性 u_4,操作者的技术水平 u_5。从而因素集 U 可表示为

$$U=(u_1,u_2,u_3,u_4,u_5) \tag{2.66}$$

(3) 因素权重集的确定。由于各个因素对加工难度指数取值影响程度不同,故各因素应取不同的权重值。本节用对比平均法确定各因素的重要性,即确定各因素的权重集。

设模糊事件 $\tilde{D}$ 为:因素对加工成本影响大。论域 $U=(u_1,u_2,u_3,u_4,u_5)$,对 $\forall u_k$ $(u_k\in U)$,确定其中任意两个因素 u_i 和 u_j 相对而言对 $\tilde{D}$ 的隶属度。$R_{\tilde{D}}(u_i,u_j)(i,j=1,2,\cdots,5)$ 表示因素集中,仅就因素 u_i 与 u_j 相比较而言,u_i 对模糊事件 $\tilde{D}$ 的隶属度,称之为相对隶属度,$R_{\tilde{D}}(u_j,u_i)$ 表示仅就因素 u_i 与 u_j 相比较而言,u_j 对模糊事件 $\tilde{D}$ 的隶属度,且有

$$R_{\tilde{D}}(u_i,u_j)+R_{\tilde{D}}(u_j,u_i)=1,\quad R_{\tilde{D}}(u_i,u_i)=1$$

由 $R_{\tilde{D}}(u_i,u_j)$、$R_{\tilde{D}}(u_j,u_i)$ 和 $R_{\tilde{D}}(u_i,u_i)$ 建立相对隶属度表(图 2.28),经分析得到相对隶属度表见表 2.2。

	…	u_i	…	u_j	…
⋮		⋮		⋮	
u_i	…	1	…	$R_{\tilde{D}}(u_j,u_i)$	…
⋮		⋮		⋮	
u_j	…	$R_{\tilde{D}}(u_i,u_j)$	…	…	…
⋮		⋮		⋮	

图 2.28 隶属度表示意图

表 2.2 相对隶属度表

	u_1	u_2	u_3	u_4	u_5
u_1	1	0.4	0.4	0.6	0.55
u_2	0.6	1	0.45	0.7	0.65
u_3	0.6	0.55	1	0.65	0.6
u_4	0.4	0.3	0.35	1	0.4
u_5	0.45	0.35	0.4	0.6	1

各因素对模糊事件 $\tilde{D}$ 的隶属度为

$$\mu_{\tilde{D}}(u_i)=\frac{1}{5}\sum_{j=1}^{5}R_{\tilde{D}}(u_i,u_j) \tag{2.67}$$

将 $\mu_{\tilde{D}}(u_i)$ 做归一化处理,则可得各因素对模糊事件 $\tilde{D}$ 的权重,即

$$w_i=\frac{\mu_{\tilde{D}}(u_i)}{\sum_{j=1}^{5}\mu_{\tilde{D}}(u_j)} \tag{2.68}$$

$w_i(i=1,2,\cdots,5)$ 为因素 u_i 对加工难度指数 β 取值影响的权重值。

根据分析计算,得到因素的权重集为

$$W=(w_1,w_2,w_3,w_4,w_5)=(0.203,0.173,0.173,0.237,0.214) \tag{2.69}$$

(4) 加工难度评判集的确定。加工难度评判集 V 是由对加工难度指数 β 可能做出的各种评判结果所组成的集合,用大写字母 V 表示,各元素 $v_i(i=1,2,\cdots,n)$,即代表各种可能的评判结果。模糊综合评判的目的,就是在综合考虑所有影响因素的基础上,从评判集中,得出一最佳的评判结果。本节规定零件加工难度指数 β 取值范围为[0.0,1.0],β 越大越难加工。

在传统的模糊综合评价方法中,评语是离散的,即评价结果只有几个点,这样不利于专家充分地表达其评判意见。为了方便评判专家更好地对评判对象进行评判,基于重心的决策方法则给出了一个连续的评判值标尺,这与人们的思维模式更为一致,也有利于专家更有效地对评判对象进行评判。

把零件加工难度指数 β 的评判结论区间[0.0,1.0] 等分为五份,数值越大越难加工,从而有评判集

$$V=(v_1,v_2,v_3,v_4,v_5) \tag{2.70}$$

评判值标尺见表 2.3。

表 2.3　评判值标尺

v_1	v_2	v_3	v_4	v_5
0 ~ 0.2	> 0.2 ~ 0.4	> 0.4 ~ 0.6	> 0.6 ~ 0.8	> 0.8 ~ 1

(5) 因素等级集的确定。由于每个因素的取值在其范围内不是线性的(如毛坯成型方式);且有时取值范围很大,不便对每个因素值确定评语值(如尺寸大小)。因此,须将每一个因素按其性质和程度再分为若干等级,如大、小和好、差等。由于这种区分带有模糊性,因此把每一因素及其各个等级均视为等级论域上的模糊子集,见表 2.4。

表 2.4　影响零件加工难度指数因素的等级划分

因素集 U		各因素的等级			
		Ⅰ	Ⅱ	Ⅲ	Ⅳ
u_1	毛坯的成型方式	困难	一般	容易	—
u_2	尺寸大小 /mm	~ 4	~ 20	~ 80	~ 315
u_3	表面加工特征	好	较好	一般	差
u_4	材料的切削加工性	困难	一般	容易	很容易
u_5	操作者的技术水平	低级	中级	高级	—

(6) 因素等级权重集的确定。一般来说,因素的各个等级的重要程度是不一样的,其对评判对象取值的影响程度也不相同。为了反映因素各等级的重要程度,应对其设定不同的权值。由等级的权值组成的集合称为等级权重集。

用每个因素 u_i 的取值对其各等级 u_{ij} 的隶属度 μ_{ij} 来确定每个等级的权值,则第 i 个因素的等级权重集为

$$W_i = (w_{i1}, w_{i2}, \cdots, w_{in_i}) \tag{2.71}$$

$$w_{ij} = \mu_{ij} \quad (i=1,2,\cdots,5; j=1,2,\cdots,n_i)$$

式中 n_i—— 第 i 个因素的等级数;

w_{ij}—— 第 i 个因素的第 j 个等级的权重值。

下面介绍各因素 u_i 的取值对其因素等级 u_{ij} 的隶属度 μ_{ij} 的确定方法。

① 工件毛坯的成型方式。工件毛坯的成型方式 u_1 有很多种,而不同的成型方式形成的毛坯精度、硬度及加工余量等都会不同。因此,工件毛坯的成型方式对零件加工难度有很大的影响。毛坯成型方式影响加工难度的评分以百分制表示,分值越高加工越困难,各种毛坯成型方式加工难度的评分见表 2.5。这里将毛坯成型方式的相对加工难度分为三个模糊等级,即容易、一般、困难。

表 2.5 毛坯成型方式加工难度的评分

成型方式名称	砂型手工铸造	砂型机械铸造	金属型或低压铸造	压力铸造	熔模铸造	自由锻	锤模锻	水平模锻	半精密模锻	精密模锻	热轧	冷拔或冷轧
评分	100	45	32	25	15	60	40	30	18	10	15	5

模糊等级的隶属函数如图 2.29 所示。

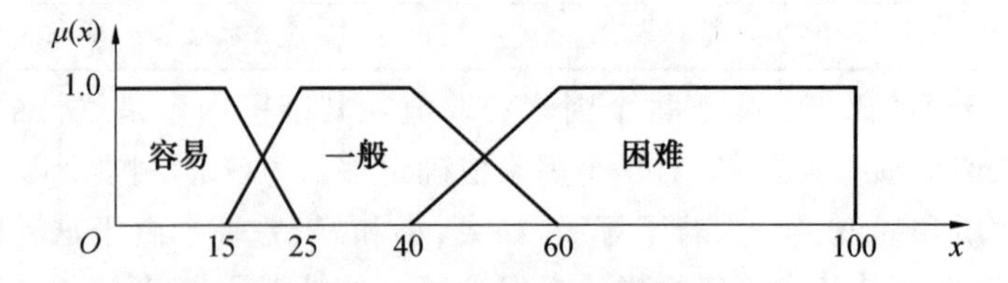

图 2.29 毛坯成型方式模糊等级的隶属函数

其隶属函数表达式分别为

$$\mu_e(x) = \begin{cases} 0 & (25 < x) \\ \dfrac{25-x}{10} & (15 < x \leqslant 25) \\ 1 & (x \leqslant 15) \end{cases} \tag{2.72}$$

$$\mu_{\mathrm{n}}(x)=\begin{cases}0 & (60<x)\\ \dfrac{60-x}{20} & (40<x\leqslant 60)\\ 1 & (25<x\leqslant 40)\\ \dfrac{x-15}{10} & (15<x\leqslant 25)\\ 0 & (x\leqslant 15)\end{cases}\tag{2.73}$$

$$\mu_{\mathrm{d}}(x)=\begin{cases}0 & (100<x)\\ 1 & (60<x\leqslant 100)\\ \dfrac{x-40}{20} & (40<x\leqslant 60)\\ 0 & (x\leqslant 40)\end{cases}\tag{2.74}$$

② 尺寸大小因素。根据 GB/T 2822—2005《标准尺寸》，将尺寸划分为四个模糊等级，即 ～4 mm(～意为近似于)，～20 mm，～80 mm，～315 mm。尺寸大小模糊等级的隶属函数如图 2.30 所示。

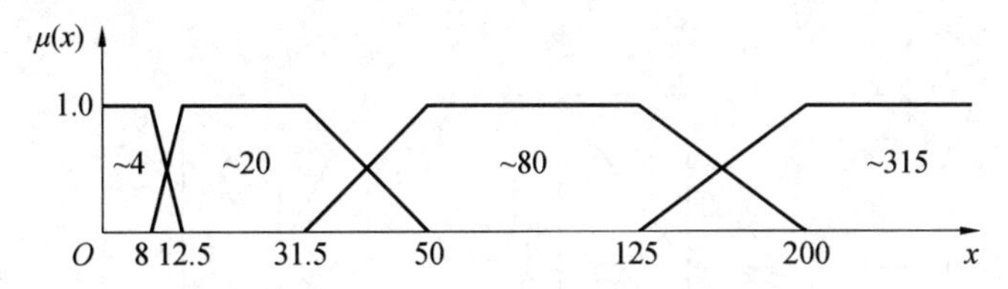

图 2.30　尺寸大小模糊等级的隶属函数

其模糊隶属函数表达式如下：

$$\mu_{\sim 4}(x)=\begin{cases}0 & (12.5<x)\\ \dfrac{12.5-x}{3.5} & (8<x\leqslant 12.5)\\ 1 & (x\leqslant 8)\end{cases}\tag{2.75}$$

$$\mu_{\sim 20}(x)=\begin{cases}0 & (50<x)\\ \dfrac{50-x}{18.5} & (31.5<x\leqslant 50)\\ 1 & (12.5<x\leqslant 31.5)\\ \dfrac{x-8}{3.5} & (8<x\leqslant 12.5)\\ 0 & (x\leqslant 8)\end{cases}\tag{2.76}$$

$$\mu_{\sim 80}(x)=\begin{cases}0 & (200<x)\\ \dfrac{200-x}{75} & (125<x\leqslant 200)\\ 1 & (50<x\leqslant 125)\\ \dfrac{x-31.5}{18.5} & (31.5<x\leqslant 50)\\ 0 & (x\leqslant 31.5)\end{cases}\tag{2.77}$$

$$\mu_{\sim 315}(x)=\begin{cases}1 & (200<x)\\ \dfrac{x-125}{75} & (125<x\leqslant 200)\\ 0 & (x\leqslant 125)\end{cases} \tag{2.78}$$

③ 表面加工特征因素。表面加工特征的不同对加工成本的影响也不同。几种表面加工特征的成本特征值见表 2.6。

表 2.6　表面加工特征的成本特征值

表面加工特征	外圆柱表面	外平面	外圆锥表面	内孔表面	内平面	内圆锥表面
成本特征值	34	38	50	68	76	85

对应于表 2.6 中所列表面特征，本书将表面加工特征因素划分为四个模糊等级，即：好、较好、一般、差，其相应等级的隶属函数如图 2.31 所示。

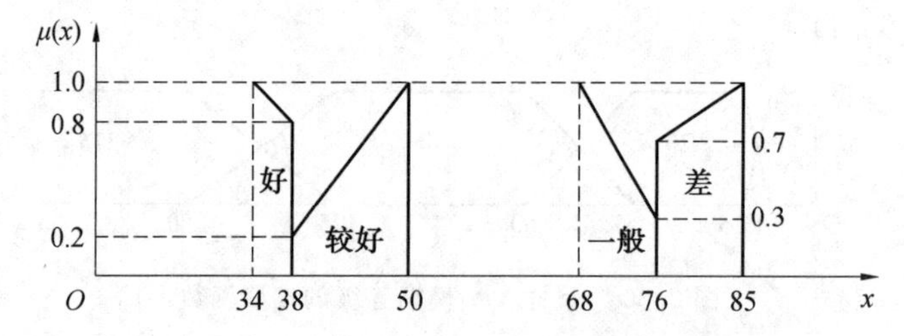

图 2.31　表面加工特征模糊等级的隶属函数

对应的隶属函数表达式分别为

$$\mu_{g}(x)=\begin{cases}1 & (x=34)\\ 0.8 & (x=38)\\ 0 & (\text{其他})\end{cases} \tag{2.79}$$

$$\mu_{r}(x)=\begin{cases}1 & (x=50)\\ 0.2 & (x=38)\\ 0 & (\text{其他})\end{cases} \tag{2.80}$$

$$\mu_{n}(x)=\begin{cases}1 & (x=68)\\ 0.3 & (x=76)\\ 0 & (\text{其他})\end{cases} \tag{2.81}$$

$$\mu_{b}(x)=\begin{cases}1 & (x=85)\\ 0.7 & (x=76)\\ 0 & (\text{其他})\end{cases} \tag{2.82}$$

④ 材料的切削加工性。工件材料的切削加工性是指在一定的切削条件下，对工件材料进行切削加工的难易程度。目前常用的工件材料，按相对加工性 K_r 可分为四类八个等级，见表 2.7。据此，本书亦将材料的切削加工性因素划分为四个相应的模糊等级，即：很

容易、容易、一般、困难。

根据 K_r 确定材料切削加工性等级的隶属函数如图 2.32 所示，其相应的隶属函数表达式分别为

表 2.7　材料切削加工性分级

加工性等级	名称及种类		相对加工性 K_r	代表性工件材料
1	很容易切削材料	一般有色金属	>3.0	5－5－5 铜铅合金，9－4 铝铜合金，铝镁合金
2	容易切削材料	易切削钢	$2.5\sim3.0$	15Cr 退火 $\sigma_b=373\sim441$ MPa Q235 钢 $\sigma_b=375\sim460$ MPa
3		较易切削钢	$1.6\sim2.5$	正火 30 钢 $\sigma_b=441\sim549$ MPa
4	普通材料	一般钢及铸铁	$1.0\sim1.6$	45 钢，灰铸铁
5		稍难切削材料	$0.65\sim1.0$	2Cr13 调质 $\sigma_b=829$ MPa 85 钢扎制 $\sigma_b=883$ MPa
6	难切削材料	较难切削材料	$0.5\sim0.65$	45Cr 调质 $\sigma_b=1\ 030$ MPa 65Mn 调质 $\sigma_b=931.9\sim981$ MPa
7		难切削材料	$0.15\sim0.5$	50CrV 调质，1Cr18Ni2Ti 未淬火，α 相钛合金
8		很难切削材料	<0.15	β 相钛合金，镍基高温合金

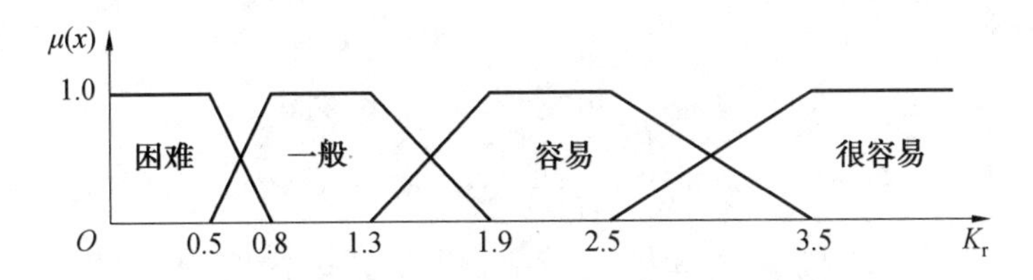

图 2.32　材料的切削加工性模糊等级的隶属函数

$$\mu_d(K_r)=\begin{cases}1 & (K_r\leqslant0.5)\\ \dfrac{0.8-K_r}{0.3} & (0.5<K_r\leqslant0.8)\\ 0 & (0.8\leqslant K_r)\end{cases}\tag{2.83}$$

$$\mu_n(K_r)=\begin{cases}0 & (K_r\leqslant0.5)\\ \dfrac{K_r-0.5}{0.3} & (0.5<K_r\leqslant0.8)\\ 1 & (0.8<K_r\leqslant1.3)\\ \dfrac{1.9-K_r}{0.6} & (1.3<K_r\leqslant1.9)\\ 0 & (1.9<K_r)\end{cases}\tag{2.84}$$

$$\mu_e(K_r)=\begin{cases}0 & (K_r\leqslant 1.3)\\ \dfrac{K_r-1.3}{0.6} & (1.3<K_r\leqslant 1.9)\\ 1 & (1.9<K_r\leqslant 2.5)\\ 3.5-K_r & (2.5<K_r\leqslant 3.5)\\ 0 & (3.5<K_r)\end{cases} \tag{2.85}$$

$$\mu_v(K_r)=\begin{cases}0 & (K_r\leqslant 2.5)\\ K_r-2.5 & (2.5<K_r\leqslant 3.5)\\ 1 & (3.5<K_r)\end{cases} \tag{2.86}$$

⑤ 操作者的技术水平。根据操作者的技术等级及专家评定，将操作者的技术水平按百分制评分，并分为三个模糊等级，即：初级水平、中级水平、高级水平。操作者的技术水平模糊等级的隶属函数如图 2.33 所示。

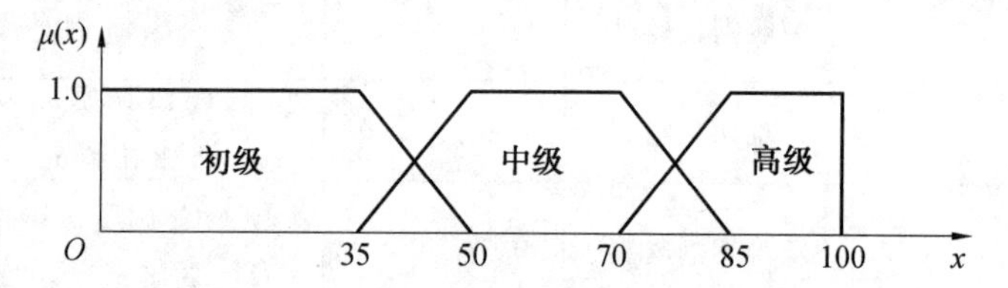

图 2.33　操作者的技术水平模糊等级的隶属函数

隶属函数的表达式分别为

$$\mu_L(x)=\begin{cases}1 & (x\leqslant 35)\\ \dfrac{50-x}{15} & (35<x\leqslant 50)\\ 0 & (50<x)\end{cases} \tag{2.87}$$

$$\mu_N(x)=\begin{cases}0 & (x\leqslant 35)\\ \dfrac{x-35}{15} & (35<x\leqslant 50)\\ 1 & (50<x\leqslant 70)\\ \dfrac{85-x}{15} & (70<x\leqslant 85)\\ 0 & (85<x)\end{cases} \tag{2.88}$$

$$\mu_H(x)=\begin{cases}0 & (x\leqslant 70)\\ \dfrac{x-70}{15} & (70<x\leqslant 85)\\ 1 & (85<x\leqslant 100)\end{cases} \tag{2.89}$$

(7) 评价指标的模糊区间分的确定。在基于模糊集重心的模糊综合评价理论中，允许专家用一个模糊区间分来评判指标对评语的隶属度，这样不但使专家评价简单易行，也使模糊重心评价结果较传统的模糊综合评判结果更客观，从而提高决策的可信度。

基于模糊集重心的模糊综合评价方法的评分格式见表 2.8。$r_{ij\max}$ 和 $r_{ij\min}$ 分别表示第 $i(i=1,2,\cdots,5)$ 个因素 u_i 的第 $j(j=1,2,\cdots,n_i;n_i$ 为第 i 个因素的等级数）个等级 u_{ij} 对

相应评语的隶属度的最大值和最小值，即隶属度区间为$[r_{ij\min}, r_{ij\max}]$。相应的重心计算坐标系如图2.34所示。

表2.8 评分格式

评分	标尺				
	v_1 0～0.2	v_2 0.2～0.4	v_3 0.4～0.6	v_4 0.6～0.8	v_5 0.8～1
$r_{ij\max}$	$r_{ij\max1}$	$r_{ij\max2}$	$r_{ij\max3}$	$r_{ij\max4}$	$r_{ij\max5}$
$r_{ij\min}$	$r_{ij\min1}$	$r_{ij\min2}$	$r_{ij\min3}$	$r_{ij\min4}$	$r_{ij\min5}$

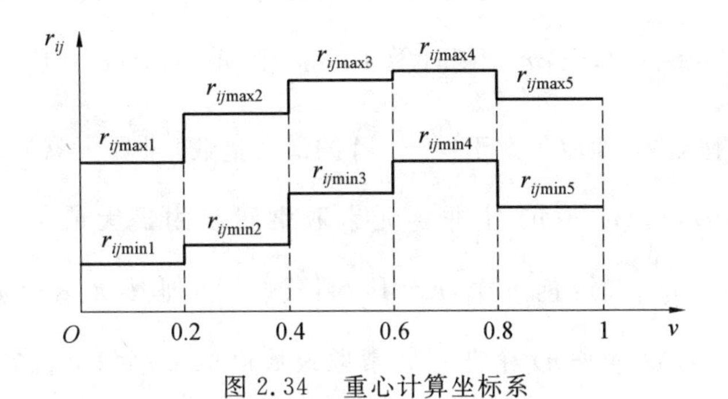

图2.34 重心计算坐标系

(8) 第i个因素u_i的第j个等级u_{ij}的重心计算。根据重心计算坐标系，可确定第i个因素u_i的第j个等级u_{ij}对评语隶属度的最小重心计算集合$r_{ij\mathrm{Min}}$和最大重心计算集合$r_{ij\mathrm{Max}}$

$$\begin{aligned} r_{ij\mathrm{Min}} &= (r_{ij\max1}, r_{ij\max2}, r_{ij\max3}, r_{ij\min4}, r_{ij\min5}) \\ r_{ij\mathrm{Max}} &= (r_{ij\min1}, r_{ij\min2}, r_{ij\min3}, r_{ij\max4}, r_{ij\max5}) \end{aligned} \tag{2.90}$$

继而可以构造等级评判矩阵

$$\boldsymbol{R}_i = \begin{pmatrix} r_{i1\min1} \sim r_{i1\max1} & \cdots & r_{i1\min k} \sim r_{i1\max k} & \cdots & r_{i1\min5} \sim r_{i1\max5} \\ r_{i2\min1} \sim r_{i2\max1} & \cdots & r_{i2\min k} \sim r_{i2\max k} & \cdots & r_{i2\min5} \sim r_{i2\max5} \\ \vdots & & \vdots & & \vdots \\ r_{ij\min1} \sim r_{ij\max1} & \cdots & r_{ij\min k} \sim r_{ij\max k} & \cdots & r_{ij\min5} \sim r_{ij\max5} \\ \vdots & & \vdots & & \vdots \\ r_{in_i\min1} \sim r_{in_i\max1} & \cdots & r_{in_i\min k} \sim r_{in_i\max k} & \cdots & r_{in_i\min5} \sim r_{in_i\max5} \end{pmatrix} \tag{2.91}$$

根据等级评判矩阵可得u_{ij}对评语隶属度的最大重心$G_{ij\mathrm{Max}}$和最小重心$G_{ij\mathrm{Min}}$。若等级评判矩阵中没有零元素，则

$$G_{ij\text{Max}}=\frac{\int_0^1 r_{ij\text{Max}}\cdot x\mathrm{d}x}{\int_0^1 r_{ij\text{Max}}\mathrm{d}x}=\frac{0.1r_{ij\min1}+0.3r_{ij\min2}+0.5r_{ij\min3}+0.7r_{ij\max4}+0.9r_{ij\max5}}{r_{ij\min1}+r_{ij\min2}+r_{ij\min3}+r_{ij\max4}+r_{ij\max5}}$$

$$G_{ij\text{Min}}=\frac{\int_0^1 r_{ij\text{Min}}\cdot x\mathrm{d}x}{\int_0^1 r_{ij\text{Min}}\mathrm{d}x}=\frac{0.1r_{ij\max1}+0.3r_{ij\max2}+0.5r_{ij\max3}+0.7r_{ij\min4}+0.9r_{ij\min5}}{r_{ij\max1}+r_{ij\max2}+r_{ij\max3}+r_{ij\min4}+r_{ij\min5}}$$

(2.92)

若评判矩阵中因素的某一等级对评判集各元素的隶属度 $r_{ijk}(k=1,2,\cdots,5)$ 有零元素存在，则在计算 $G_{ij\text{Max}}$ 和 $G_{ij\text{Min}}$ 时，将零元素去掉。设 $r_{ijk}(k=1,2,\cdots,5)$ 5个元素中，非零元素有 m 个，即 $r_{ijp}(p=1,2,\cdots,m)$，则计算 $G_{ij\text{Max}}$ 时，前 n 个（$n=\text{floor}\left(\frac{m+1}{2}\right)$，其中 $\text{floor}\left(\frac{m+1}{2}\right)$ 为取整运算，即取不大于 $\left(\frac{m+1}{2}\right)$ 的最大整数）非零元素取隶属度的最小值 $r_{ij\min p}(p=1,2,\cdots,n)$，后 $(m-n)$ 个非零元素取隶属度的最大值 $r_{ij\max p}(p=n+1,n+2,\cdots,m)$。计算 $G_{ij\text{Min}}$ 时，前 n 个（$n=\text{floor}\left(\frac{m+1}{2}\right)$）非零元素取隶属度的最大值 $r_{ij\max p}(p=1,2,\cdots,n)$，后 $(m-n)$ 个非零元素取隶属度的最小值 $r_{ij\min p}(p=n+1,n+2,\cdots,m)$，即

$$G_{ij\text{Max}}=\frac{\sum_{p=1}^{n}x_p r_{ij\min p}+\sum_{p=n+1}^{m}x_p r_{ij\max p}}{\sum_{p=1}^{m}r_{ijp}}$$

$$G_{ij\text{Min}}=\frac{\sum_{p=1}^{n}x_p r_{ij\max p}+\sum_{p=n+1}^{m}x_p r_{ij\min p}}{\sum_{p=1}^{m}r_{ijp}}$$

(2.93)

式中　x_p—— 相应的评语标尺的中间值，对应于5个评语，x_p 的取值为(0.1,0.3,0.5,0.7,0.9)。

① 等级评判矩阵的确定。根据相关工艺知识及实际经验，确定各因素中各个等级对评判集中各元素的隶属度，并以模糊区间分表示，从而得到每个因素的等级评判矩阵如下。

工件毛坯成型方式的等级评判矩阵为

$$\boldsymbol{R}_1=\begin{bmatrix} r_{11\min1}\sim r_{11\max1} & r_{11\min2}\sim r_{11\max2} & r_{11\min3}\sim r_{11\max3} & r_{11\min4}\sim r_{11\max4} & r_{11\min5}\sim r_{11\max5} \\ r_{12\min1}\sim r_{12\max1} & r_{12\min2}\sim r_{12\max2} & r_{12\min3}\sim r_{12\max3} & r_{12\min4}\sim r_{12\max4} & r_{12\min5}\sim r_{12\max5} \\ r_{13\min1}\sim r_{13\max1} & r_{13\min2}\sim r_{13\max2} & r_{13\min3}\sim r_{13\max3} & r_{13\min4}\sim r_{13\max4} & r_{13\min5}\sim r_{13\max5} \end{bmatrix}$$

即

$$\boldsymbol{R}_1=(r_{1j\min k}\sim r_{1j\max k})_{3\times5}$$

$$= \begin{pmatrix} 0.0 & 0.0 & 0.2 \sim 0.4 & 0.6 \sim 0.9 & 0.9 \sim 1.0 \\ 0.0 \sim 0.4 & 0.4 \sim 0.7 & 0.8 \sim 1.0 & 0.5 \sim 0.8 & 0.1 \sim 0.4 \\ 0.8 \sim 0.95 & 1.0 & 0.6 \sim 0.8 & 0.1 \sim 0.4 & 0.0 \end{pmatrix} \quad (2.94)$$

工件尺寸大小的等级评判矩阵为

$$\boldsymbol{R}_2 = (r_{2j\min k} \sim r_{2j\max k})_{4\times 5}$$

$$= \begin{pmatrix} 0.0 & 0.0 \sim 0.3 & 0.3 \sim 0.6 & 0.5 \sim 0.8 & 0.8 \sim 1.0 \\ 0.7 \sim 0.9 & 0.9 \sim 1.0 & 0.6 \sim 0.9 & 0.2 \sim 0.5 & 0.0 \\ 1.0 & 0.8 \sim 1.0 & 0.4 \sim 0.7 & 0.0 & 0.0 \\ 0.0 & 0.0 & 0.0 \sim 0.5 & 0.6 \sim 0.9 & 0.9 \sim 1.0 \end{pmatrix} \quad (2.95)$$

表面加工特征的等级评判矩阵为

$$\boldsymbol{R}_3 = (r_{3j\min k} \sim r_{3j\max k})_{4\times 5}$$

$$= \begin{pmatrix} 1.0 & 0.4 \sim 0.8 & 0.0 \sim 0.2 & 0.0 & 0.0 \\ 0.7 \sim 0.9 & 0.9 \sim 1.0 & 0.6 \sim 0.8 & 0.1 \sim 0.4 & 0.0 \\ 0.0 & 0.3 \sim 0.5 & 0.8 \sim 1.0 & 0.6 \sim 0.9 & 0.3 \sim 0.6 \\ 0.0 & 0.0 & 0.2 \sim 0.5 & 0.7 \sim 0.9 & 0.9 \sim 1.0 \end{pmatrix} \quad (2.96)$$

工件材料切削加工性的等级评判矩阵为

$$\boldsymbol{R}_4 = (r_{4j\min k} \sim r_{4j\max k})_{4\times 5}$$

$$= \begin{pmatrix} 0.0 & 0.0 & 0.0 \sim 0.2 & 0.3 \sim 0.5 & 1.0 \\ 0.0 & 0.4 \sim 0.6 & 0.8 \sim 0.9 & 0.9 \sim 1.0 & 0.6 \sim 0.8 \\ 0.3 \sim 0.6 & 0.8 \sim 1.0 & 0.8 \sim 0.9 & 0.0 \sim 0.3 & 0.0 \\ 1.0 & 0.5 \sim 0.8 & 0.0 \sim 0.3 & 0.0 & 0.0 \end{pmatrix} \quad (2.97)$$

操作者技术水平的等级评判矩阵为

$$\boldsymbol{R}_5 = (r_{5j\min k} \sim r_{5j\max k})_{3\times 5}$$

$$= \begin{pmatrix} 0.0 & 0.0 & 0.2 \sim 0.5 & 0.6 \sim 0.8 & 0.9 \sim 1.0 \\ 0.0 \sim 0.3 & 0.4 \sim 0.6 & 0.8 \sim 1.0 & 0.4 \sim 0.6 & 0.0 \sim 0.3 \\ 0.8 \sim 1.0 & 0.9 \sim 1.0 & 0.2 \sim 0.5 & 0.0 \sim 0.1 & 0.0 \end{pmatrix} \quad (2.98)$$

② 因素等级 u_{ij} 的重心计算。根据式(2.92)、(2.93) 及式(2.94) 可得工件毛坯成型方式各等级对评语隶属度的最大重心和最小重心分别为

$$G'_{1\max} = (G_{11\max}, G_{12\max}, G_{13\max}) = (0.739, 0.600, 0.353) \quad (2.99)$$

$$G'_{1\min} = (G_{11\min}, G_{12\min}, G_{13\min}) = (0.664, 0.441, 0.289) \quad (2.100)$$

根据式(2.92)、(2.93) 及式(2.95) 可得工件尺寸大小各等级对评语隶属度的最大重心和最小重心分别为

$$G'_{2\max} = (G_{21\max}, G_{22\max}, G_{23\max}, G_{24\max}) = (0.767, 0.380, 0.276, 0.825) \quad (2.101)$$

$$G'_{2\min} = (G_{21\min}, G_{22\min}, G_{23\min}, G_{24\min}) = (0.664, 0.307, 0.250, 0.735) \quad (2.102)$$

根据式(2.92)、(2.93) 及式(2.96) 可得工件表面加工特征各等级对评语隶属度的最大重心和最小重心分别为

$$G'_{3\max} = (G_{31\max}, G_{32\max}, G_{33\max}, G_{34\max}) = (0.200, 0.364, 0.638, 0.784) \quad (2.103)$$

$$G'_{3\min} = (G_{31\min}, G_{32\min}, G_{33\min}, G_{34\min}) = (0.189, 0.292, 0.558, 0.735) \quad (2.104)$$

根据式(2.92)、(2.93)及式(2.97)可得工件材料切削加工性各等级对评语隶属度的最大重心和最小重心分别为

$$G'_{4\max}=(G_{41\max},G_{42\max},G_{43\max},G_{44\max})=(0.854,0.647,0.404,0.222) \quad (2.105)$$

$$G'_{4\min}=(G_{41\min},G_{42\min},G_{43\min},G_{44\min})=(0.794,0.600,0.317,0.189) \quad (2.106)$$

根据式(2.92)、(2.93)及式(2.98)可得操作者技术水平各等级对评语隶属度的最大重心和最小重心分别为

$$G'_{5\max}=(G_{51\max},G_{52\max},G_{53\max})=(0.789,0.576,0.291) \quad (2.107)$$

$$G'_{5\min}=(G_{51\min},G_{52\min},G_{53\min})=(0.736,0.430,0.227) \quad (2.108)$$

(9) 各因素的最大重心和最小重心的计算。第 i 个因素 u_i 的最大重心 $G_{i\max}$ 和最小重心 $G_{i\min}$ 分别为

$$G_{i\max}=\sum_{j=1}^{n_i} w_{ij}G_{ij\max} \quad (2.109)$$

$$G_{i\min}=\sum_{j=1}^{n_i} w_{ij}G_{ij\min} \quad (2.110)$$

式中　w_{ij}——第 i 个因素第 j 个等级的权重值(式(2.71))。

(10) 加工难度指数 β 的确定。加工难度指数 β 的最大重心为

$$G_{\beta\max}=\sum_{i=1}^{5} w_iG_{i\max} \quad (2.111)$$

式中　w_i——第 i 个影响因素 u_i 的权重值(式(2.69))。

加工难度指数 β 的最小重心为

$$G_{\beta\min}=\sum_{i=1}^{5} w_iG_{i\min} \quad (2.112)$$

加工难度指数 β 的重心为

$$G_\beta=\frac{G_{\beta\max}+G_{\beta\min}}{2} \quad (2.113)$$

取

$$\beta=G_\beta \quad (2.114)$$

即为加工难度指数。β 越大,越难加工,要分配给该零件越大的公差值。

(11) 加工难度指数 β 计算举例。现有一尺寸链如图 2.35 所示,A_0 为封闭环,其中各组成环加工难度指数的影响因素列于表 2.9。试确定各组成环的加工难度指数及公差优化的成本目标函数模型。

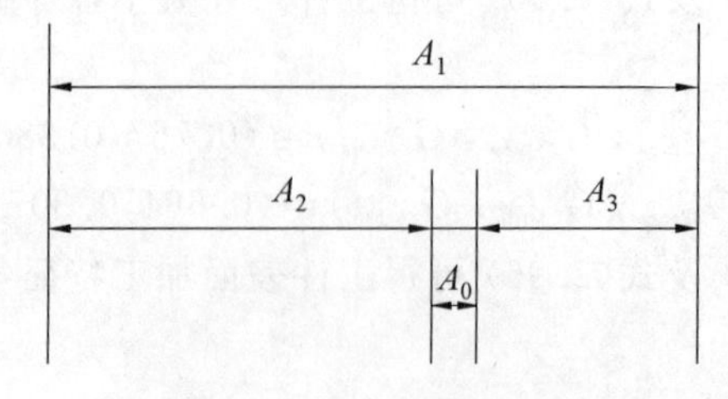

图 2.35　举例用尺寸链

由式(2.72) ~ (2.89) 可得各组成环对各元素的各个等级的隶属度 μ_{ij}，由式(2.71)可得每个因素的等级权重值 $W_i(i=1,2,\cdots,5)$。由式(2.109)和式(2.110)计算可得每个因素的最大重心 $G_{i\max}$ 和最小重心 $G_{i\min}$。由式(2.111)和式(2.112)计算可得加工难度指数 β 的最大重心 $G_{\beta\max}$ 和最小重心 $G_{\beta\min}$。由式(2.113)和式(2.114)可得各组成环的加工难度指数 β。计算结果见表 2.10。

表 2.9　各组成环加工难度指数的影响因素

组成环	u_1 毛坯成型方式	u_2 尺寸/mm	u_3 表面特征	u_4 材料	u_5 操作水平分
A_1	金属模铸造	85	内平面	铸铁	45
A_2	模锻	50	外平面	30 号钢正火	65
A_3	精锻	30	外平面	45Cr 调质	85

表 2.10　实例计算结果

	A_1	A_2	A_3
W_1	(0.75,0.25,0)	(0,1,0)	(0,1,0)
W_2	(0,0,1,0)	(0,0,1,0)	(0,1,0,0)
W_3	(0,0,0.3,0.7)	(0.8,0.2,0,0)	(0.8,0.2,0,0)
W_4	(0,1,0,0)	(0,0,1,0)	(0.75,0.25,0,0)
W_5	(0.5,0.5,0)	(0,1,0)	(0,0,1)
$(G_{1\max},G_{1\min})$	(0.701,0.608)	(0.600,0.441)	(0.600,0.441)
$(G_{2\max},G_{2\min})$	(0.276,0.250)	(0.276,0.250)	(0.380,0.307)
$(G_{3\max},G_{3\min})$	(0.740,0.682)	(0.233,0.200)	(0.233,0.200)
$(G_{4\max},G_{4\min})$	(0.647,0.600)	(0.404,0.317)	(0.802,0.746)
$(G_{5\max},G_{5\min})$	(0.683,0.583)	(0.576,0.430)	(0.291,0.227)
$(G_{\beta\max},G_{\beta\min})$	(0.617 6,0.551 6)	(0.428 9,0.334 5)	(0.480 2,0.402 6)
$\beta=G_\beta$	0.584 6	0.381 7	0.441 4

由图 2.35 可知，A_1 为增环，$\alpha_1=1$；A_2、A_3 为减环，$\alpha_2=\alpha_3=-1$。由式(2.62)可得

$$N_1=\left(\frac{\beta_1}{\alpha_1}\right)^2=0.341\ 8,\quad N_2=0.145\ 7,\quad N_3=0.194\ 8$$

根据式(2.63)得公差优化成本目标函数为

$$\min C=C_0+\frac{0.341\ 8}{T_1^2}+\frac{0.145\ 7}{T_2^2}+\frac{0.194\ 8}{T_3^2}$$

2.3.2　产品质量模糊稳健性损失成本模型

在进行公差设计时，不仅要考虑加工成本，还要使设计的产品质量稳健性好，即应使随机变化的加工误差和使用误差对产品质量的影响尽可能小，或者说产品质量对加工误

差和使用误差不敏感。

根据产品质量特性可知，当封闭环的误差为0（或在一个很小的范围内）时，产品质量最稳健，即品质最优秀；随着封闭环误差的增大，产品质量的稳健性逐渐变差，优质品率逐渐变低，产品质量稳健性损失成本逐渐增加。

1. 模糊稳健性及产品质量优秀的隶属度

传统的稳健设计方法是基于概率统计理论建立的随机模型和容差模型。这种方法不能妥善处理影响质量特性的模糊因素，而对于公差设计来说，最后得到的产品质量具有模糊性。因此，在进行公差设计时，必须将模糊设计方法引入产品质量稳健设计中，构建产品质量的模糊稳健性设计目标。这样，才能使公差的稳健设计更符合实际。现用 $\widetilde{A}$ 表示产品质量优秀（简称优质品）这一模糊事件，封闭环误差 t 越靠近 0，$\widetilde{A}$ 的隶属度越大，当 $|t|$ 超过 $T_d/2$ 时（T_d 为封闭环的设计公差），$\widetilde{A}$ 的隶属度为0。封闭环误差 t 对 $\widetilde{A}$ 的隶属度可表示为如图 2.36 所示的几种形式。

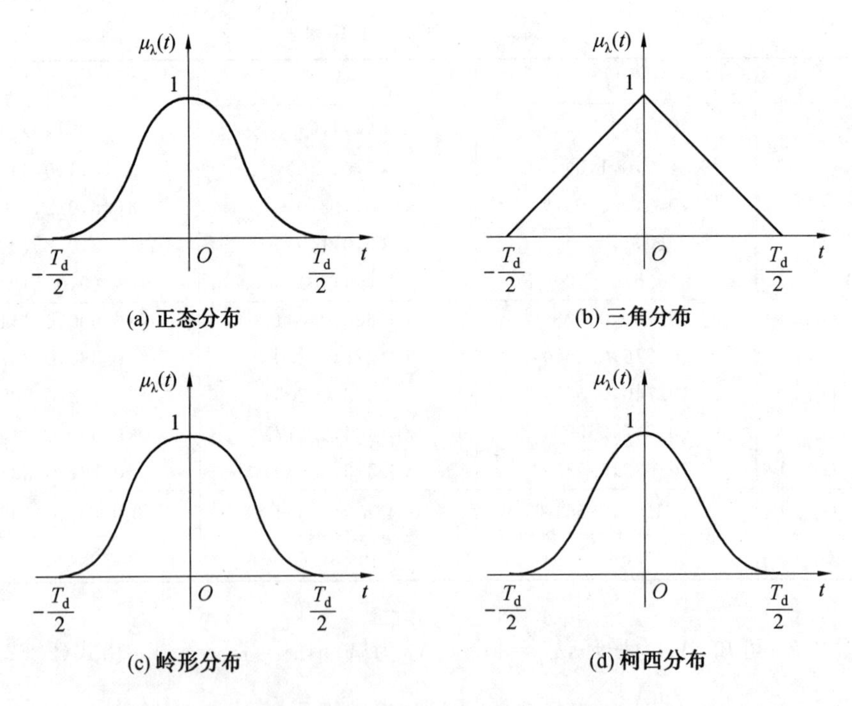

图 2.36 封闭环误差对优质品的隶属度

2. 产品模糊稳健设计的设计目标

设封闭环的误差为 t，则 $t=f(t_1,t_2,\cdots,t_n)$，$t_i(i=1,2,\cdots,n)$ 为第 i 个组成环的加工和使用误差。设封闭环误差概率分布密度函数为 $f(t)$（图 2.37），产品设计质量的优质性可用模糊事件 $\widetilde{A}$ 的概率 $P(\widetilde{A})$ 表示，$P(\widetilde{A})$ 越大，产品的优质品率越高，产品的稳健性越好。因此，通过公差设计实现产品模糊稳健设计的第一个目标为

$$\max:\quad P(\widetilde{A})=\int_{-\infty}^{+\infty}\mu_{\widetilde{A}}(t)f(t)\mathrm{d}t \tag{2.115}$$

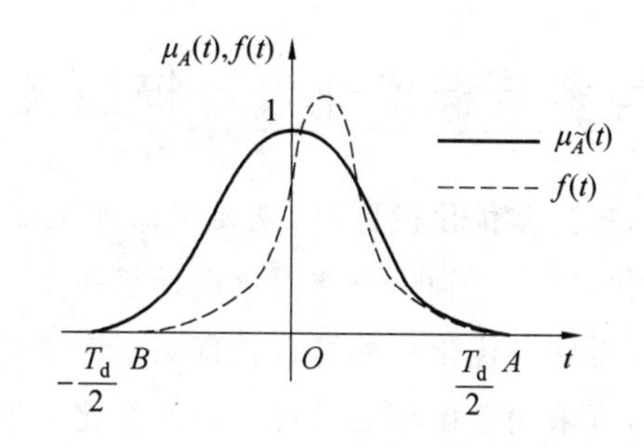

图 2.37　封闭环误差概率分布密度函数

产品的稳健性除与 $P(\tilde{A})$ 有关外，还与封闭环误差分布概率密度函数 $f(t)$ 的分布参数有关。$f(t)$ 的方差 $V_{ar}(t)$ 越小，则分布的概率密度函数 $f(t)$ 曲线的"钟形"越窄，误差越集中，受噪声影响而产生的波动越小，产品抗干扰能力越强，稳健性越好。虽然有时 $P(\tilde{A})$ 和 $V_{ar}(t)$ 可以相互约束，但一般情况下，$P(\tilde{A})$ 不能代替 $V_{ar}(t)$。因此，需要构建公差稳健设计的第二个目标，即

$$\min:\quad V_{ar}(t) \tag{2.116}$$

3. 产品质量稳健性损失成本目标模型

产品质量损失越小，产品质量就越稳健，因此由式(2.115)和式(2.116)构造产品质量稳健性损失成本 C_Q，即

$$C_Q=\frac{V_{ar}(t)}{P(\tilde{A})} \tag{2.117}$$

故以产品质量稳健性损失成本为目标的公差优化分配目标函数模型为

$$\min:\quad C_Q(T_1,T_2,\cdots,T_n) \tag{2.118}$$

4. 优质品率和封闭环误差分布方差的确定

(1) 优质品率 $P(\tilde{A})$ 的确定。

$$P(\tilde{A})=\int_{-\infty}^{+\infty}\mu_{\tilde{A}}(t)f(t)\mathrm{d}t=\int_{B}^{A}\mu_{\tilde{A}}(t)f(t)\mathrm{d}t \tag{2.119}$$

式中　A、B—— 封闭环误差 t 的分布范围，即 $t\in[B,A]$。

由模糊事件概率的性质，式(2.119)可表示为

$$P(\tilde{A})=E(\mu_{\tilde{A}}(t))=\frac{1}{n}\sum_{i=1}^{n}\mu_{\tilde{A}}(t_i) \tag{2.120}$$

式中　t_i—— 第 i 次抽样时，封闭环的误差值；

n—— 统计次数。

(2) 封闭环误差分布方差 $V_{ar}(t)$ 的确定。封闭环误差分布概率密度函数 $f(t)$ 的方差 $V_{ar}(t)$ 可用无偏估计量代替，则

$$V_{ar}(t)=\frac{1}{n-1}\sum_{i=1}^{n}\left(t_i-\frac{1}{n}\sum_{i=1}^{n}t_i\right)^2 \tag{2.121}$$

2.4 公差多目标优化设计模型及算法实现

由2.3节的分析可知，在公差优化设计时，既要考虑加工成本优化目标，又要考虑产品质量稳健性损失成本优化目标。因此，公差优化设计是一个多目标优化问题，对该问题采用协调曲线法求解，可以得到各优化目标综合性能最佳的方案。基于本章所建立的公差优化设计模型的复杂性，可采用遗传算法进行公差的优化分配。

2.4.1 公差多目标优化设计模型

设 $T_i(i=1,2,\cdots,n)$ 为第 i 个组成环的设计公差，则设计变量矩阵为 $\boldsymbol{T}=(T_1,T_2,\cdots,T_n)^{\mathrm{T}}$。面向加工和使用的具体环境，综合考虑零件加工成本最低、产品稳健性最强的情况下，公差多目标优化设计模型为

$$\boldsymbol{T}=(T_1,T_2,\cdots,T_n)^{\mathrm{T}}$$

$$\min \quad C_{\mathrm{M}}, \quad \min \quad C_{\mathrm{Q}}$$

$$\text{s. t.} \quad P(\widetilde{B})=\int_{-\infty}^{+\infty}\mu_{\widetilde{B}}(t)f(t)\mathrm{d}t \geqslant \alpha_{\mathrm{K}}$$

$$\left(\text{或 } P(t\leqslant T_{\mathrm{d}})=\int_{-\frac{T_{\mathrm{d}}}{2}}^{+\frac{T_{\mathrm{d}}}{2}}f(t)\mathrm{d}t \geqslant \alpha_{\mathrm{F}}\right)$$

$$d_i \leqslant T_i \leqslant u_i$$

$$\omega_j \leqslant \omega_{0j} \quad (j=1,2,\cdots,m) \tag{2.122}$$

式中 C_{M}—— 加工成本；

C_{Q}—— 稳健性损失成本；

T_i—— 第 i 个组成环设计公差；

u_i、d_i—— 第 i 个组成环设计公差的约束上、下限；

α_{K}、α_{F}—— 模糊装配成功率及装配成功率(第3章)；

ω_j、ω_{0j}—— 公差协调分析中零件中心线(面)的第 j 种偏转角及其约束值。

2.4.2 公差多目标优化设计模型的求解

对该公差多目标优化设计问题，两个优化设计分目标 C_{M} 和 C_{Q} 是相互矛盾的，即 C_{M} 的优化将导致 C_{Q} 的劣化，反之亦然，故宜采用协调曲线法求解。

1.加工成本与稳健性损失成本协调曲线的确定

由于在有约束的情况下，加工成本与产品稳健性损失成本的协调曲线 $C_{\mathrm{M}}-C_{\mathrm{Q}}$ 不是光滑曲线，难以寻找到优化的最佳点。因此，在构造协调曲线 $C_{\mathrm{M}}-C_{\mathrm{Q}}$ 时，暂不考虑模糊可靠度及公差协调性约束，以 C_{M} 的等值约束优化 C_{Q} 及以 C_{Q} 的等值约束优化 C_{M}，从而得到光滑的 $C_{\mathrm{M}}-C_{\mathrm{Q}}$ 协调曲线 QP(图2.38)。

QP 这条曲线包含了两个优化设计分目标在无约束情况下全部最佳方案的调整范围,即协调曲线上的点均可作为设计方案。这时要综合考虑曲线的变化趋势和对加工成本及产品稳健性要求的重要程度,以确定最佳设计方案。

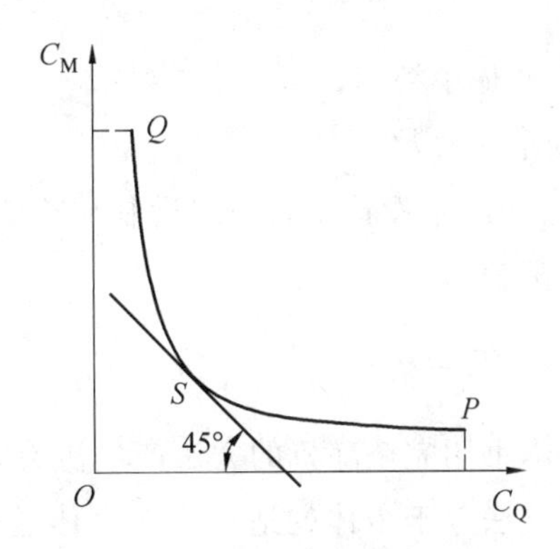

图 2.38 加工成本与稳健性损失成本协调曲线

2. 优化设计最佳可行解的确定

在无约束优化得到协调曲线 $C_M - C_Q$ 后,如图 2.38 所示作协调曲线的 $-45°$ 切线,得到切点 $S(C_{QS}, C_{MS})$。S 即为无约束时协调曲线上的最优点,从 S 点向左,则加工成本 C_M 的增加快于稳健性损失成本 C_Q 的减小,从而导致总成本的增加;从 S 点向右,则 C_Q 的增加快于 C_M 的减小,同样导致总成本增加。因此,S 点是无约束下的最稳健点。

以 $C_M = C_{MS}$ 为等值约束,并加入式(2.122)中的全部不等式约束,对 C_Q 进行优化求解,即寻求满足所有约束条件且在 S 点附近的可行解,所得优化结果即为公差优化设计的最佳可行解。

采用协调曲线法求解公差多目标优化问题,消除了因 C_M 和 C_Q 在取值数量级上的差别而造成的结果不稳定,或一个目标偏大而另一个目标偏小的情况,并且可以对协调曲线变化规律进行分析,使设计结果处于比较稳健的状态,从而使最佳可行解对两个优化目标的综合优化结果最佳。

2.4.3 公差优化设计的遗传算法

遗传算法是一种可用于复杂系统优化计算的鲁棒搜索算法,其选择、交叉、变异等运算都是以概率的方式来进行的,从而增加了其搜索过程的灵活性,实践和理论都证明在一定条件下遗传算法总是以概率 1 收敛于问题的最优解。因此,本书选用遗传算法进行公差优化分配求解,具体操作如下。

(1) 设计变量的基因编码长度。公差分配模型是一个约束优化问题,本书用搜索空间限定法来处理约束。对于变量的上下限约束 $d_i \leqslant T_i \leqslant u_i\ (i=1,2,\cdots,n)$,依据解的精度要求确定各变量$(T_1, T_2, \cdots, T_n)$的二进制编码位数$(m_1, m_2, \cdots, m_n)$,并将 n 个二进制串顺序连接起来，构成一个个体的染色体编码，编码的总位数为 $m=m_1+m_2+\cdots+m_n$。m_i 由下式确定：

$$\lambda_i=\log_2\left(\frac{u_i-d_i}{\delta_i}+1\right) \tag{2.123}$$

式中 δ_i—— 设计公差 T_i 的最小精度；

m_i—— 不小于 λ_i 的最小整数。

(2) 解码。将染色体中的第 i 个设计变量由二进制数转换为无符号的十进制数 x_i，则第 i 个组成环设计公差的实际值为

$$T_i=d_i+\frac{x_i}{2^{m_i}-1}(u_i-d_i) \tag{2.124}$$

(3) 初始群体的产生。本书用完全随机的方法产生初始群体。

(4) 适应度函数。遗传算法基于个体的适应度对个体进行选择，以保证适应度大的个体有更大的生存机会。将式(2.122) 表示为

$$\min \quad C_M(T), \quad \min \quad C_Q(T)$$

$$\text{s.t.} \quad \begin{aligned} & g_i(T)\leqslant 0 \quad (i=1,2,\cdots,k) \\ & d_i\leqslant T_i\leqslant u_i \end{aligned}$$

由于本节的目标函数是最小化问题，且目标函数非负，故采用目标函数的倒数作为适应度函数，并且引入违反约束的惩罚项，从而构造适应度函数 F 为

$$F=\frac{1}{f(T)+\theta\varphi(T)} \tag{2.125}$$

式中 $f(T)$—— 目标函数，即 $f(T)=C_M$ 或 $f(T)=C_Q$；

θ—— 惩罚因子，$\theta>0$；

$\varphi(T)$—— 惩罚函数。

令

$$b_i(T)=\begin{cases}0 & (g_i(T)\leqslant 0)\\ g_i(T) & (g_i(T)>0)\end{cases}$$

CQX 与 CMX 分别为 C_Q 与 C_M 的等值约束值。

则

$$\varphi(T)=\begin{cases}\sum_{i=1}^{k}\alpha_i b_i^2(T)+\beta(C_Q-CQX)^2 & (\text{以 } C_M \text{ 为目标})\\ \sum_{i=1}^{k}\alpha_i b_i^2(T)+\beta(C_M-CMX)^2 & (\text{以 } C_Q \text{ 为目标})\end{cases}$$

式中 α_i、β—— 惩罚系数(常量)。

(5) 适应度的线性比例变换。适应度大的个体有很高的繁殖概率，它们被多次复制成下一代的父个体，导致遗传算法过早收敛，采用适应度比例变换可以控制和调整这种情

况。本节采用线性比例变换,即

$$F' = 1 - \frac{F_{\max} - F}{F_{\max} - F_{\min}} \tag{2.126}$$

式中 F—— 原有的适应度;

F'—— 线性变换后的适应度;

$F_{\max}$、$F_{\min}$—— 整个群体中的最大和最小适应度。

(6) 选择。本书采用比例选择算子进行选择操作。先计算整个群体中所有个体的适应度的总和 $F_t = \sum F(i)$,然后产生一个[0,1] 均匀随机数 R,并将 R 作为选择指针。若

$$R < \sum_{i=1}^{k} \frac{F(i)}{F_t} \tag{2.127}$$

则第 k 个个体被选中。每产生一个随机数,就会选择出一个个体,直到选够群体数为止。

(7) 交叉。把两个父个体的部分结构加以替换重组而生成新个体。本章采用单点交叉,即对群体中的个体进行两两随机配对,并在$[1, N_{var} - 1]$ 范围内取交叉点(N_{var} 为个体基因数目),以该点为分界,依设定的交叉概率,两个父个体相互交换基因。

(8) 变异。变异可使遗传算法具有局部的随机搜索能力,并保持群体的多样性,以防止出现非成熟收敛。按变异率确定个体的编码位是否发生变异操作,若某编码位发生变异,则该编码翻转。

(9) 进化终止条件。若进化代数 $t \leqslant T$(设定的进化代数),则 $t = t + 1$,进行遗传操作;若 $t > T$,则以进化过程中所得到的具有最大适应度的个体作为最优解输出,终止计算。

(10) 记忆器。为了防止演化过程中丢失好的个体,本章采用记忆器来记录演化过程中的最优个体。

(11) 参数确定。参数选择包括群体的大小、交叉率、变异率及最大进化代数等,这些参数对遗传算法的性能有重要影响。

群体数目大,可以同时处理更多的解,因而容易找到全局最优解,但增加了每次迭代的时间,一般取群体数量 $M = 20 \sim 100$。交叉率越大,收敛越快,但交叉率过大,可能会导致过早收敛,一般取交叉率 $p_n = 0.4 \sim 0.99$。变异率取得高,虽然能增加样本模式的多样性,但可能引起不稳定,一般取变异率 $p_m = 0.0001 \sim 0.1$。最大进化代数一般取 $T = 100 \sim 500$。根据以上分析,本书遗传算法的参数取为:群体大小 $M = 80$;交叉率 $p_n = 0.80$;变异率 $p_m = 0.1$;进化代数 $T = 120$。

遗传算法流程图如图 2.39 所示。

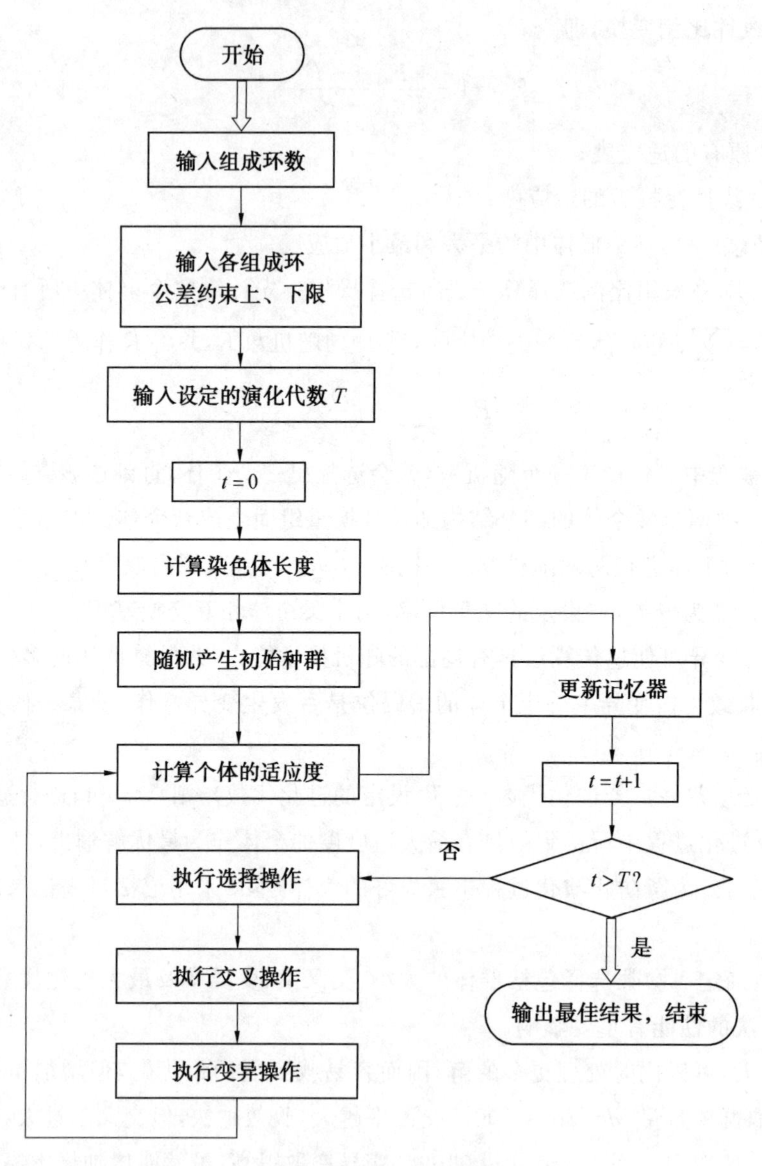

图 2.39 遗传算法流程图

第 3 章

基于虚拟现实的公差产品建模技术

3.1 基于虚拟现实的公差产品建模系统功能结构

本章构建的虚拟装配产品建模系统，包含数据库模块、模型树管理模块、尺寸与公差显示模块及配合公差显示模块四个模块，结构框图如图 3.1 所示。其中，数据库模块主要提供模型基本数据的支持；模型树管理模块主要体现模型的层次化结构与包含关系；尺寸与公差显示模块主要实现特征尺寸及其公差的显示；配合公差显示模块主要实现相互配合的尺寸和公差的应用，包括公差带的显示及装配力的计算与显示等。

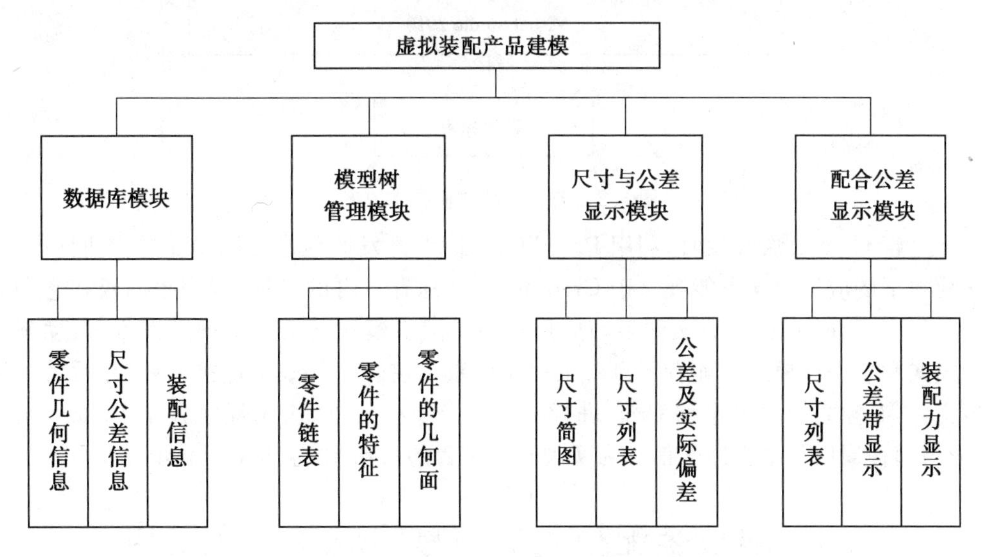

图 3.1　虚拟装配产品建模系统结构框图

3.2 基于虚拟现实的公差产品建模技术方案

为实现上述系统的功能结构，本章采用如图 3.2 所示的零件建模技术方案。该方案利用较为流行的 CAD 软件 Creo 作为模型设计的基本工具，在 Creo 中完成产品的各个零件和组件的设计，利用 Creo 二次开发工具 Pro/TOOLKIT 提取模型信息，将模型几何信息转换为 WTK 能够直接读取的中性文件格式 NFF。为了便于虚拟装配系统对模型信息的查询和调用，需要将转换后的装配信息存储到 SQL Server 数据库中，并采用 ADO 数据库访问技术实现模型信息的存储与调用。最后在 Visual Studio 2010 开发平台上，结合虚拟现实开发工具 WTK，利用数据库中的模型信息，对产品零部件模型进行重构，实现虚拟环境中的零件建模。

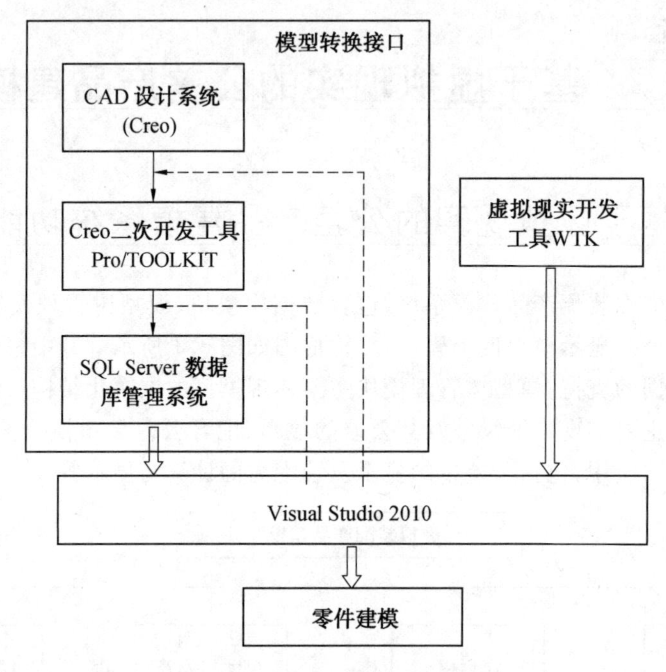

图 3.2　公差产品建模技术方案

在进行 Creo 二次开发时，利用 Pro/TOOLKIT 开发的程序有同步和异步两种模式。同步模式下的应用程序不能独立于 Creo 运行，分别有各自的进程，程序控制权在它们之间进行切换，Creo 根据注册文件启动应用程序。同步模式下又有两种开发方式：动态链接库模式和多进程模式。前者无自身主程序函数，直接在 Creo 中链接后调用，后者为可执行文件，有独立的主程序和 Creo 进行链接。异步模式下，应用程序独立于 Creo 主程序，采用远程调用与主程序通信。为实现转换过程的自动化，这里采用异步开发方式。

3.3　虚拟装配模型的信息组成及层次结构

3.3.1　虚拟装配模型的信息组成

本书所建立的虚拟装配模型是集成化的信息模型，装配模型信息主要包括几何信息、管理信息、拓扑信息、工程语义信息、装配工艺信息和装配关系信息，如图 3.3 所示。这些信息可以基本满足后续的模型重构、装配工艺规划和装配及拆卸过程仿真等方面的需求。

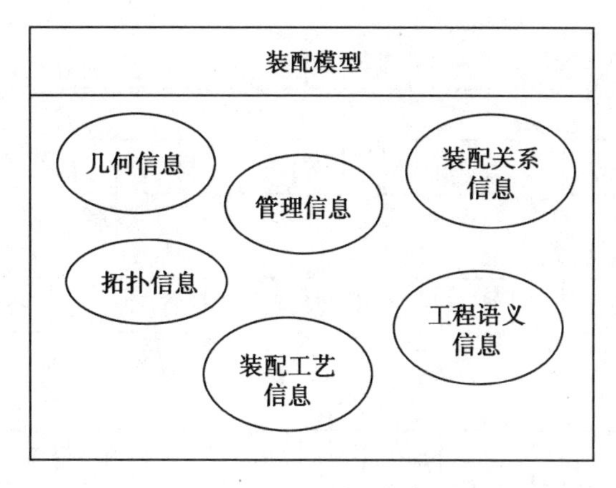

图 3.3 虚拟装配模型的信息组成

3.3.2 虚拟装配模型的层次结构

目前,大多数 CAD 系统采用参数化实体建模,而虚拟现实系统大多采用三角形面片模型来表达信息,其模型信息主要来源于 CAD 系统输出的多边形面片模型,它们之间存在着数据转换问题。

三角面片模型在模型显示方面计算量小、处理简单,能够很好地满足虚拟环境的实时性要求;并且大多数 CAD 系统都能够输出面片模型,这使得虚拟现实系统中的零件模型可以来自不同的 CAD 系统。但面片模型丢失了零件模型的部分几何信息、拓扑信息和工程语义信息,使得虚拟现实系统难以准确捕捉用户设计意图和零件间的装配约束关系等信息。

针对以上问题,本书采用层次结构的信息模型,并基于这一思想,开发了从 CAD 系统到虚拟装配系统的模型转换接口。在虚拟装配系统中,根据产品信息的不同抽象程度,产品虚拟装配模型采用了由装配体层、零件层、特征层、几何面层和面片层组成的五层次结构。产品层次信息模型如图 3.4 所示,各层次之间的关系为:几何面是面片的集合,特征是几何面的集合,零件是特征的集合,装配体是零件的集合。每个面片、几何面、特征、零件和装配体都有唯一的 ID 编号标识,为虚拟装配系统建立了清晰的层次结构,能够实现自下而上和自顶向下的双向数据查询。

(1)装配体层。装配体层描述组成装配体的各零部件之间的相对位置关系、装配约束关系和管理属性信息。

(2)零件层。零件层的基本组成单位是零件,主要描述了零件的管理属性信息和装配属性信息(零件类别、名称、标识、零件之间的约束关系等),用于虚拟环境下的位姿变换和虚拟操作。

(3)特征层。特征层的基本组成单位是零件的特征,主要描述了零件的特征及其属性信息(特征参数、类型、名称、特征之间的约束关系等)。

(4)几何面层。几何面层的基本组成单位是特征的几何面,主要描述了特征组成面的精确几何信息(几何面的类型、名称、尺寸、几何面之间的约束关系与邻接关系),用于虚拟

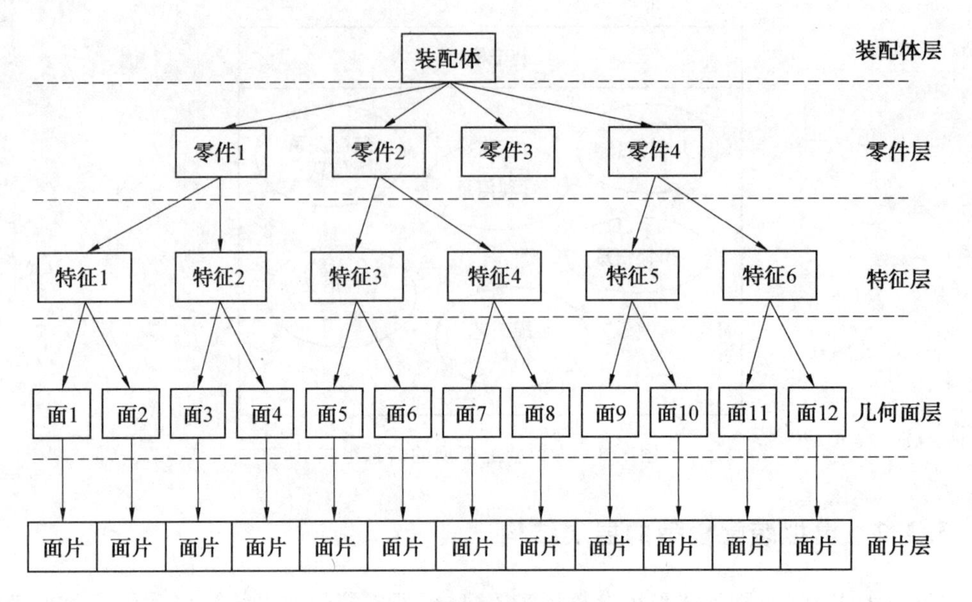

图 3.4　产品层次信息模型

环境下的约束识别。

(5)面片层。面片层的基本组成单位是三角面片，主要描述了组成零件的各面片的几何信息，包含各面片的顶点法向量、顶点坐标、面片纹理和颜色信息，用于虚拟环境下零部件面片模型的显示绘制。

上述层次信息模型信息集成度高，有利于对产品的模型信息进行组织与管理，能够保证模型信息表达的完整性，便于实现模型信息的转换。产品装配模型面片层的信息存储在 NFF 文件中，装配体层、零件层、特征层和几何面层的信息都存储在数据库中。

3.4　模型信息转换

虚拟现实软件的建模能力较差，只能建立简单的几何体，对于形状复杂的零部件，仅通过虚拟现实软件建模难以满足要求。目前常用的方法是利用三维建模软件建立模型，然后通过模型信息转换将模型转换到虚拟环境中。虚拟装配模型的基本信息包括几何信息和装配信息，虚拟装配的关键在于如何将这些信息传递到虚拟环境，这些信息对虚拟装配系统的模型显示效果、装配与拆卸效果有很大的影响。

本书采用信息分解的转换方法，将 Creo 中建立的产品模型的信息分解为几何信息和装配信息，通过不同方式将它们提取出来后分别传递到虚拟环境，实现了虚拟环境和 CAD 系统之间的模型信息转换。该方法的转换流程如图 3.5 所示，通过模型转换接口对几何信息进行转换，采用数据库技术实现了装配信息的转换。

本书在软件开发过程中，对于 Creo 中建立的产品模型，利用 Creo 二次开发工具 Pro/TOOLKIT 开发一个 Creo 系统与虚拟装配系统之间的模型转换接口，将产品模型的几何信息和装配信息转换到虚拟环境中，在虚拟环境中利用上述模型信息完成产品模型的重新构建。该模型用于虚拟环境下模型的显示、约束识别、运动导航和精确定位。

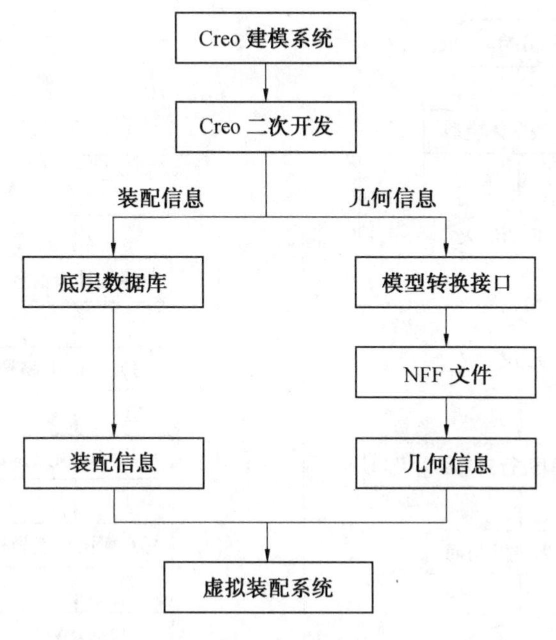

图 3.5 模型信息转换流程

3.4.1 几何信息的转换

WTK 支持的文件格式有 NFF、SLP、VRML、DXF、OBJ、3DS 等，WTK 通过这些文件格式和 CAD 建模软件之间进行几何信息的传递。Creo 中建立的产品模型的文件格式（Prt 格式零件模型、Asm 格式装配体模型）无法被 WTK 识别，虽然 Creo 也能输出 SLP 或 VRML 格式的文件，并且这些文件格式可以直接导入到虚拟环境中，但是这些文件在 WTK 所构建的虚拟环境中存在很多不足。

(1)这些文件格式只包含零件的三角面片信息，零件的材质、颜色和纹理等信息可能会丢失。

(2)这些文件格式不存在几何面的概念，在虚拟环境中无法识别零件的几何面。

(3)对曲线和曲面的显示效果一般。

为此，本书采用 NFF 文件来存储产品零件模型的几何信息，NFF 是一种 WTK 自定义的中性文件格式，它可以直接用 WTK 读入及输出保存，能够实现与 WTK 的无缝结合。NFF 文件将物体离散成多边形的集合，它包含丰富的几何信息，不仅包括零件的三角面片、几何面和几何体的概念，同时也包含面片的顶点、纹理、颜色、材质等信息，能够满足软件系统对零部件模型的几何信息需求。但 Creo 系统本身并不能直接导出 NFF 文件，因此需要开发一个模型转换接口来实现几何信息转换，几何信息的转换流程如图 3.6 所示。

本章利用 Pro/TOOLKIT 遍历产品的装配体模型，提取其中的每一个零件，对零件模型的曲面进行三角面片划分，然后对零件几何面进行遍历，读取几何面和面片信息，并计算所包含的三角面片总数和顶点总数。最后，对于零件的每个几何面，将其几何面 ID

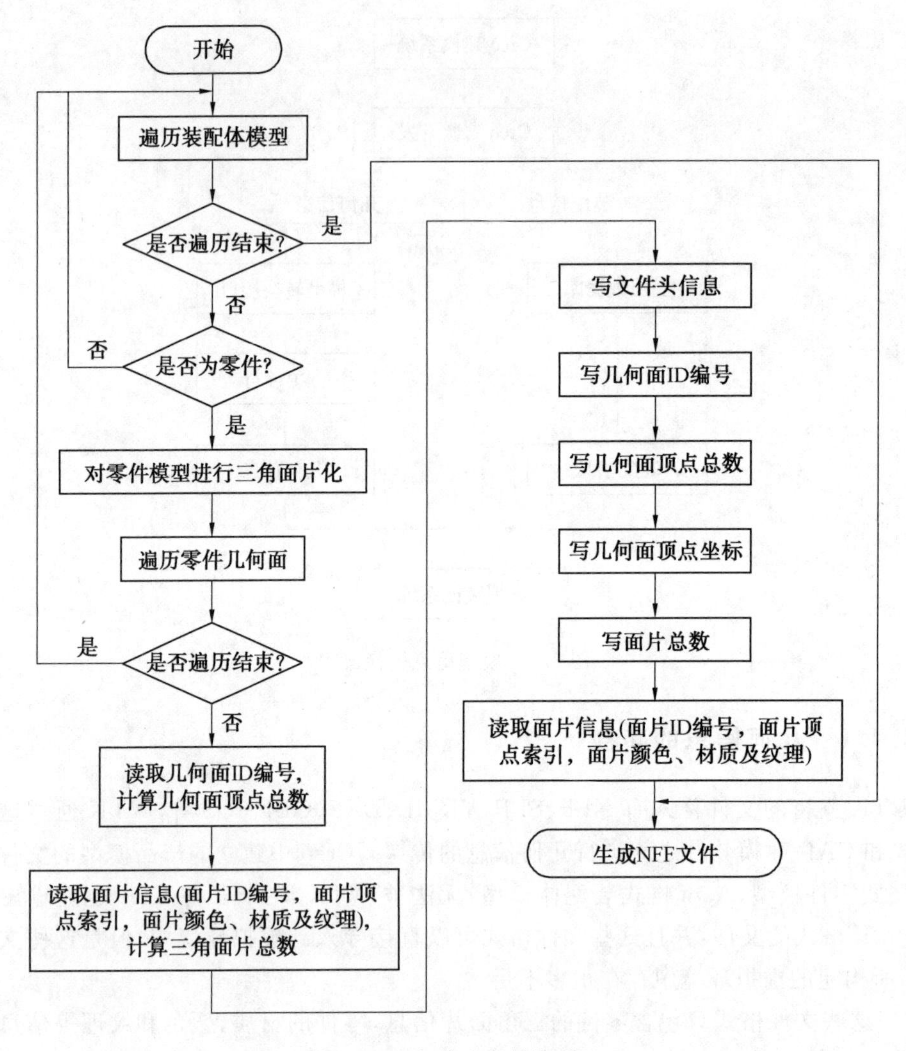

图 3.6 几何信息的转换流程

编号、所包含的面片总数和顶点总数等信息写入 NFF 文件;对每个顶点,将顶点坐标写入;对每个三角面片,将其面片 ID 编号,面片的颜色、纹理、材质信息和对应的面片顶点索引号等信息写入 NFF 文件。

对于几何信息,开发一个模型转换接口,利用 Creo 二次开发工具 Pro/TOOLKIT 对 Creo 中建立的产品零件模型进行表面三角面片的拆分,通过模型转换接口将模型的几何信息转换为 WTK 能够直接读取的中性文件格式 NFF,即用转换接口将这些面片的信息写入 NFF 文件。在虚拟环境中提取 NFF 文件中的几何信息,将所有的三角面片显示出来,即得到显示连续的几何模型。

在对零件模型面片化时,利用 Pro/TOOLKIT 中的 PorPartTssellate( )函数对零件的外形曲面依次遍历并进行三角面片化,每个三角面片用三角形 3 个顶点的坐标和 1 个法向量来描述,面片化的结果将零件的每个几何面的三角面片信息都存储在 ProSurfaceTessellationData 的结构体数组中,该数组中包含零件的表面指针、几何面的顶点总数、面片总数、顶点坐标及顶点法向量等信息。利用n_v顶点数量和n_f面片数量作为for循环的限制条件，将顶点与面片信息写入NFF文件。面片的ID可以通过函数ProSurfaceIdGet( )提取，顶点数量和面片数量可以通过ProArraySizeGet( )函数获取，转换后的NFF文件可以通过WTK的结点加载函数WTnode_load( )导入软件系统的虚拟环境中，以实现虚拟环境下零件几何模型的构建。

PorPartTssellate( )函数的定义如下。

```
ProError ProPartTessellate (
        ProPart part,
        double chord_ht;  //三角面片最大弦高(>0)
        double angle_cntrl;  //三角面片的角度控制(0.0～1.0)
        ProSurfaceTessellationData * * output;  //离散数据指针数组
        ……
    )
```

ProSurfaceTessellationData的定义如下。

```
typedef struct
{
  ProSurface surface;      //曲面标识符
  int n_vertices;          //网格顶点总数
  ProVector *  vertices;     //顶点数组头指针
  ProVector *  normals;      //顶点法向量数组指针
  int n_facets;       //三角面片总数
  ProTriangle *  facets;      //面片数组头指针
}ProSurfaceTessellationData;
```

输出文件的质量取决于对曲面三角剖分精细度的控制，软件系统的模型转换接口通过最大弦高(Chord Height)和角度控制(Angle Control)这两个参数来控制面片的剖分精细度，从而得到不同剖分精度的三角网格。弦高作为网格化模型曲面的全局规范，它指定了弦和曲面之间的最大距离。指定的弦高越小，与实际零件曲面的偏差就越小，模型导出精度越高。角度控制规定沿小半径曲线还需进行进一步改进的程度，其范围是从0.0到1.0。

由于产品零部件的数量较多，如果参数设置得太大，则三角面片较大，模型转换过程比较快，装配及拆卸仿真过程会比较流畅，但会导致虚拟环境中的模型表面粗糙，存在明显的失真破面(面片缺失)问题，会影响后续的装配及拆卸仿真。若参数设置得太小，则面片也较小，虚拟环境中的模型显示效果会比较好，但模型转换时间太长，转换过程和仿真过程都会消耗大量的计算机资源，造成严重系统负担，系统运行比较慢。经反复实验与调试，在软件系统中选择比较合适的参数设置是弦高为0.1，角度为0.1，此时转换时间适中并且转换后的模型不会失真。

NFF文件主要包括文件头和NFF对象两部分，其中，文件头定义了NFF的版本号、文件类型及文件名称；NFF对象是对一系列对象的说明，包含几何面的顶点总数、顶点坐标及顶点法向量、面片总数、面片颜色及材质等信息。在生成 NFF 文件的具体开发过程中，首先定义 NFF 文件所需数据，然后定义 NFF 文件的数据结构（三角面片结构体和顶点坐标、法向量结构体），最后完成零件模型转换成 NFF 文件的相关代码的编写。图 3.7 所示为轴承零件 003. prt 生成的 NFF 文件的数据结构。

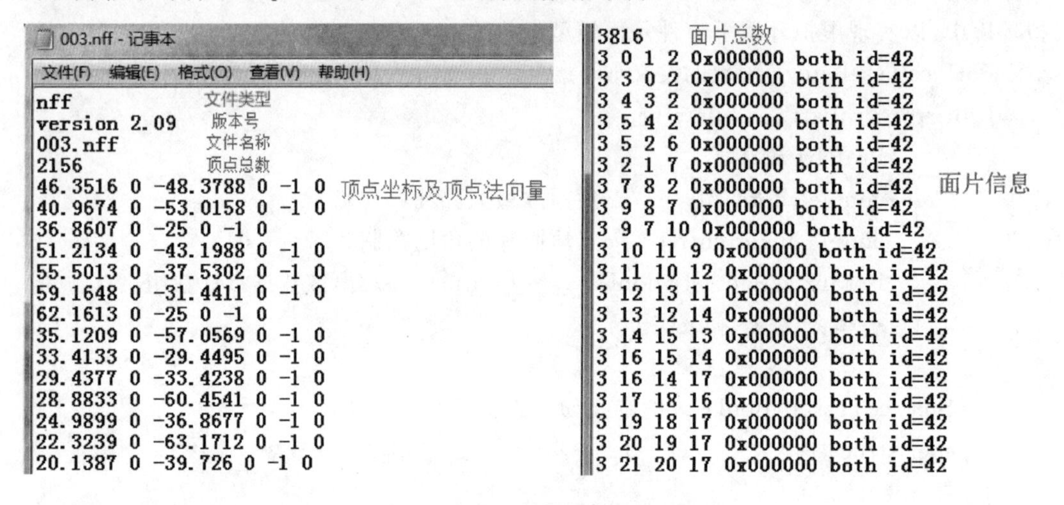

图 3.7 NFF 文件的数据结构

3.4.2 装配信息的转换

由于装配约束关系存在于零件的几何面之间，所以装配信息的转换是建立在几何面的层次上的，在虚拟环境中，零部件之间的装配与拆卸是通过对几何面的操作来实现的。在虚拟装配系统中，用到的装配信息主要是装配约束信息和零部件的位姿信息。其中，装配约束信息是指零部件之间的配合约束关系。

对于装配约束信息的提取，本书采用递归的方法，通过 Pro/TOOLKIT 提供的二次开发函数对装配模型的整个特征树进行遍历，提取产品装配模型中的所有配合约束信息。主要包括：(1)配合约束名称。(2)配合约束类型。(3)两配合零件的 ID 编号和名称。(4)两配合特征的 ID 编号和名称。(5)两配合几何面的 ID 编号、名称和类型。

在对装配信息进行转换时，需要逐层访问产品装配模型的层次结构，利用 Pro/TOOLKIT 提供的访问动作函数，对零件、特征和几何面依次进行访问，先使用 ProSolidFeatVisit( )函数遍历模型中的所有特征，再使用 ProFeatureGeomitemVisit( )函数遍历特征中的几何项，最终完成装配信息的提取。在遍历的算法上，采用先根后枝的遍历方法，即先访问特征树的根结点，然后对根结点下的每个子树依次进行遍历，再搜索每个子树下是否存在叶结点，若存在则继续搜索，直至搜索到最底层零件没有子结点，结束搜索。这样产品装配模型的装配信息即被提取出来。装配信息的转换流程如图 3.8 所示。

为了便于虚拟装配系统对模型信息的读取和调用，将提取后的装配信息存入数据库中。对于装配信息，Creo 系统和虚拟装配系统之间通过底层数据库传递装配信息，利用 Pro/TOOLKIT 将模型的装配信息提取后存储到 SQL Server 数据库建立的约束关系表和位姿矩阵表中。

在提取装配信息的过程中，因为产品模型的信息量较大，如果直接将装配信息存入数据库中，会因为频繁地访问数据库，导致系统运行效率低下。这里定义了一个 vector 容器，在遍历模型的过程中，先将装配信息暂时存放在 vector 容器中，在装配信息转换结束后，再将其输出后存储在数据库的数据表中。如图 3.9 所示，vector 容器中存放了产品装配模型的约束信息和位姿信息。

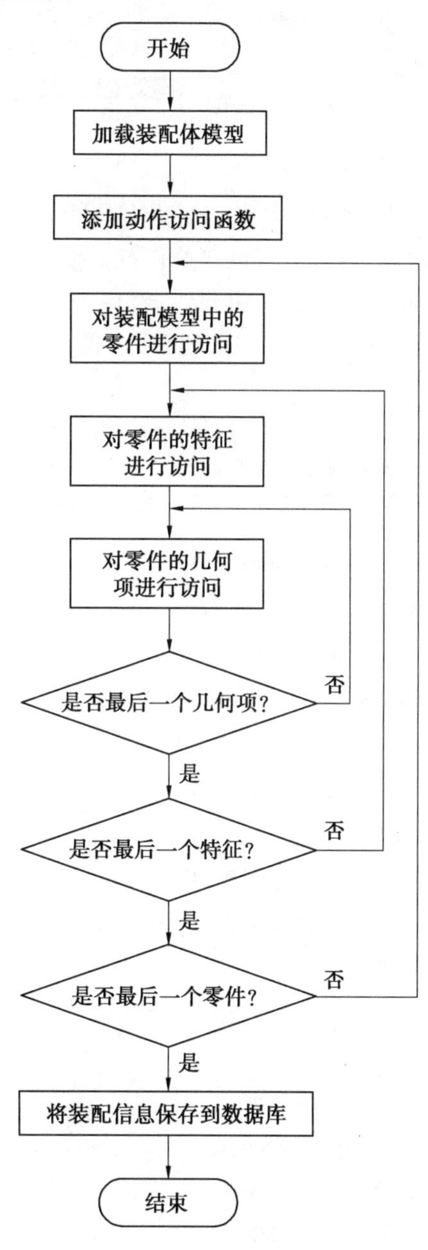

图 3.8　装配信息的转换流程

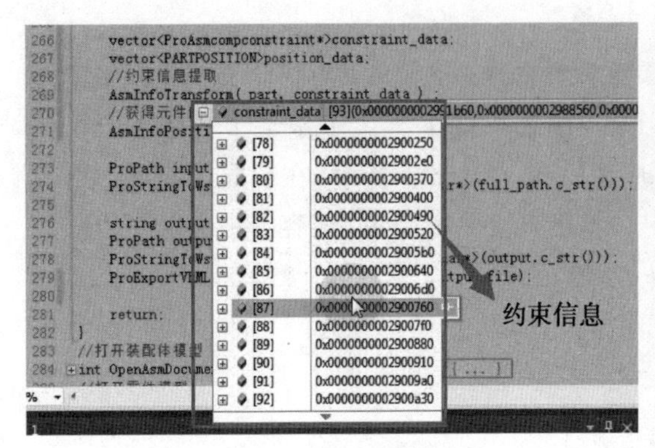

(a) vector 容器中的约束信息

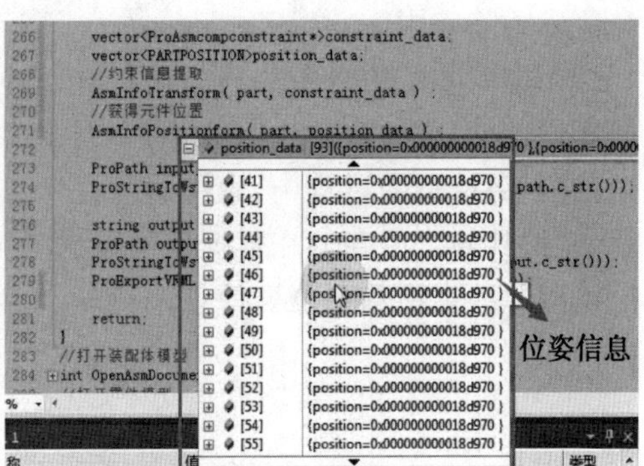

(b) vector 容器中的位姿信息

图 3.9 vector 容器中存放约束信息和位姿信息

vector 容器支持数据的随机存取，可以存放任意类型的数据。与数组元素的指针访问方式类似，vector 容器的遍历方式是采用迭代器（Iterator）。迭代器类似于指针类型，它提供了对对象的间接访问。迭代器的作用是遍历容器，它能够访问容器中的部分或全部元素。

装配约束信息提取所用到的 Pro/TOOLKIT 函数见表 3.1。

表 3.1 约束信息提取所用到的 Pro/TOOLKIT 函数

序号	函数	含义
1	ProAsmcompConstraintsGet	获取装配约束
2	ProAsmcompConstraintTypeGet	获取装配约束类型
3	ProAsmcompConstraintAsmreferenceGet	获取组件约束参照和方向
4	ProAsmcompConstraintCompreferenceGet	获取元件约束参照和方向
5	ProSolidFeatVisit	遍历模型特征
6	ProFeatureGeomitemVisit	遍历特征中的几何项

零部件的位姿信息包括平移和旋转信息，用一个 4×4 的位姿矩阵来表示，在后续的装配路径规划和零件精确定位过程中都需要用到零部件的位姿信息。位姿信息提取所用到的 Pro/TOOLKIT 函数见表 3.2。

表 3.2 位姿信息提取所用到的 Pro/TOOLKIT 函数

序号	函数	含义
1	ProMdlToModelitem	将模型变换为模型项
2	ProAsmcompPositionGet	获得装配元件的初始矩阵
3	ProSelectionAsmcomppathGet	获得所选元件的装配路径
4	ProAsmcomppathMdlGet	根据元件的装配路径获得其模型
5	ProAsmcomppathTrfGet	根据元件的装配路径获得其转换矩阵

3.5 虚拟现实中零件的几何模型构建

利用面片的ID这一项可以建立面片与零件几何面之间的映射关系，这一点在虚拟环境下选择某个几何面时特别有用。例如，当用鼠标在零件的显示区域双击后，可以获得包含该双击点的面片，但是如何将这个面片所在的几何面都突出显示给用户，这就需要利用面片的ID这一项。对零件的所有面片进行遍历，检查与双击选中的面片具有相同ID的面片都属于同一几何面，这样就在面片与几何面之间建立了映射关系。

在Creo中设计完成的CAD实体模型可以通过其二次开发工具包Pro/TOOLKIT中的多边形划分功能函数ProPartTessellate()进行面片化。该函数对装配体进行面片化时，将装配体作为一个整体，等效为一个“零件”，而不是对其中所有的元件进行面片化。因此，在产品面片化时，产品中的每个最低级的零件都要进行面片化。面片化的结果是为零件的每个表面都生成一个ProSurfaceTessellationData数据类型的指针，该数据类型的定义如下。

```
typedef struct
{
  ProSurface surface;
  int n_vertices;
  ProVector *  vertices;
  ProVector *  normals;
  int n_facets;
  ProTriangle *  facets;
}ProSurfaceTessellationData;
```

其中，surface是零件的表面指针，n_vertices为该表面面片化之后所包含的顶点总数，vertices为所有面片化之后的顶点坐标，normals为面片化之后相应顶点的法向量，n_facets为面片总数，facets为三角形面片顶点序号。面片的ID可以通过函数ProSurfaceIdGet()提取。零件表面的颜色可以通过Pro/DEVELOP中的函数prodb_get_surface_props()来获取，在调用此函数时，需要包含头文件“prodev_light.h”。

最后生成虚拟现实软件WTK能够识别的中性文件格式，并用WTK的结点加载函数WTnode_load()读取到虚拟现实环境中，以完成几何模型的构建。

3.5.1 装配信息的提取

Creo中的装配组件与ProSolid具有相同的结构，装配组件的操作对象包括ProAsm(装配骨架)、ProAsmcomp(装配元件)、ProAsmcompConstraint(装配元件约束)、ProAsmcomppath(装配元件路径)和ProAssembly(装配组件)。

装配元件是装配体构成的基本单元，可以是零件或子组件，与模型项的定义相同，可通过实体特征访问函数ProSolidFeatVisit()来访问组件中的元件。一个装配体一般包含多个层次的元件，有些元件还可以多次出现，如图3.10所示，为了描述装配元件的完整路径，采用了装配元件路径对象，其定义如下。

```
typedef struct pro_comp_path
{
  ProSolid  owner;
  ProIdTable  comp_id_table;
  int  table_num;
}ProAsmcomppath;
```

其中，owner 表示元件路径所属的装配件句柄，comp_id_table 是元件的标识符表，table_num 是标识符表中元素个数，即元件在组件中所处的层次。在图 3.10 中，子组件 C 在组件 A 中的标识符是 11，零件 B 在组件 AB 中的标识符是 3，子组件 AB 出现两次，区分 B′和 B″的元件路径见表 3.3。

元件在组件中最终的装配位置通过函数 ProAsmcompPositionGet()来获取，可作为拆卸时元件的初始位置。元件坐标系和组件坐标系之间的变换矩阵可以通过函数 ProAsmcomppathTrfGet()获得，这也是元件装配的数学基础。元件所受的约束可以通过函数 ProAsmcompConstraintsGet()来获取，Creo 中提供了较为丰富类型的约束，对于每种类型的约束，都有约束类型、约束引用的几何项等作为标识。本书基于 Creo 的装配信息提取，主要是配合特征数据库表的构建，即配合特征矩阵的获取，第 4 章对此做了详细阐述。

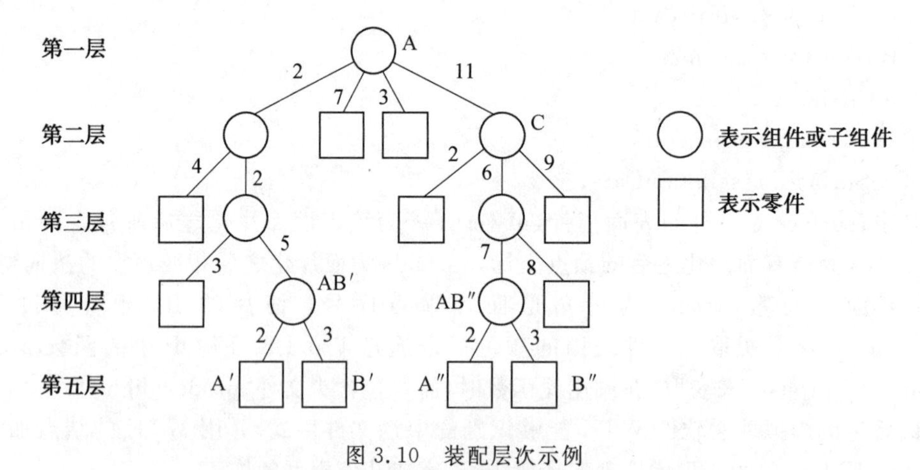

图 3.10 装配层次示例

表 3.3 元件路径示例

元件 B′	元件 B″
table_num = 4	table_num = 4
comp_id_tab[0] = 2	comp_id_tab[0] = 11
comp_id_tab[1] = 2	comp_id_tab[1] = 6
comp_id_tab[2] = 5	comp_id_tab[2] = 7
comp_id_tab[3] = 3	comp_id_tab[3] = 3

3.5.2 尺寸与尺寸公差信息的提取

Creo 是一个参数化设计系统，可以通过尺寸来驱动模型。其尺寸分为线性尺寸、角度尺寸、直径尺寸和半径尺寸，它们的尺寸界线（Witness Line Ends，w_1 和 w_2）、尺寸箭头（Arrow Heads，A_1 和 A_2）、尺寸肘结点（Elbow Joint，E）及文字位置如图 3.11 所示。

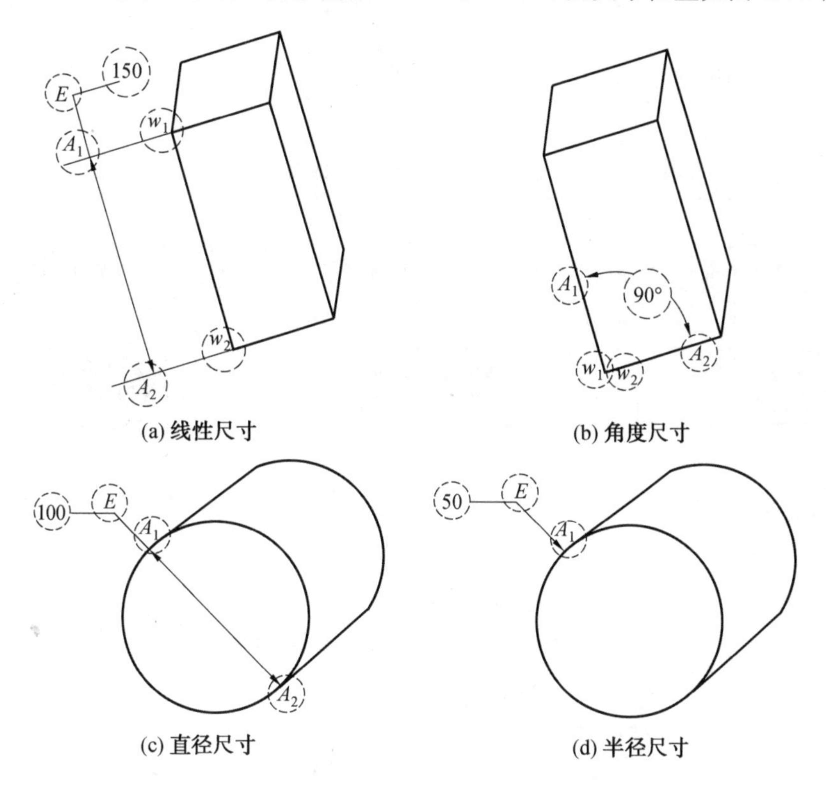

图 3.11　Creo 中的尺寸类型

本书将尺寸分为特征尺寸、工艺尺寸和配合尺寸。特征尺寸一般是模型的驱动尺寸，而后两者一般是模型建完之后根据不同的工艺要求标注的从动尺寸。这里只考虑特征尺寸和配合尺寸。对于特征尺寸，只是对其公差等信息进行了可视化显示，若要建立工艺尺寸链，可以将特征尺寸和几何项进行手动关联；而对于配合尺寸，需要将其与相应的几何项进行关联。本书采用下述的方法完成了这一关联，并且关联过程是自动的，不需要用户的干预。

这里只考虑与圆柱面配合相关的尺寸，即有配合关系的圆柱面直径。圆柱面的直径在不同的视图中可以标注为直径类型的尺寸，也可以标注为线性类型的尺寸。对于直径类型的标注，较为简单，只需判断尺寸的箭头是否在面上，并且该面是圆柱面，就可将该尺寸与其所标示的圆柱面关联起来。而线性类型的尺寸，除了需要判断尺寸界线的端点是否在面上，并且该面为圆柱面之外，还需要利用函数 ProSurfaceDiameterEval()计算该圆柱面的直径，看其是否与该尺寸值相等，若二者相等，才能够将它们关联起来；若不等，则该尺寸不是配合尺寸，需放弃，具体流程如图 3.12 所示。

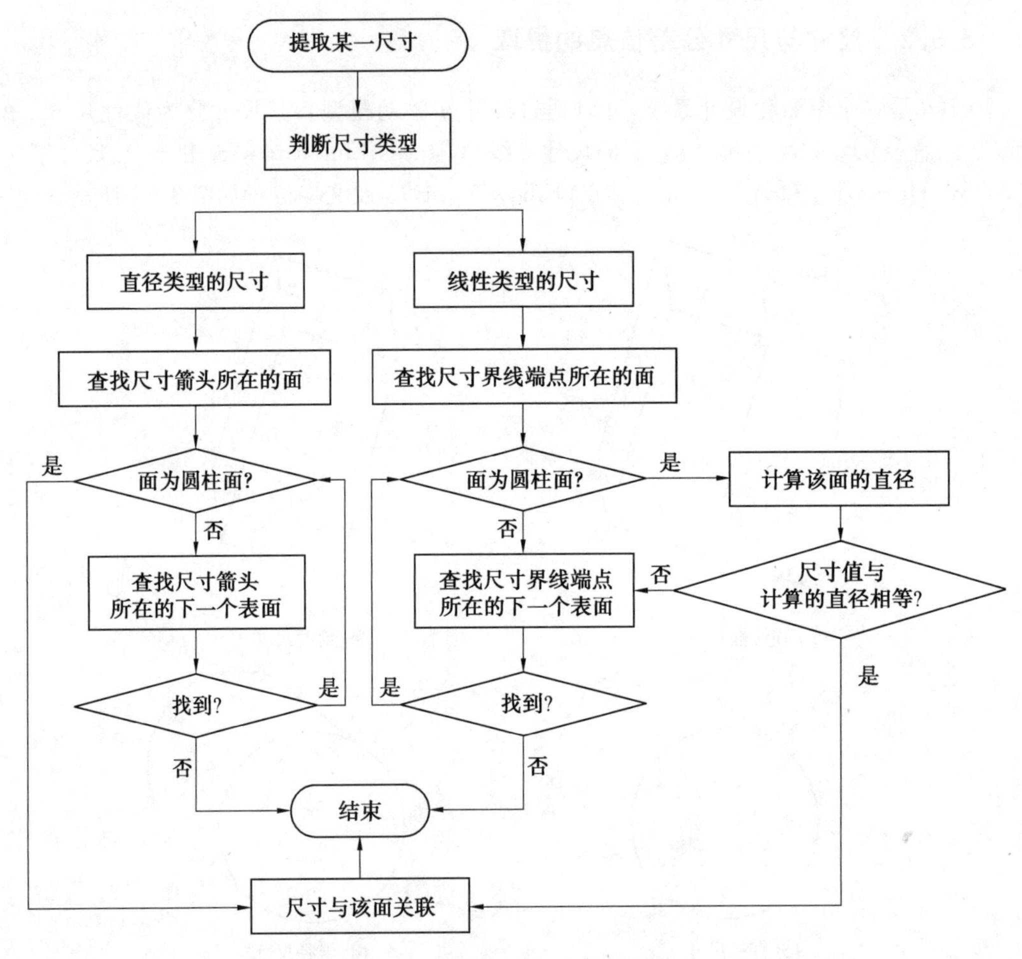

图 3.12　尺寸与表面关联流程图

Creo 为每个尺寸都提供了一个尺寸公差，如果用户不加以指定即为默认值，可以使用函数 ProDimensionToleranceGet()提取尺寸的上下偏差。

3.5.3　形位公差信息的提取

Creo 模型中形位公差(Geometirc Tolerances)是一个 ProGtol 数据结构句柄，声明为模型项类型的结构。而形位公差内部数据结构的完整描述则是采用一个模糊句柄 ProGtoldata，只给出了句柄的声明，而没给出结构体的定义，对于其内部数据的访问只能通过 ProGtoldata 对象下的一些函数来完成。Creo 中的形位公差只是一些注释性的信息，本书提取了这些信息。

3.5.4　公差信息的可视化表达

由于公差信息在几何尺寸上与产品模型的几何尺寸相比，一般要相差几个数量级，再加上虚拟现实环境为了保证实时性，一般都采用的是不精确的面片模型，这样就给公差信息与产品模型的同时表达带来了一定的难度。本书充分利用虚拟现实中视觉感受中的颜色表达，绘制了彩色的公差带条图，直观地显示了零件的公差信息。对于特征尺寸，如图3.13所示(黑白灰度显示)，绘制了彩色的公差带，其中上下极限偏差分别标示于彩色公差带的上下方，实际偏差用尺寸指示线标出，其颜色随着实际偏差的不同而变化。对于配合尺寸，如图3.13所示，轴和孔的公差带绘制在了一起，用户对实际的配合情况有一较为直观的认识，同时与配合尺寸相关的表面其颜色也与对应的实际偏差颜色相同。

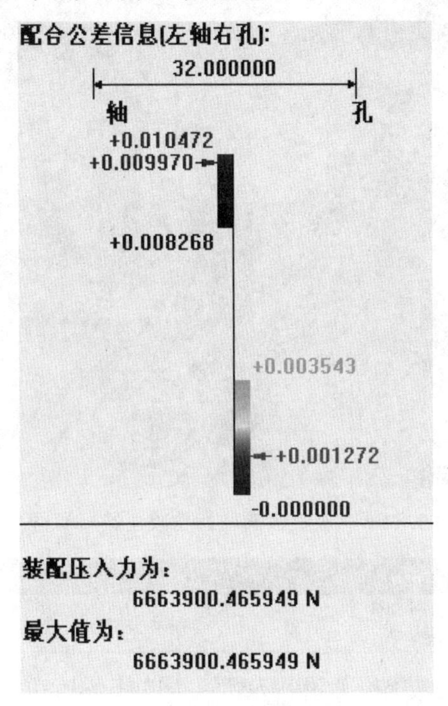

图3.13　配合尺寸的彩色公差带及装配力的显示

3.6　建模实例

本章以一级直齿圆柱齿轮减速器的模型为例，利用Creo构建其公差产品模型，如图3.14所示。同时开发了模型文件转换接口软件界面，如图3.15所示，实现了CAD信息的自动提取，转换过程并不需要人工操作。

最后利用WTK构建了其多级分层的树状模型，如图3.16所示，根结点下面包括各个一级组件，然后组件又可以包含子组件和零件，与Creo一致，这里最多支持25个层次。每一个零件都包含若干特征和几何面，几何面通过映射关系与WTK的面片层关联。所建立的虚拟现实环境下公差产品建模系统如图3.17(特征尺寸)、图3.18和图3.19所示(配合尺寸)。

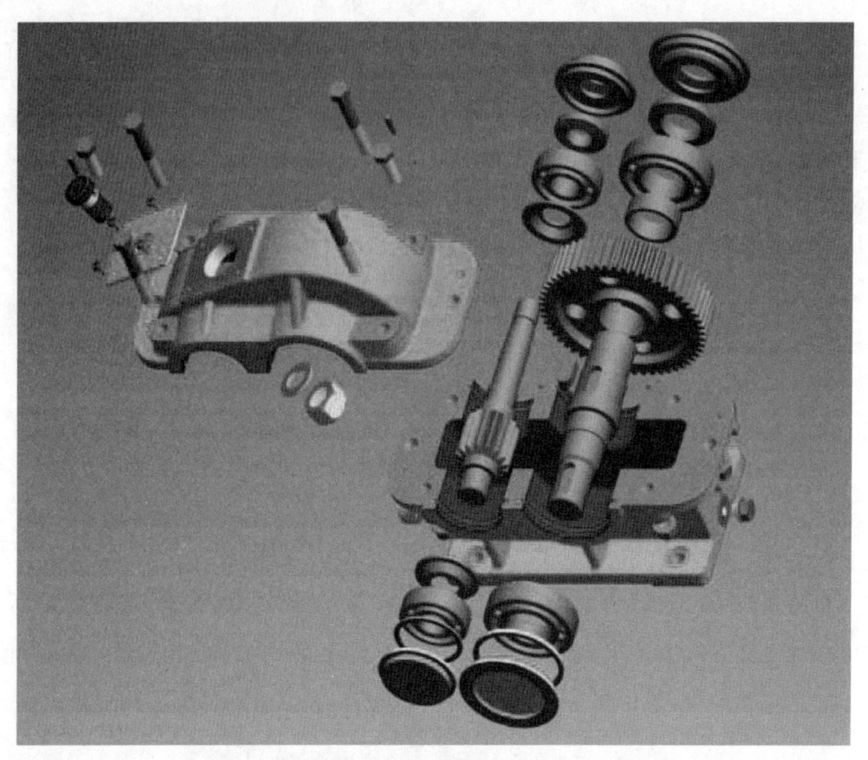

图 3.14　一级直齿圆柱齿轮减速器 CAD 模型

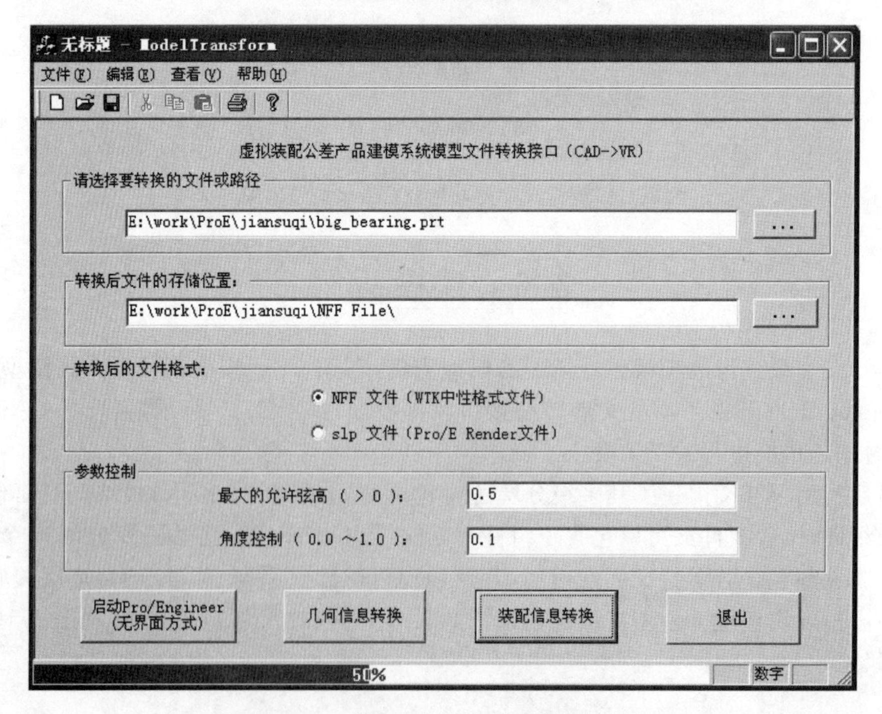

图 3.15　模型文件转换接口软件界面

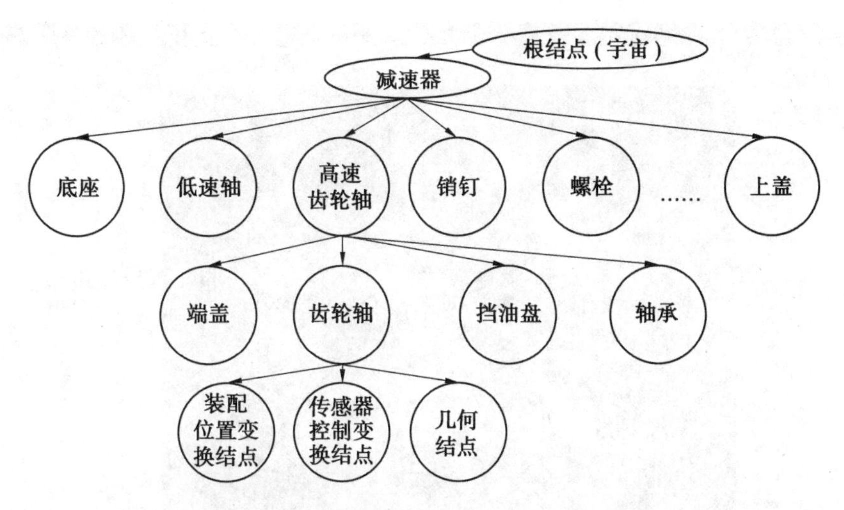

图 3.16　一级直齿圆柱齿轮减速器的场景图

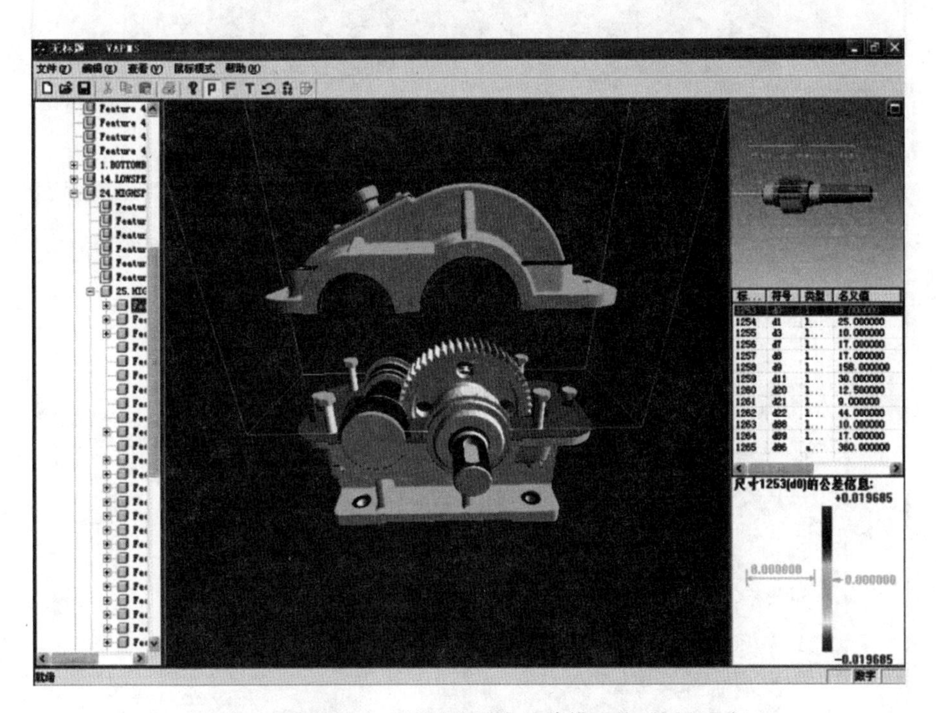

图 3.17　虚拟现实环境下公差产品建模系统(特征尺寸)

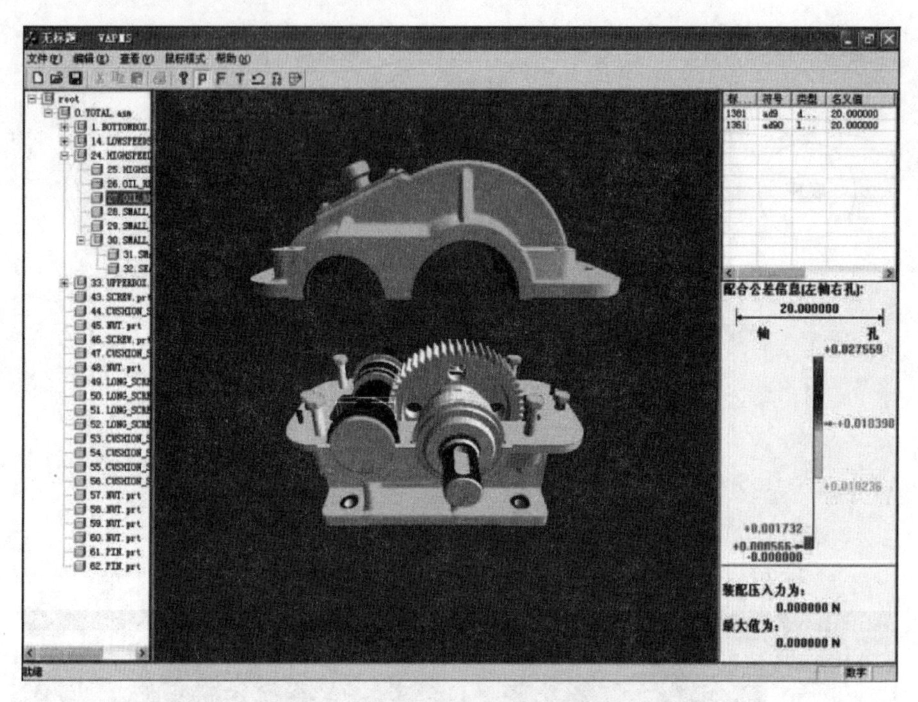

图 3.18 虚拟现实环境下公差产品建模系统(零件被选中)

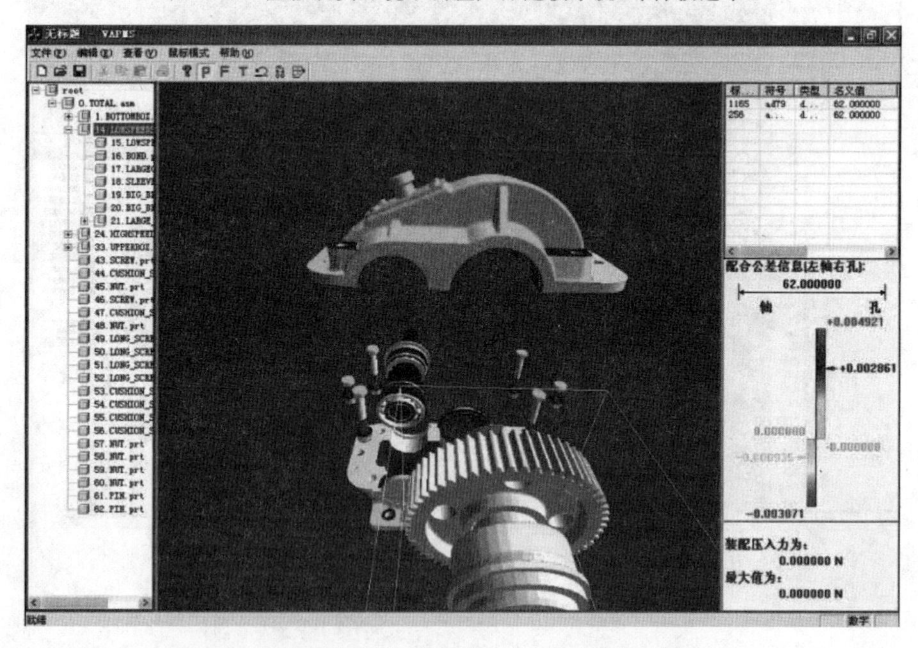

图 3.19 虚拟现实环境下公差产品建模系统(组件被选中)

第 4 章 基于虚拟现实的公差产品装配工艺规划

4.1 虚拟装配序列规划

装配序列规划(Assembly Sequence Plan,ASP)是装配工艺设计的基础,是通过对装配结构设计中各个零件之间的几何拓扑关系及各个零件之间的连接关系进行分析,并在一定的工艺条件约束下,求解出一条或若干条几何可行、机械可行、技术可行且装配成本较小、装配难度较低或装配时间较短的装配顺序。

从本质上来说,装配序列规划即为求出满足各种“广义约束”(几何约束、工艺约束、成本约束、评价指标约束等)条件下的装配顺序。

目前应用于虚拟装配上的装配序列规划方法主要有:遗传算法、蚁群算法、基于工程语义法、几何推理法等。

4.1.1 装配序列规划问题的数学描述

机械产品的装配序列规划问题可采用如下数学描述:对于给定的由 n 个零件组成的产品,零件集合为 $p=\{p_i \mid i=1,2,\cdots,n\}$。对于由这 n 个零件组成的一个排列组合 $S=(S_1,S_2,\cdots,S_n)$,存在如下条件:①S 中的任何一个零件与其前面所有零件中的至少一个存在物理装配连接关系。② 对于给定的其他装配约束集合 A、S 中的任何两个零件之间的先后顺序都必须满足 A。③ 对于给定的评价函数 F,S 使 F 的值较小。其中,若 S 满足条件 ① 和 ②,则称其为可行的装配序列,若 S 同时满足条件 ①、②、③,则称其为优化的装配序列。

由此可见,本质上,产品的装配序列规划是一种组合优化问题,求解该类问题一般有枚举法和启发式搜索法。早期的装配规划方法主要采用枚举法,通过建立产品零部件的连接图,采用“割集”算法首先推理出所有可能的装配序列,然后根据指定的评价指针逐一评价,从中选出最优的装配方案。这种方法原则上是可行的、正确的,并且也出现了使用此种方法的原型系统及其在较简单装配体上的应用。但随着产品零件数的增加,可能的装配序列将呈现指数级增长,产生序列的“组合爆炸”。资料表明,由 n 个零件组成的产品在最坏的情况下,其可能的装配序列 $N_{\text{seq}}=\dfrac{(2n-2)!}{(n-1)!}$。这样,对于由 5 个零件组成的产品就可能有 1 680 个装配序列。因此,要想列举出拥有大型复杂产品的全部可能序列并逐一进行评价,在计算资源和时间的限制下几乎是不可能的。

近年来,人们对于启发式算法的仿生软计算技术的研究取得了很大的成果,如神经网络、遗传算法、模拟退火算法、模糊逻辑控制等。仿生软计算方法无须遍历整个解空间就能得到最优或次最优的解，可以较好地解决组合优化中的“组合爆炸”的问题。因此，软计算技术已成为解决装配序列规划问题的一类新的有效技术。

4.1.2 装配优先约束的表达

产品的装配顺序是由优先约束关系决定的，装配优先约束关系是指在装配过程中各零件之间存在的先后顺序关系，它包括必须遵守的硬约束和优选的软约束。硬约束是必须遵守的，违反它将直接导致装配序列的不可行；而软约束并非所有装配序列都必须遵守，但是它影响装配序列的质量和实用性。对于这两种不同类型的约束，本书分别采用优先约束表和装配评价准则的形式来表达。

1. 装配优先约束表

优先约束表是一个 n 行 n 列的二维表格，其行标题 $P_i(1 \leqslant i \leqslant n)$ 和列标题 P_j $(1 \leqslant j \leqslant n)$ 分别表示产品的 n 个零件，表中的每一个元素 P_{ij} 表示零件 P_i 和零件 P_j 的优先约束关系集合，优先约束表的特点如下。

(1) 如果 P_{ij} 的值为0，它表示 P_i 和 P_j 之间不存在装配关系；如果 P_{ij} 的值为1，它表示 P_i 和 P_j 之间存在装配关系；此外，如果 P_{ii} 的值为1，则表示 P_i 可以作为第一个装配的基准件。

(2) 如果 P_{ij} 的值包含优先约束算子“$> x_i$”，表示 P_i 和 P_j 之间的装配必须先于引用连接 x_i 所对应零件之间的装配。其中，引用连接 x_i 表示其在优先约束表中行和列对应零件之间的装配关系。

含有10个零件的零件列表建立优先约束表见表4.1、表4.2。例如，零件 P_1 和 P_7 对应表格的约束关系为$(1, x_1 > x_2)$。其中，1代表两零件 P_1 和 P_7 之间有装配关系；x_1 表示 P_1 和 P_7 的装配关系，x_2 表示 P_1 和 P_6 的装配关系，$x_1 > x_2$ 说明 x_1 装配关系必须在 x_2 装配关系之前。

表 4.1 优先约束表示例 1

	P_1	P_2	P_3	P_4	P_5
P_1	1	$1, x_7$	$1, x_3 > (x_6, x_7)$	0	0
P_2	$1, x_7$	0	1	0	0
P_3	$1, x_3 > (x_6, x_7)$	1	0	$1, x_8 > x_9$	$1, x_9$
P_4	0	0	$1, x_7$	0	1
P_5	0	0	$1, x_9$	1	0
P_6	$1, x_2 > (x_3, x_5)$	0	0	0	0
P_7	$1, x_1 > x_2$	0	0	0	0
P_8	$1, x_6$	0	1	0	0
P_9	0	0	0	0	0
P_{10}	$1, x_4 > x_5$	0	0	0	0

装配优先约束的生成是一个反复更新完善的动态过程，它先根据Creo产品模型，由零件间的配合特征矩阵推理出可拆卸方向（在Creo中可以利用API接口直接获取配合矩阵），得到初始的优先约束；然后通过装配工艺人员在凭借经验交互式地编辑和调整初始序列时，不断提出新的优先约束关系，从而得到更加完备的优先约束关系集。

表4.2　优先约束表示例2

	P_6	P_7	P_8	P_9	P_{10}
P_1	$1, x_2 > (x_3, x_5)$	$1, x_1 > x_2$	$1, x_6$	0	$1, x_4 > x_5$
P_2	0	0	0	0	0
P_3	0	0	1	0	0
P_4	0	0	0	0	0
P_5	0	0	0	0	0
P_6	0	1	0	$1, x_5$	$1, x_7$
P_7	1	0	0	0	0
P_8	0	0	0	0	0
P_9	$1, x_5$	0	0	0	1
P_{10}	1	0	0	1	0

2. 装配序列评价准则的建立

装配序列的评价是虚拟装配规划中的重要内容，如何从产品众多可行的装配序列中挑选出最佳或较优的装配序列一直是个难点问题。很多研究者从不同的角度，采用不同的方法对装配序列进行评价。针对影响装配序列质量的因素，以装配方向、装配工具、装配稳定性、装配聚合性、装配时间等作为评价指标，采用模糊综合评判或神经网络的方法进行评价。还有研究者从产品可装配性的角度出发，考虑到零件质量、抓取难度、连接方式及装配方向、装配工具等因素，以装配难度或装配成本作为评价指标，采用DFA方法对产品装配序列及装配方案进行全面分析和评价。

本章采用多重因素评价函数集来评价装配顺序。其中，评价因素主要包括三类：装配方向的变化次数、装配工具的改变次数及其他自定义准则，多重因素评价函数集的数学表达式为

$$\mu = \{\mu_1, \mu_2, \mu_3, \cdots\} \tag{4.1}$$

式中　μ_i—— 影响装配序列评价的各种因素对应的评价函数，$\{i = 1, 2, 3, \cdots\}$；

μ_1—— 装配方向变化次数评价函数；

μ_2—— 装配工具改变次数评价函数；

μ_3—— 其他评价函数为其余自定义的评价准则。

根据每个评价函数 μ_i 对装配序列优劣的不同影响程度，还需要确立一个相应的权重系数 w_i，而该系数是装配人员根据一定的知识和经验人为确定的。

这样，通过总评价函数 $p(\mu)$ 的值就可以定量地衡量一个装配序列的优劣程度了。$p(\mu)$ 的表达式为

$$p(\mu)=\sum_{i=1}^{n}w_i\cdot\mu_i \tag{4.2}$$

装配评价集的生成也是一个动态的过程，它由装配工艺人员结合实际的装配情况和自身的装配经验而建立，并在装配序列规划过程中不断地添加和更新来完善。

4.2 应用蚁群算法进行装配序列规划

4.2.1 蚁群算法概述

蚁群算法(Ant Colony Optimization，ACO)是一种新型的模拟进化算法，它是在20世纪90年代由意大利学者M. Dorigo等人首先提出来的。该算法因其极强的鲁棒性和优化解搜索性能在求解复杂组合优化问题(特别是离散优化问题)方面具有一定的优势，在相关领域有了一定的运用。但是传统蚁群算法存在一些缺陷，如易出现停滞现象，易陷入局部最优等。

本书以优先约束关系模型作为建模基础，对装配信息模型进行简化，将传统蚁群算法进行改进，得到了虚拟装配序列规划的最优装配序列解。

4.2.2 应用蚁群算法的装配序列规划

蚁群算法的主要思想是模仿自然界蚂蚁觅食的过程。蚂蚁在走过的路径上留下信息素，在食物源同蚁穴之间，蚂蚁会选择信息素较浓的路径，距离越近，蚂蚁往返的频率越高，留下的信息素也就越多，从而吸引更多的蚂蚁。基于蚁群算法的装配序列规划可类似描述为：首先生成一定数量的蚂蚁，然后令所有蚂蚁规划的起点都位于基准件。每个蚂蚁按照优先约束的要求，概率性地选择下一步安装的零件，直到所有零件都被选中，生成可行的装配序列。然后每个蚂蚁对所完成的装配序列进行评价，依据评价结果对路径上的信息素进行调整和更新。不断反复和循环，直到所有蚂蚁都汇集到较近的路径上，即为所求的优化装配顺序。

1. 蚁群算法的评价策略

采用惩罚策略来评价装配序列。针对具体产品对象，指定了很多评价准则。根据每个评价准则对装配成本的影响程度，为其分配一个0～1之间的惩罚值，该值越大，表示违反该准则所付出的代价越大。这里的评价准则主要包括装配方向变化次数最少准则、装配工具变化次数最少准则，以及用户根据装配操作过程中零件的可达性、工具的操作空间限制等因素指定的装配顺序准则。虚拟装配过程中每装配一个零件P时，对应的装配成本惩罚值为

$$PF_{(P_i)}=a_tN_t+a_dN_d+\sum_{j=1}^{m}(a_jR_j) \tag{4.3}$$

式中 a_t—— 变换装配工具对应的成本惩罚值；

a_d—— 改变装配方向对应的成本惩罚值；

a_j—— 违反第 j 条装配顺序准则对应的成本惩罚值($0 < a_t, a_d, a_j < 1$)。

装配该零件时,与前一个已装配零件进行比较,判断装配工具和装配方向是否发生改变。若装配工具改变,$N_t = 1$,否则为0。若装配方向改变,$N_d = 1$,否则为0。同时,该零件还应与前面所有已装配零件进行两两比较,判断是否违反用户指定的装配顺序准则,若违反第 j 条装配顺序准则,$R_j = 1$,否则为0。m 是用户指定的装配顺序准则总数。因此,对一个由 n 个零件组成的装配序列 S,其对应的装配成本总惩罚值为

$$CF_{(S_i)} = PF_{(P_1)} + PF_{(P_2)} + \cdots + PF_{(P_n)} \tag{4.4}$$

2.蚁群算法的转移概率

装配规划过程中,第 k 只蚂蚁从当前装配零件结点 P_i 选择下一个待装配零件结点 P_j 的概率为

$$P^k_{(i,j)} = \begin{cases} \dfrac{\tau^{\alpha}_{(i,j)} \eta^{\beta}_{(i,j)} \theta^{\gamma}_{(i,j)} \lambda^{\delta}_{(i,j)}}{\sum\limits_{x \in A^k_i} \tau^{\alpha}_{(i,x)} \eta^{\beta}_{(i,x)} \theta^{\gamma}_{(i,x)} \lambda^{\delta}_{(i,x)}} & (j \in A^k_i) \\ 0 & (\text{其他}) \end{cases} \tag{4.5}$$

式中 $\tau_{(i,j)}$—— 路径上的信息素浓度;

$\eta_{(i,j)}$—— 装配工具引导因子,其表达式为

$$\eta_{(i,j)} = \begin{cases} 1 & (\text{装配工具没有变化}) \\ 0.1 & (\text{装配工具改变}) \end{cases} \tag{4.6}$$

$\theta_{(i,j)}$—— 装配方向引导因子,其表达式为

$$\theta_{(i,j)} = \begin{cases} 1 & (\text{装配方向没有变化}) \\ 0.1 & (\text{装配方向改变}) \end{cases} \tag{4.7}$$

$\lambda_{(i,j)}$—— 评价准则引导因子,其表达式为

$$\lambda_{(i,j)} = \begin{cases} 1 & (\text{满足所有装配顺序评价准则}) \\ 0.1 & (\text{至少违反一条装配顺序准则}) \end{cases} \tag{4.8}$$

A_i 为根据优先约束确定的可供蚂蚁选择的下一个待装配零件集合。该零件首先应与前面所有已装配零件中的至少一个零件存在装配关系,其次应满足所有优先约束关系,使该序列成为一个可行的装配序列。α、β、γ、δ 为权值系数。

3.蚁群算法的信息素更新

每只蚂蚁完成所有零件的装配后,对所走过路径的信息素按下式进行更新:

$$\tau_{(i,j)} = (1-\rho)\tau_{(i,j)} + \rho \sum_{k=1}^{M} \Delta\tau^k_{(i,j)} \tag{4.9}$$

式中 ρ—— 信息素浓度挥发因子,$0 < \rho < 1$;

M—— 经过该路径的蚂蚁数量;

$\Delta\tau^k_{(i,j)}$—— 信息素浓度增量,

$$\Delta\tau^k_{(i,j)} = \begin{cases} \dfrac{Q}{CF^k_{(S_i)}} & ((i,j)\text{ 属于蚂蚁 } k \text{ 所经路径}) \\ 0 & (\text{其他}) \end{cases} \tag{4.10}$$

式中 Q—— 常数;

$CF^{k}_{(S_i)}$——第 k 只蚂蚁所经路径对应的装配序列 S_i 的装配成本惩罚值。

4. 蚁群算法步骤及其流程图

应用蚁群算法的装配序列规划算法可描述为如下步骤，算法输入为产品的优先约束表，输出为一个或几个近似优化的装配序列。

(1) 设置蚂蚁数量和信息素的初始浓度值。

(2) 所有蚂蚁出发的起点放置在基准件。如图 4.1 所示装配体，所有蚂蚁出发的起始零件为 a_1。

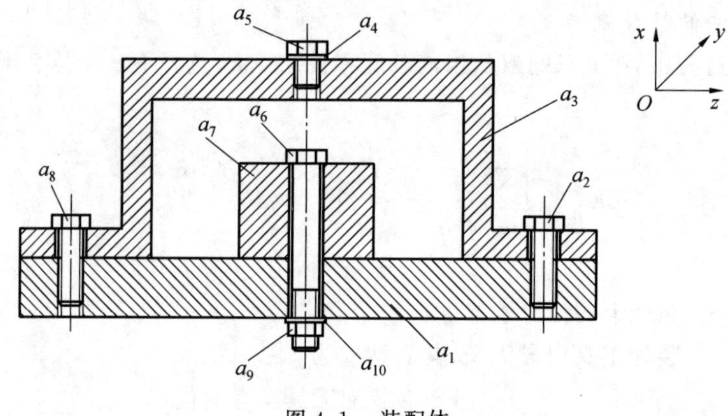

图 4.1 装配体

(3) 从优先约束表中删除步骤(2) 所选定的起始零件所在列，删除 a_1 这一列，见表 4.3。

(4) 下一步待装配零件集合是优先约束表中已选择零件所在行中 a_{ij} 值不为 0 的那些零件。a_1 所在行可供选择的待装配零件包括 a_2、a_3、a_6、a_7、a_8、a_{10}，见表 4.3、表 4.4。

(5) 根据优先约束关系从步骤(4) 的候选零件集合中过滤掉不满足条件的零件。由于存在优先关系 $x_3>(x_6,x_7)$，故 a_3 必须在 a_2、a_8 之前装配，同理 a_6 必须在 a_3 之前装配，a_7 必须在 a_6 之前装配。因此，最终可供选择的待装配零件为 a_7 和 a_{10}。

表 4.3 装配优先约束表 1

	a_1	a_2	a_3	a_4	a_5
a_1	1	$1,x_7$	$1,x_3>(x_6,x_7)$	0	0
a_2	$1,x_7$	0	1	0	0
a_3	$1,x_3>(x_6,x_7)$	1	0	$1,x_8>x_9$	$1,x_9$
a_4	0	0	$1,x_7$	0	1
a_5	0	0	$1,x_9$	1	0
a_6	$1,x_2>(x_3,x_5)$	0	0	0	0
a_7	$1,x_1>x_2$	0	0	0	0
a_8	$1,x_6$	0	1	0	0
a_9	0	0	0	0	0
a_{10}	$1,x_4>x_5$	0	0	0	0

表 4.4 装配优先约束表 2

	a_6	a_7	a_8	a_9	a_{10}
a_1	$1, x_2 > (x_3, x_5)$	$1, x_1 > x_2$	$1, x_6$	0	$1, x_4 > x_5$
a_2	0	0	0	0	0
a_3	0	0	1	0	0
a_4	0	0	0	0	0
a_5	0	0	0	0	0
a_6	0	1	0	$1, x_5$	$1, x_7$
a_7	1	0	0	0	0
a_8	0	0	0	0	0
a_9	$1, x_5$	0	0	0	1
a_{10}	1	0	0	1	0

(6) 从满足条件的待装配零件集合中概率选择下一个要装配的零件。假设 a_7 被选中作为下一个装配零件。

(7) 如果一个零件被选中，其对应的列从优先约束表中删除，在表 4.4 中删除 a_7 所在的列。

(8) 在剩余优先约束表中重复步骤(4) ~ (7) 的操作，直到表中所有零件都被选中且只被选中一次，即表示所有零件都装配完成，生成可行装配序列。

(9) 评价该装配序列的成本惩罚值。

(10) 根据装配序列评价值，每只蚂蚁更新所经过路径上信息素的浓度值。

(11) 重复步骤(2) ~ (10) 直到达到最大迭代次数或装配评价值不再改变为止，输出优化装配序列。

蚁群算法流程图如图 4.2 所示。

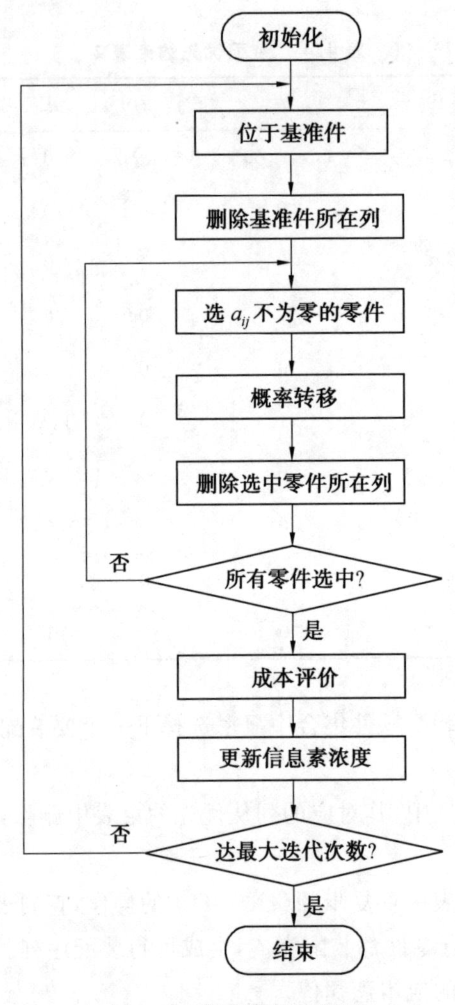

图 4.2　蚁群算法流程图

4.2.3　基于蚁群算法的装配序列规划方法的仿真实验

以某型号齿轮泵的装配顺序为例来验证蚁群算法。如图 4.3 所示，该装配体由 34 个零件组成。其中，主动齿轮与主动轴之间、从动齿轮与从动轴之间的装配用销连接，考虑到装配稳定性，应在总装之前先安装成子配件。此外，将功能相同的螺钉和销做单一化处理后，该产品由 19 个零件组成。算法中所用到的优先约束表和装配序列评价准则分别见表 4.5、表 4.6 和表 4.7。装配体的工装工具列表和装配方向见表 4.8。本章为简便起见，表中的工装工具用代号表示：G_1 代表普通扳手；G_2 代表橡胶锤；G_3 代表套筒扳手；G_4 代表螺钉起子；G_5 代表其他。

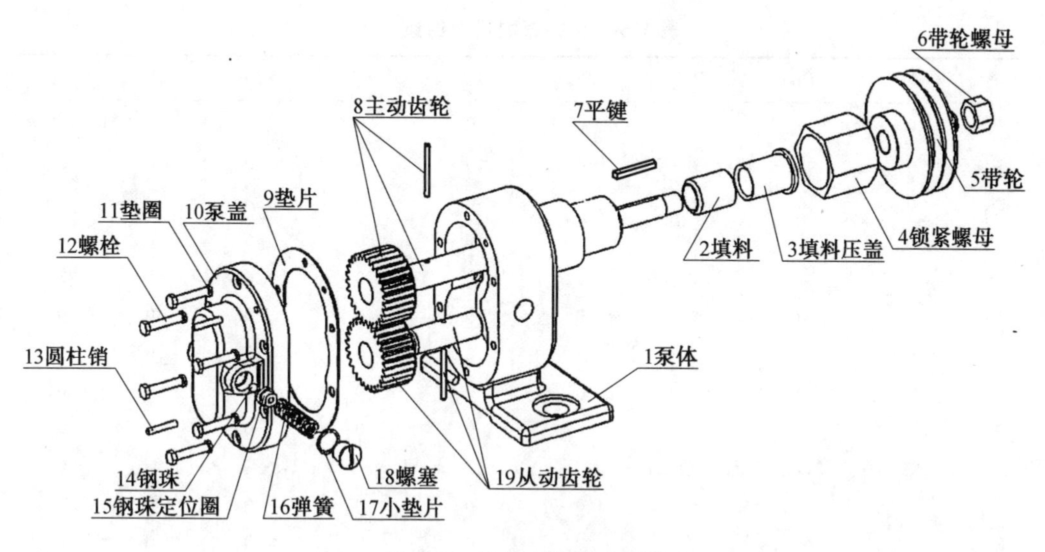

图 4.3　齿轮泵结构示意图

表 4.5　齿轮泵的优先约束表 1

	P_1	P_2	P_3	P_4	P_5	P_6	P_7	P_8	P_9	P_{10}
P_1	1	0	0	$1,x_1>x_7$	0	0	0	$1,x_2>x_3$	$1,x_3>x_{10}$	0
P_2	0	0	0	0	0	0	0	$1,x_5>x_6$	0	0
P_3	0	0	0	0	0	0	0	$1,x_6>x_1$	0	0
P_4	$1,x_1>x_7$	0	0	0	0	0	0	0	0	0
P_5	0	0	0	0	0	0	0	$1,x_7>x_8$	0	0
P_6	0	0	0	0	0	0	0	$1,x_8$	0	0
P_7	0	0	0	0	0	0	0	$1,x_9>x_7$	0	0
P_8	$1,x_2>x_3$	$1,x_5>x_6$	$1,x_6>x_1$	0	$1,x_7>x_8$	$1,x_8$	$1,x_9>x_7$	0	0	0
P_9	$1,x_3>x_{10}$	0	0	0	0	0	0	0	0	$1,x_{10}>x_{11}$
P_{10}	0	0	0	0	0	0	0	0	$1,x_{10}>x_{11}$	0
P_{11}	0	0	0	0	0	0	0	0	0	$1,x_{11}>x_{12}$
P_{12}	0	0	0	0	0	0	0	0	0	$1,x_{12}$
P_{13}	0	0	0	0	0	0	0	0	0	$1,x_{13}>x_{11}$
P_{14}	0	0	0	0	0	0	0	0	0	$1,x_{14}>x_{15}$
P_{15}	0	0	0	0	0	0	0	0	0	$1,x_{15}>x_{16}$
P_{16}	0	0	0	0	0	0	0	0	0	$1,x_{16}>x_{17}$
P_{17}	0	0	0	0	0	0	0	0	0	$1,x_{17}>x_{18}$
P_{18}	0	0	0	0	0	0	0	0	0	$1,x_{18}$
P_{19}	0	0	0	0	0	0	0	0	0	0

表 4.6 齿轮泵的优先约束表 2

	P_{11}	P_{12}	P_{13}	P_{14}	P_{15}	P_{16}	P_{17}	P_{18}	P_{19}
P_1	0	0	0	0	0	0	0	0	$1,x_4>x_2$
P_2	0	0	0	0	0	0	0	0	0
P_3	0	0	0	0	0	0	0	0	0
P_4	0	0	0	0	0	0	0	0	0
P_5	0	0	0	0	0	0	0	0	0
P_6	0	0	0	0	0	0	0	0	0
P_7	0	0	0	0	0	0	0	0	0
P_8	0	0	0	0	0	0	0	0	0
P_9	0	0	0	0	0	0	0	0	0
P_{10}	$1,x_{11}>x_{12}$	$1,x_{12}$	$1,x_{13}>x_{11}$	$1,x_{14}>x_{15}$	$1,x_{15}>x_{16}$	$1,x_{16}>x_{17}$	$1,x_{17}>x_{18}$	$1,x_{18}$	0
P_{11}	0	0	0	0	0	0	0	0	0
P_{12}	0	0	0	0	0	0	0	0	0
P_{13}	0	0	0	0	0	0	0	0	0
P_{14}	0	0	0	0	0	0	0	0	0
P_{15}	0	0	0	0	0	0	0	0	0
P_{16}	0	0	0	0	0	0	0	0	0
P_{17}	0	0	0	0	0	0	0	0	0
P_{18}	0	0	0	0	0	0	0	0	0
P_{19}	0	0	0	0	0	0	0	0	0

表 4.7 生成的评价准则

装配方向与装配工具变化次数最少准则	权重值
装配方向变化目标函数值：$\mu_1=\sum_{i=1}^{19}t_i$	0.2
工装工具变化目标函数值：$\mu_2=\sum_{i=1}^{19}g_i$	0.2
其他技术因素导致目标函数值：$\mu_3=\sum_{i=1}^{19}k_i$	权重值(待定)
K_1：为保证装配过程的稳定性，P_2 和 P_3 应连续装配	0.6
K_2：为保证装配过程的稳定性，P_3 和 P_4 应连续装配	0.6
K_3：为保证装配过程的稳定性，P_5 和 P_6 应连续装配	0.6
K_4：为保证装配过程的稳定性，P_{10} 和 P_{11} 应连续装配	0.6
K_5：为保证装配过程的稳定性，P_{11} 和 P_{12} 应连续装配	0.6
K_6：为保证装配过程的稳定性，P_{14} 和 P_{15} 应连续装配	0.6
K_7：为保证装配过程的稳定性，P_{15} 和 P_{16} 应连续装配	0.6
K_8：为保证装配过程的稳定性，P_{16} 和 P_{17} 应连续装配	0.6
K_9：为保证装配过程的稳定性，P_{17} 和 P_{18} 应连续装配	0.6

表 4.8 齿轮泵零件工装工具及装配方向列表

零件号	零件名称	工装工具	装配方向	零件号	零件名称	工装工具	装配方向
1	泵体	G_5	$+y$	11	垫圈	G_5	$+y$
2	填料	G_5	$-y$	12	螺栓	G_3	$+y$
3	填料压盖	G_5	$-y$	13	圆柱销	G_2	$+y$
4	锁紧螺母	G_1	$-y$	14	钢珠	G_5	$-x$
5	带轮	G_5	$-y$	15	钢珠定位圈	G_5	$-x$
6	带轮螺母	G_1	$-y$	16	弹簧	G_5	$-x$
7	平键	G_5	$-z$	17	小垫片	G_5	$-x$
8	主动齿轮	G_5	$+y$	18	螺塞	G_4	$-x$
9	垫片	G_5	$+y$	19	从动齿轮	G_5	$+y$
10	泵盖	G_5	$+y$				

在蚁群算法运行过程中，设置参数如下：$\alpha=1,\beta=1,\gamma=1,\delta=10,\rho=0.1$，所得的最佳装配序列见表4.9、表4.10。

表 4.9 最佳装配序列 1

零件号	1	19	8	9	10	13	11	12	2
工装工具	G_5	G_5	G_5	G_5	G_5	G_2	G_5	G_3	G_5
装配方向	$+y$	$+y$	$+y$	$+y$	$+y$	$+y$	$+y$	$+y$	$-y$

表 4.10 最佳装配序列 2

零件号	3	4	14	15	16	17	18	7	5	6
工装工具	G_5	G_1	G_5	G_5	G_5	G_5	G_4	G_5	G_5	G_1
装配方向	$-y$	$-y$	$-x$	$-x$	$-x$	$-x$	$-x$	$-z$	$-y$	$-y$

图4.4、图4.5所示为蚁群算法软件规划界面。

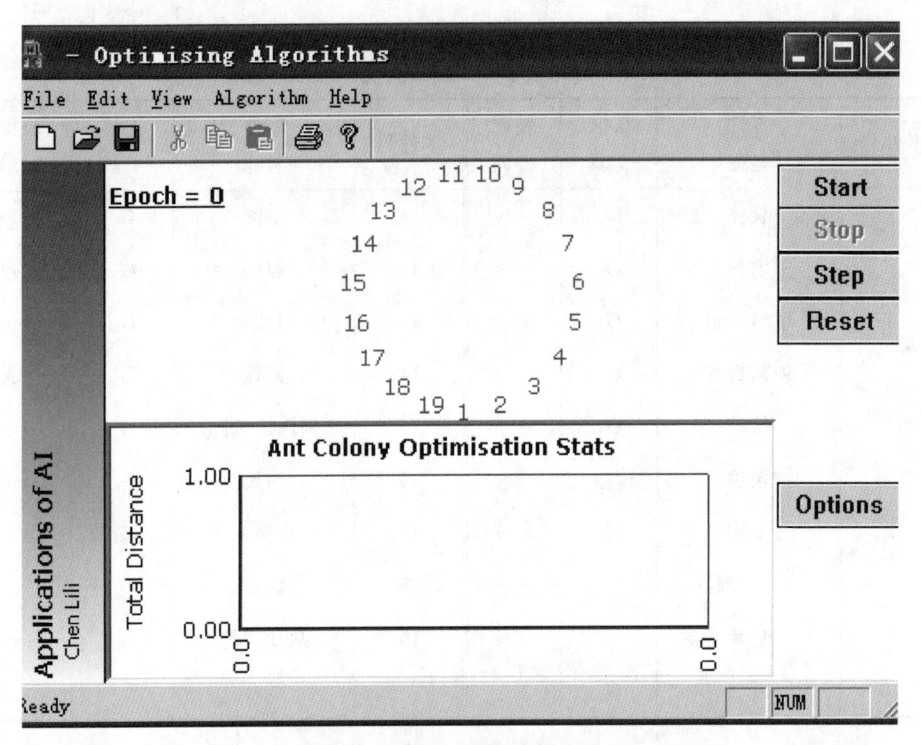

图 4.4　蚁群算法软件规划界面 1

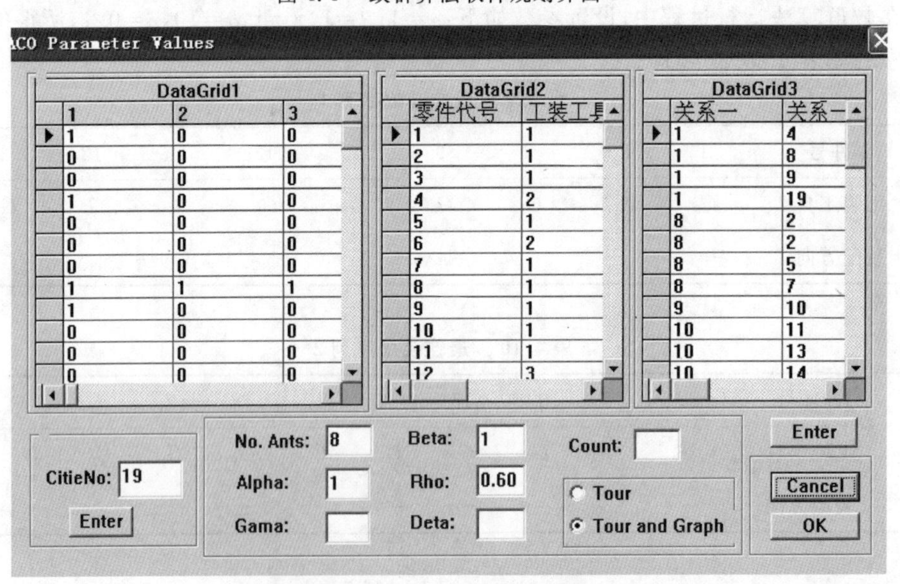

图 4.5　蚁群算法软件规划界面 2

4.3 基于几何推理的装配序列规划

4.3.1 几何推理装配序列规划概述

几何推理的方法是指利用已建立好的虚拟模型的装配连接关系及模型的几何形状，对装配目标模型先进行试拆卸。当选取的零件满足局部拆卸条件和全局拆卸条件的时候才能够对其实施拆卸，只要有任何一个条件不能够得到满足，就停止拆卸，另外选择其他零件进行拆卸，这样就能得到整个装配目标模型的拆卸序列，然后对拆卸序列求逆序就可以得到装配序列。为了提高装配速度，对装配工艺规划和仿真的对象进行了如下简化。

(1) 仅对目标装配体进行的第一级装配元件(零件或子装配件) 进行虚拟装配 / 拆卸。在装 / 拆工艺规划与仿真过程中，子装配件首先被当作零件处理，等装配体上一级装配件全部拆卸完成后再对子装配体进行拆卸。

(2) 设定目标装配体都是“可拆即可装” 的，也就是说目标装配体的装配序列，可以看作是拆卸过程的逆序列。因此，先对目标装配体实施虚拟拆卸，然后将其逆过程作为目标对象的装配过程，得到可行的装配顺序和路径。

(3) 设定每次只对一个元件进行装配 / 拆卸过程的操作，并且该元件经过一个连续移动操作即可到达拆卸预定位置。在后续其余元件进行装配 / 拆卸过程中，该元件与装配基体的相对位置不再发生改变。

为了实现几何推理的过程，引入两个拆卸条件的定义，一个是局部拆卸条件，另外一个是全局拆卸条件。

① 局部拆卸条件。在一个装配体中，如果其中一个零件在其他装配零件的约束下，在某方向具有平移自由度，那么说这个零件在该方向上满足局部拆卸条件。

② 全局拆卸条件。如果一个零件在满足局部拆卸条件的方向上平移到拆卸预定位置过程总不与其他零件发生碰撞，那么就说这个零件满足全局拆卸条件。

如果零件同时满足这两个拆卸条件，那么此零件就被纳入拆卸候选集之中。然后在拆卸候选集中选择需要拆卸的零件，零件拆卸后，从链表中去除该零件，进行下一轮拆卸条件判断，一直到零件集变为空集为止。基于几何推理的装配序列规划如图 4.6 所示。

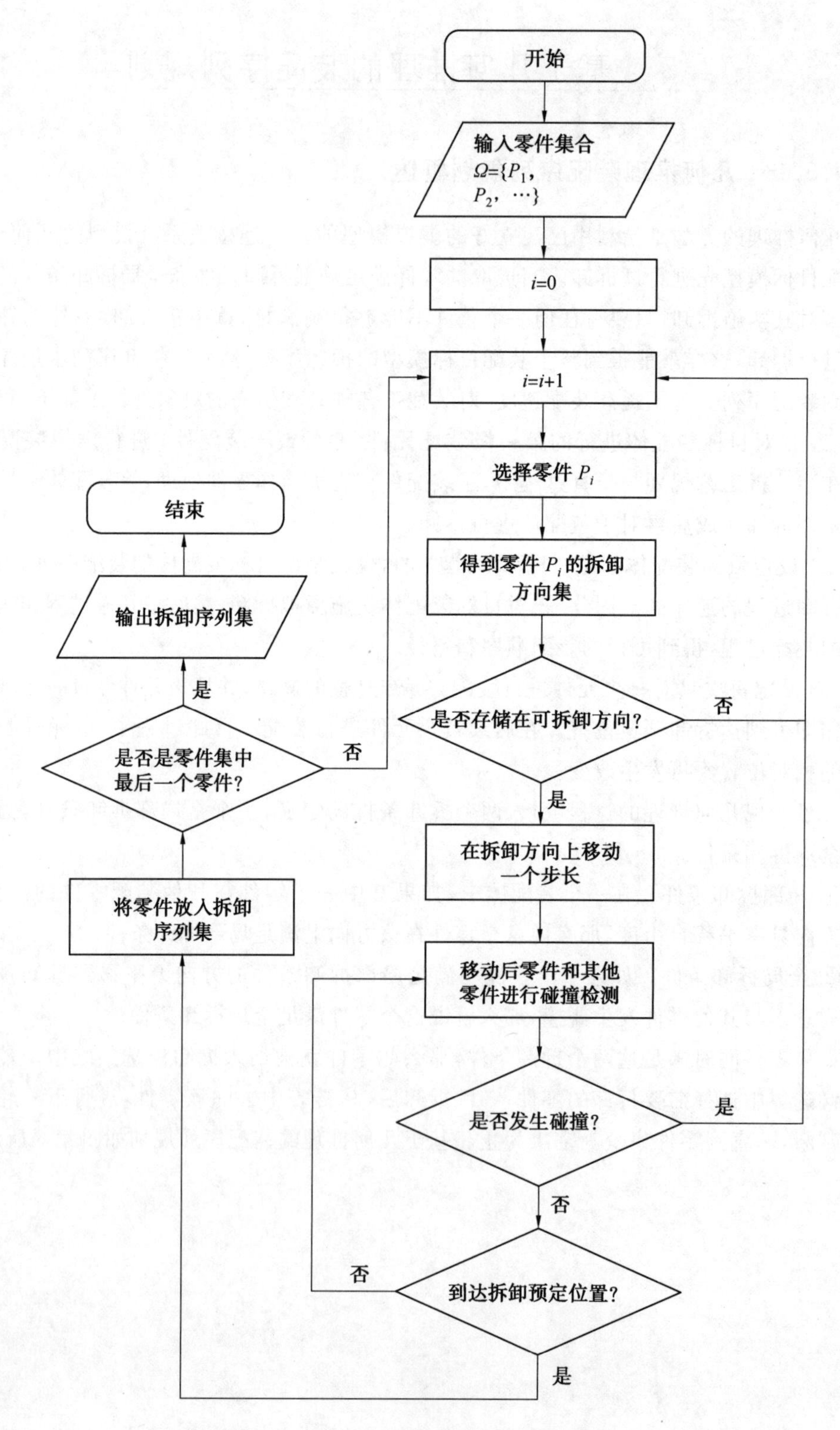

图 4.6　基于几何推理的装配序列规划

4.3.2 拆卸方向集的确定

在虚拟装配系统中，通过对装配信息的提取，可以将零件之间的装配关系形式化为

$PR=\{PT,PE\}$

PR：零件之间的装配关系。

PT：两个相互配合零件的特征，如平面、圆柱面、点、轴等。

PE：两个相互配合零件的配合类型，如匹配、对齐、插入等。

在 Creo 环境下的装配体中，已经存放了零件的装配信息，在 Creo 环境下的装配关系主要有对齐、匹配、插入等。通常情况下可以根据每个零件在 Creo 环境下的装配关系中得出这个零件的拆卸方向。每当添加一个装配关系，就使零件失去部分自由度，在装配模型中，每个零件通常是被添加多个装配关系来确定其与其他零件的配合位置，零件被添加完所有的装配关系之后剩下的自由度就有可能成为它的可拆卸方向。所以，要得到零件的拆卸方向集，就需要考虑这个零件的所有装配关系。零件所有装配关系交集所允许的自由度即为零件的拆卸方向。

1.约束关系矩阵的表示

为了能够描述装配关系，引入了约束关系矩阵来表示零件在虚拟环境中所受约束情况。一个刚体在三维空间中有六个自由度：三个平移自由度，三个转动自由度。由于每个自由度上有两个方向，为了方便表示，可以采用一个 3×4 的矩阵表示

$$\begin{pmatrix} x & -x & \omega x & -\omega x \\ y & -y & \omega y & -\omega y \\ z & -z & \omega z & -\omega z \end{pmatrix} \tag{4.11}$$

式中 $\pm x$、$\pm y$、$\pm z$——沿坐标轴的线性约束关系；

$\pm\omega x$、$\pm\omega y$、$\pm\omega z$——绕坐标轴的转动约束关系。

可以用 0 和 1 来表示其自由度的约束情况，如果是 1，那么这个自由度就被限制；是 0 的时候可以在这个方向移动或者转动。在如图 4.7 所示的轴套的配合装配约束矩阵示意图中，假如轴是装配基体的，将套装配到轴上时，在 Creo 环境中，装配套时需要用到两个装配关系，需要执行两个装配关系指令，首先是轴对齐指令，第二个是面匹配指令，根据套的装配关系和零件的本地坐标系可以分析出轴对齐指令下的装配约束矩阵为

$$\boldsymbol{M}_1=\begin{pmatrix} 0 & 0 & 0 & 0 \\ 1 & 1 & 1 & 1 \\ 1 & 1 & 1 & 1 \end{pmatrix} \tag{4.12}$$

同样，可以得出面匹配指令下的装配约束矩阵为

$$\boldsymbol{M}_2=\begin{pmatrix} 0 & 1 & 0 & 0 \\ 0 & 0 & 1 & 1 \\ 0 & 0 & 1 & 1 \end{pmatrix} \tag{4.13}$$

由于零件最终的自由度是由所有装配关系共同作用的结果，因此，在这两个装配关系下，对矩阵 $\boldsymbol{M}_1$ 和 $\boldsymbol{M}_2$ 求并集套的最终装配约束矩阵为

$$\boldsymbol{M}=\boldsymbol{M}_1 \cup \boldsymbol{M}_2=\begin{bmatrix}0 & 1 & 0 & 0\\1 & 1 & 1 & 1\\1 & 1 & 1 & 1\end{bmatrix} \tag{4.14}$$

由此可以看出套在 $+x$ 以及 $\pm\omega x$ 方向是有自由度的，零件只有在平移的情况下才能完成拆卸。因此，套的拆卸方向可以确定为沿本地坐标系中的 $+x$ 方向。

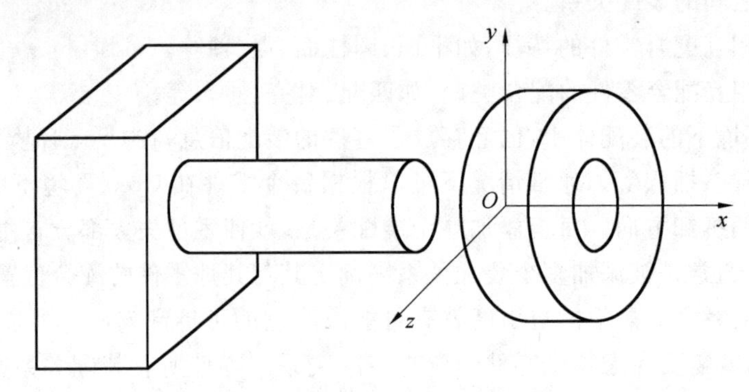

图 4.7 轴套配合装配约束矩阵示意图

在建立的虚拟装配规划系统中，可以通过 Creo 二次开发利用装配体约束类型结构体来判断零件的装配关系，然后通过判断装配关系中的 PR 与 PE 的类型对装配约束矩阵中的元素进行填充。例如，在上例的平面匹配装配关系中，首先会判断零件的配合类型，如果是匹配类型，再判断配合特征；如果是平面，那么配合面的法矢方向就是可拆卸方向。

2. 坐标系转换

在虚拟装配系统中，零件通过约束矩阵求得的拆卸方向是沿着零件自身的本地坐标系(WTFRAME_LOCAL) 中的某个方向的，但是当拆卸零件时需要在世界坐标系(WTFRAME_WORLD) 下进行拆卸。因此，还需要将本地坐标系中的拆卸方向变换到世界坐标系中。在虚拟现实环境 WTK 中，两者都是右手系，可以设世界坐标系为：$\sigma'=[O';\boldsymbol{e}'_1,\boldsymbol{e}'_2,\boldsymbol{e}'_3]$，零件的本地坐标系为：$\sigma=[O;\boldsymbol{e}_1,\boldsymbol{e}_2,\boldsymbol{e}_3]$，如图 4.8 所示。设本地坐标系中的任意一个矢量 $\overrightarrow{OP}$，点 P 在本地坐标系中的坐标为 (x,y,z)，矢量 $\overrightarrow{OP}$ 可以表示为

$$\overrightarrow{OP}=x\,\boldsymbol{e}_1+y\,\boldsymbol{e}_2+z\,\boldsymbol{e}_3 \tag{4.15}$$

点 P 在世界坐标系下的坐标为 (x',y',z')，矢量 $\overrightarrow{O'P}$ 可以表示为

$$\overrightarrow{O'P}=x'\,\boldsymbol{e}'_1+y'\,\boldsymbol{e}'_2+z'\,\boldsymbol{e}'_3 \tag{4.16}$$

由于计算的目的只是某个矢量由本地坐标系转换到世界坐标系中，所以不用考虑本地坐标系的原点位置，只考虑矢量的方向问题，可以将本地坐标系通过平移使其原点和世界坐标系的原点重合。根据底矢变换公式

$$\begin{cases}\boldsymbol{e}'_1=a_{11}\,\boldsymbol{e}_1+a_{12}\,\boldsymbol{e}_2+a_{13}\,\boldsymbol{e}_3\\\boldsymbol{e}'_2=a_{21}\,\boldsymbol{e}_1+a_{22}\,\boldsymbol{e}_2+a_{23}\,\boldsymbol{e}_3\\\boldsymbol{e}'_3=a_{31}\,\boldsymbol{e}_1+a_{32}\,\boldsymbol{e}_2+a_{33}\,\boldsymbol{e}_3\end{cases} \tag{4.17}$$

式中 a_{ij}—— 底矢 $\boldsymbol{e}'_i$ 在 $\boldsymbol{e}_j$ 上的投影分量，所以

$$a_{ij}=\boldsymbol{e}'_i\cdot\boldsymbol{e}_j=\cos\langle\boldsymbol{e}'_i,\boldsymbol{e}_j\rangle$$

将式(4.17) 代入式(4.16) 可以得出在世界坐标系下矢量

$$\overrightarrow{O'P}=(a_{11}x'+a_{12}y'+a_{13}z')\boldsymbol{e}_1+(a_{21}x'+a_{22}y'+a_{23}z')\boldsymbol{e}_2+(a_{31}x'+a_{32}y'+a_{33}z')\boldsymbol{e}_3 \tag{4.18}$$

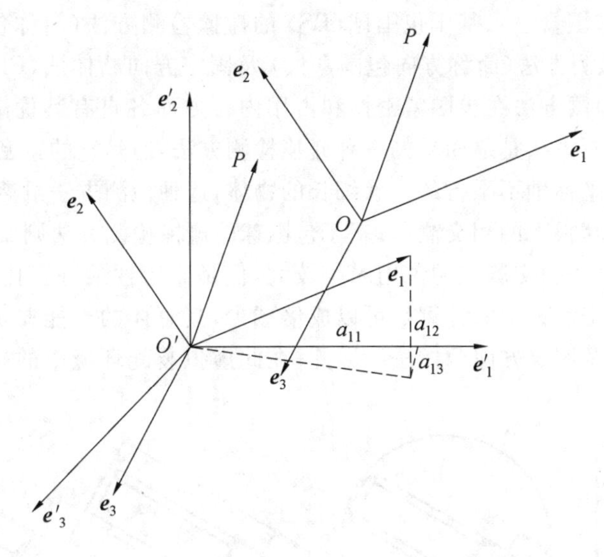

图 4.8　本地坐标系与世界坐标系之间的转换

通过式(4.15)和式(4.17)的比较可以得出

$$\begin{cases} x=a_{11}x'+a_{12}y'+a_{13}z' \\ y=a_{21}x'+a_{22}y'+a_{23}z' \\ z=a_{31}x'+a_{32}y'+a_{33}z' \end{cases} \tag{4.19}$$

写成矩阵形式后为

$$\begin{Bmatrix} x \\ y \\ z \end{Bmatrix}=\begin{bmatrix} a_{11} & a_{12} & a_{13} \\ a_{21} & a_{22} & a_{23} \\ a_{31} & a_{32} & a_{33} \end{bmatrix}\begin{Bmatrix} x' \\ y' \\ z' \end{Bmatrix}=\boldsymbol{M}_1\begin{Bmatrix} x' \\ y' \\ z' \end{Bmatrix} \tag{4.20}$$

矩阵 $\boldsymbol{M}_1$ 是由世界坐标系向本地坐标系转换的转换矩阵，同理可以得出由本地坐标系向世界坐标系的转换公式为

$$\begin{Bmatrix} x' \\ y' \\ z' \end{Bmatrix}=\begin{bmatrix} a_{11} & a_{12} & a_{13} \\ a_{21} & a_{22} & a_{23} \\ a_{31} & a_{32} & a_{33} \end{bmatrix}\begin{Bmatrix} x \\ y \\ z \end{Bmatrix}=\boldsymbol{M}_2\begin{Bmatrix} x \\ y \\ z \end{Bmatrix} \tag{4.21}$$

式中　a_{ij}—— 底矢 $\boldsymbol{e}_j$ 在 $\boldsymbol{e}'_i$ 上的投影分量，所以 $a_{ij}=\boldsymbol{e}_j\cdot\boldsymbol{e}'_i=\cos\langle\boldsymbol{e}_j,\boldsymbol{e}'_i\rangle$。

4.3.3　碰撞检测

在虚拟装配规划系统中，如果直接对两个物体对象的几何体进行碰撞检测，将会使计算量非常大，特别是在虚拟装配系统中，由于几何体是由大量三角面片组成，对每个面片进行碰撞检测将会导致代价非常高昂。因此，在几何相交测试之前，通常会首先对物体的包围盒进行测试。如果包围盒没有发生碰撞，那么几何体之间一定不会发生碰撞；如果包围盒发生碰撞，再进一步对几何体进行面片级的碰撞测试。

1. 方向包围盒碰撞检测

目前在虚拟环境中进行碰撞检测的算法有沿坐标轴的包围盒(AABB)碰撞检测方法(简称沿坐标轴的包围盒法)、基于包围球(BS)的碰撞检测方法(简称包围球法)、方向包围盒(OBB)碰撞检测方法(简称方向包围盒法)及固定方向凸体法(FDH)等。如图4.9所示,这四种碰撞检测方法在包围紧密性和占用内存方面各自有其优缺点,其中,沿坐标轴的包围盒碰撞检测方法是最简单的一种碰撞检测方法,但是它的紧密性很差,尤其是对于那些放置位置与坐标轴不平行的形状细长的物体,这种检测方法虽然占用内存最少,但是将会造成冗余计算很大的相交测试;基于包围球的碰撞检测方法则紧密性较差,构造方法复杂;方向包围盒法相交测试的占用内存较大,但是紧密性最好。比较以上三种算法,方向包围盒法的相交测试中的计算量可以成倍减少,其总体的性能要优于沿坐标轴的包围盒法和包围球法及固定方向凸体法。因此,在此虚拟装配环境中的碰撞检测用方向包围盒碰撞检测方法。

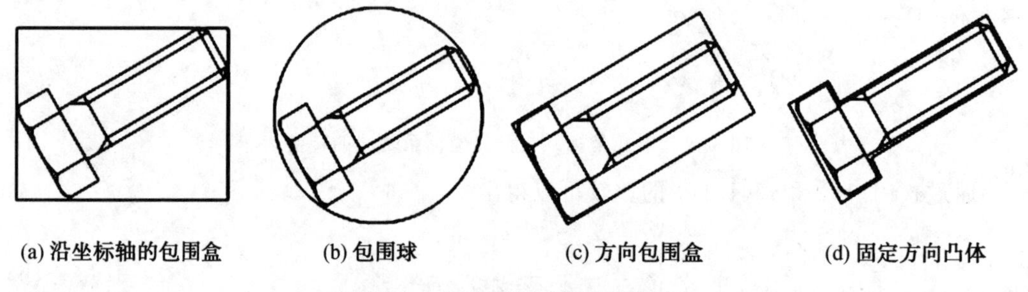

图 4.9 四种不同碰撞检测方法

(1) 方向包围盒的定义。

方向包围盒是一个具有方向性的长方体。可以用一个中心点位置坐标 c,一组右手坐标系轴的方向向量$\boldsymbol{u}_0$、$\boldsymbol{u}_1$、$\boldsymbol{u}_2$ 及长方体的长宽高的一半 e_0、e_1、e_2 来表示。由此可以得出一个方向包围盒所覆盖的区域为

$$R=\{x\,|\,x=C+r\cdot\boldsymbol{u}_0+s\cdot\boldsymbol{u}_1+t\cdot\boldsymbol{u}_2,|r|\leqslant e_0,|s|\leqslant e_1,|t\leqslant e_2|\}$$

其中,若包围盒的八个顶点 V,那么有

$$\overrightarrow{CV}=C+\sum_{i=0}^{2}\sigma_i e_i\boldsymbol{u}_i\quad(|\sigma_i|=1)$$

在虚拟装配环境中,利用 WTK 中的三维向量结构体 WTp3 可以定义方向包围盒的数据结构。

```
struct OBB{
        WTp3 C;// 方向包围盒的中心坐标
        WTp3 u[3];// 局部 x、y、z 轴坐标向量
        WTp3 e;// 方向包围盒沿局部坐标轴的长度的一半
        };
```

根据此数据结构可以清楚地看出,用中心点、一个旋转矩阵以及三个 1/2 边长就可以表达出一个方向包围盒的位置、方向及大小。

(2) 方向包围盒的分离状态测试。

在对方向包围盒的分离状态进行测试时，运用了分离轴测试原理(图4.10)。该原理指出，给定两凸面体A和B，如果两个凸面体不存在交集，那么一定存在一个平面使两凸面体分离，该原理的等效说法是存在一条垂直于该平面的轴，使两个凸面体半径在该轴上的投影之和小于两凸面体中心之间的投影距离。若存在这样一条轴，那么两个凸面体就处于分离状态，否则，两个凸面体相交。

对于两个方向包围盒来说，分离轴可能存在的情况有两种，一种是与方向包围盒的一个面正交，另一种情况是该分离轴同时垂直于两个方向包围盒的某一条边，前者每个包围盒需要测试3条轴，后者共需要测试9条轴。因此，对于方向包围盒最多需要测试15条轴就一定能确定方向包围盒的相交状态。

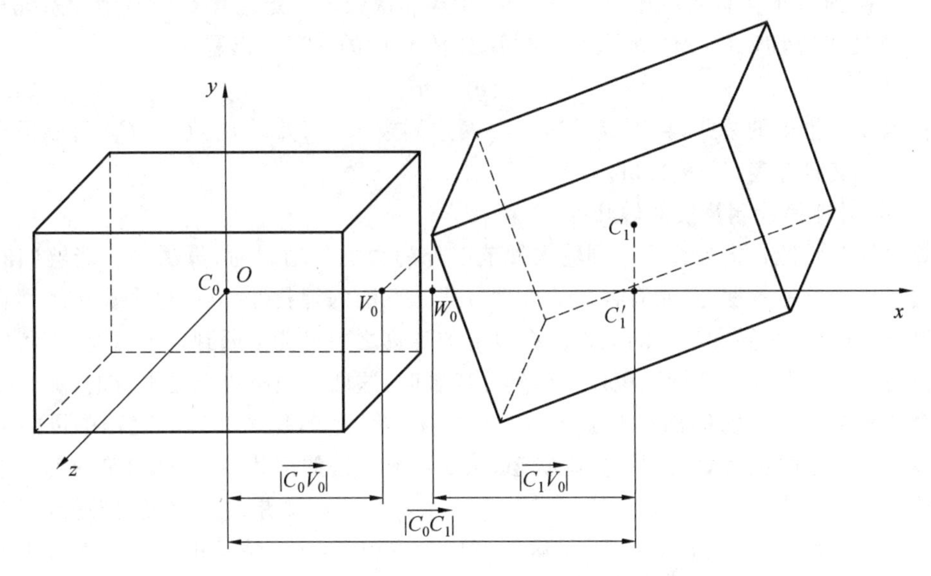

图4.10 两方向包围盒基于分离轴原理的碰撞检测

根据图4.10所示可以得出基于分离轴原理的碰撞测试的过程。设两个包围盒，一个包围盒A的参数为：中心点位置C_0，坐标系方向向量为$\boldsymbol{u}_0^{\mathrm{A}}$、$\boldsymbol{u}_1^{\mathrm{A}}$、$\boldsymbol{u}_2^{\mathrm{A}}$，长宽高的半长为$e_0^{\mathrm{A}}$、$e_1^{\mathrm{A}}$、$e_2^{\mathrm{A}}$。另一个包围盒B的参数为：中心点位置$C_1$，坐标系方向向量为$\boldsymbol{u}_0^{\mathrm{B}}$、$\boldsymbol{u}_1^{\mathrm{B}}$、$\boldsymbol{u}_2^{\mathrm{B}}$，长宽高半长分别为$e_0^{\mathrm{B}}$、$e_1^{\mathrm{B}}$、$e_2^{\mathrm{B}}$。设分离轴$\boldsymbol{L}$为$\boldsymbol{u}_i^{\mathrm{A}}$或$\boldsymbol{u}_j^{\mathrm{B}}$或$\boldsymbol{u}_i^{\mathrm{A}}\times\boldsymbol{u}_j^{\mathrm{B}}$中的一条，其中$i=1,2,3$；$j=1,2,3$。

空间任意一点P在经过点C_0的分离轴$\boldsymbol{L}$上的投影点P_0，那么

$$\overrightarrow{C_0P_0}=\frac{\boldsymbol{L}\cdot(P-C_0)}{|\boldsymbol{L}|^2}\boldsymbol{L} \tag{4.22}$$

点P的投影P_0到包围盒中心点C_0的距离为

$$|\overrightarrow{C_0P_0}|=\frac{|\boldsymbol{L}\cdot(P-C_0)|}{|\boldsymbol{L}|^2} \tag{4.23}$$

那么第一个包围盒的顶点V在$\boldsymbol{L}$上的投影点V_0与中心点C_0的距离为

$$|\overrightarrow{C_0V_0}|=\sum_{i=0}^{2}\sigma_i e_i^{\mathrm{A}}\frac{\boldsymbol{L}\cdot\boldsymbol{u}_i^{\mathrm{A}}}{|L|^2} \tag{4.24}$$

式中 σ_i——用符号函数$\mathrm{sign}(\boldsymbol{L}\cdot\boldsymbol{u}_i^{\mathrm{A}})$来表示。

第二个包围盒的顶点W在$\boldsymbol{L}$上的投影点W_0与中心点C_0的距离为

$$|\overrightarrow{C_0W_0}|=\frac{\boldsymbol{L}\cdot(C_1-C_0)}{|\boldsymbol{L}|^2}+\sum_{i=0}^{2}\sigma_i e_i^{\mathrm{B}}\frac{\boldsymbol{L}\cdot\boldsymbol{u}_i^{\mathrm{B}}}{|\boldsymbol{L}|^2} \tag{4.25}$$

两包围盒中心点 C_0 和 C_1 在 $\boldsymbol{L}$ 上的投影距离为

$$|\overrightarrow{C_0C_1}|=\frac{|\boldsymbol{L}\cdot(C_1-C_0)|}{|\boldsymbol{L}|^2} \tag{4.26}$$

根据分离轴原理，如果两个方向包围盒是分离的，那么必然存在一条分离轴，使两个包围盒半径在该轴上的投影之和小于两凸面体中心之间的投影距离，即

$$|\overrightarrow{C_0V_0}|+|\overrightarrow{C_1W_0}|<|\overrightarrow{C_0C_1}| \tag{4.27}$$

由于包围盒 A 和包围盒 B 分别有两个坐标系统，如果分别计算，则需计算量大，可以先将 B 转换到 A 的坐标系统中，这样可以减少操作次数。设定矩阵 $\boldsymbol{C}$ 为 B 坐标系统转换到 A 的旋转矩阵，即 $\boldsymbol{B}=\boldsymbol{AC}$，那么 $\boldsymbol{C}=\boldsymbol{A}^{\mathrm{T}}\boldsymbol{B}$，矩阵 $\boldsymbol{C}$ 中的元素可以写成

$$c_{ij}=\boldsymbol{u}_i^{\mathrm{A}}\cdot\boldsymbol{u}_j^{\mathrm{B}} \tag{4.28}$$

根据以上推得的公式，在不等式(4.27)两边同乘 $|\boldsymbol{L}|^2$，并设 $\boldsymbol{D}=C_1-C_0$，可以得出方向包围盒相交状态表，见表 4.11。

(3) 提升碰撞检测算法的健壮性。

算法的健壮性是指当算法遇到输入规范以外的数据的情况时，算法是否能够判断出这个与规范不符的数据，并能有合理的处理方式。算法的健壮性越好，这个算法越不容易出现错误，可以应对异常数据的输入。在以上的计算之中可能会遇到以下情况：当利用两个零件的包围盒上的边进行叉积计算得到分离轴时，这两条边有可能是平行的，那么会导致这个叉积结果为向量 $\mathbf{0}$，而在 $\mathbf{0}$ 上任何向量的投影都为 0，那么在判断过程中可能会将相干涉的两个方向包围盒误判为分离状态，从而影响算法的健壮性，一种简单的解决方法是将转换矩阵 $\boldsymbol{C}$ 中的元素的绝对值 $|c_{ij}|$ 加上一个较小的 ε，如果两个边接近平行，那么矩阵 $\boldsymbol{C}$ 中相应的元素 c_{ij} 就为 0，而加上 ε 后，ε 就成为主控项，从而使叉积不为 0，而对于那些边不平行的相应元素，则由于 ε 较小，不会影响到判断情况，可以忽略掉。

表 4.11 方向包围盒相交状态表

$\boldsymbol{L}$	$\lvert\overrightarrow{C_0V_0}\rvert$	$\lvert\overrightarrow{C_0W_0}\rvert$	$\lvert\overrightarrow{C_0C_1}\rvert$
$\boldsymbol{u}_0^{\mathrm{A}}$	e_0^{A}	$e_0^{\mathrm{B}}\lvert c_{00}\rvert+e_1^{\mathrm{B}}\lvert c_{01}\rvert+e_2^{\mathrm{B}}\lvert c_{02}\rvert$	$\lvert\boldsymbol{u}_0^{\mathrm{A}}\cdot\boldsymbol{D}\rvert$
$\boldsymbol{u}_1^{\mathrm{A}}$	e_1^{A}	$e_0^{\mathrm{B}}\lvert c_{10}\rvert+e_1^{\mathrm{B}}\lvert c_{11}\rvert+e_2^{\mathrm{B}}\lvert c_{12}\rvert$	$\lvert\boldsymbol{u}_1^{\mathrm{A}}\cdot\boldsymbol{D}\rvert$
$\boldsymbol{u}_2^{\mathrm{A}}$	e_2^{A}	$e_0^{\mathrm{B}}\lvert c_{20}\rvert+e_1^{\mathrm{B}}\lvert c_{21}\rvert+e_2^{\mathrm{B}}\lvert c_{22}\rvert$	$\lvert\boldsymbol{u}_2^{\mathrm{A}}\cdot\boldsymbol{D}\rvert$
$\boldsymbol{u}_0^{\mathrm{B}}$	$e_0^{\mathrm{A}}\lvert c_{00}\rvert+e_1^{\mathrm{A}}\lvert c_{10}\rvert+e_2^{\mathrm{A}}\lvert c_{20}\rvert$	e_0^{B}	$\lvert c_{00}\boldsymbol{u}_0^{\mathrm{A}}\cdot\boldsymbol{D}+c_{10}\boldsymbol{u}_1^{\mathrm{A}}\cdot\boldsymbol{D}+c_{20}\boldsymbol{u}_2^{\mathrm{A}}\cdot\boldsymbol{D}\rvert$
$\boldsymbol{u}_1^{\mathrm{B}}$	$e_0^{\mathrm{A}}\lvert c_{01}\rvert+e_1^{\mathrm{A}}\lvert c_{11}\rvert+e_2^{\mathrm{A}}\lvert c_{21}\rvert$	e_1^{B}	$\lvert c_{01}\boldsymbol{u}_0^{\mathrm{A}}\cdot\boldsymbol{D}+c_{11}\boldsymbol{u}_1^{\mathrm{A}}\cdot\boldsymbol{D}+c_{21}\boldsymbol{u}_2^{\mathrm{A}}\cdot\boldsymbol{D}\rvert$
$\boldsymbol{u}_2^{\mathrm{B}}$	$e_0^{\mathrm{A}}\lvert c_{02}\rvert+e_1^{\mathrm{A}}\lvert c_{12}\rvert+e_2^{\mathrm{A}}\lvert c_{22}\rvert$	e_2^{B}	$\lvert c_{02}\boldsymbol{u}_0^{\mathrm{A}}\cdot\boldsymbol{D}+c_{12}\boldsymbol{u}_1^{\mathrm{A}}\cdot\boldsymbol{D}+c_{22}\boldsymbol{u}_2^{\mathrm{A}}\cdot\boldsymbol{D}\rvert$
$\boldsymbol{u}_0^{\mathrm{A}}\times\boldsymbol{u}_0^{\mathrm{B}}$	$e_1^{\mathrm{A}}\lvert c_{20}\rvert+e_2^{\mathrm{A}}\lvert c_{10}\rvert$	$e_1^{\mathrm{B}}\lvert c_{02}\rvert+e_2^{\mathrm{B}}\lvert c_{01}\rvert$	$\lvert c_{10}\boldsymbol{u}_2^{\mathrm{A}}\cdot\boldsymbol{D}-c_{20}\boldsymbol{u}_1^{\mathrm{A}}\cdot\boldsymbol{D}\rvert$
$\boldsymbol{u}_0^{\mathrm{A}}\times\boldsymbol{u}_1^{\mathrm{B}}$	$e_1^{\mathrm{A}}\lvert c_{21}\rvert+e_2^{\mathrm{A}}\lvert c_{11}\rvert$	$e_0^{\mathrm{B}}\lvert c_{02}\rvert+e_2^{\mathrm{B}}\lvert c_{00}\rvert$	$\lvert c_{11}\boldsymbol{u}_2^{\mathrm{A}}\cdot\boldsymbol{D}-c_{21}\boldsymbol{u}_1^{\mathrm{A}}\cdot\boldsymbol{D}\rvert$

续表 4.11

L	$\lvert\overrightarrow{C_0V_0}\rvert$	$\lvert\overrightarrow{C_0W_0}\rvert$	$\lvert\overrightarrow{C_0}\overrightarrow{C_1}\rvert$
$\boldsymbol{u}_0^A\times\boldsymbol{u}_2^B$	$e_1^A\lvert c_{22}\rvert+e_2^A\lvert c_{12}\rvert$	$e_0^B\lvert c_{01}\rvert+e_1^B\lvert c_{00}\rvert$	$\lvert c_{12}\,\boldsymbol{u}_2^A\cdot\boldsymbol{D}-c_{22}\,\boldsymbol{u}_1^A\cdot\boldsymbol{D}\rvert$
$\boldsymbol{u}_1^A\times\boldsymbol{u}_0^B$	$e_0^A\lvert c_{20}\rvert+e_2^A\lvert c_{00}\rvert$	$e_1^B\lvert c_{12}\rvert+e_2^B\lvert c_{11}\rvert$	$\lvert c_{20}\,\boldsymbol{u}_0^A\cdot\boldsymbol{D}-c_{00}\,\boldsymbol{u}_2^A\cdot\boldsymbol{D}\rvert$
$\boldsymbol{u}_1^A\times\boldsymbol{u}_1^B$	$e_0^A\lvert c_{21}\rvert+e_2^A\lvert c_{01}\rvert$	$e_0^B\lvert c_{12}\rvert+e_2^B\lvert c_{10}\rvert$	$\lvert c_{21}\,\boldsymbol{u}_0^A\cdot\boldsymbol{D}-c_{01}\,\boldsymbol{u}_2^A\cdot\boldsymbol{D}\rvert$
$\boldsymbol{u}_1^A\times\boldsymbol{u}_2^B$	$e_0^A\lvert c_{22}\rvert+e_2^A\lvert c_{02}\rvert$	$e_0^B\lvert c_{11}\rvert+e_1^B\lvert c_{10}\rvert$	$\lvert c_{22}\,\boldsymbol{u}_0^A\cdot\boldsymbol{D}-c_{02}\,\boldsymbol{u}_2^A\cdot\boldsymbol{D}\rvert$
$\boldsymbol{u}_2^A\times\boldsymbol{u}_0^B$	$e_0^A\lvert c_{10}\rvert+e_1^A\lvert c_{00}\rvert$	$e_1^B\lvert c_{22}\rvert+e_2^B\lvert c_{21}\rvert$	$\lvert c_{00}\,\boldsymbol{u}_1^A\cdot\boldsymbol{D}-c_{10}\,\boldsymbol{u}_0^A\cdot\boldsymbol{D}\rvert$
$\boldsymbol{u}_2^A\times\boldsymbol{u}_1^B$	$e_0^A\lvert c_{11}\rvert+e_1^A\lvert c_{01}\rvert$	$e_0^B\lvert c_{22}\rvert+e_2^B\lvert c_{20}\rvert$	$\lvert c_{01}\,\boldsymbol{u}_1^A\cdot\boldsymbol{D}-c_{11}\,\boldsymbol{u}_0^A\cdot\boldsymbol{D}\rvert$
$\boldsymbol{u}_2^A\times\boldsymbol{u}_2^B$	$e_0^A\lvert c_{12}\rvert+e_1^A\lvert c_{02}\rvert$	$e_0^B\lvert c_{21}\rvert+e_1^B\lvert c_{20}\rvert$	$\lvert c_{02}\,\boldsymbol{u}_1^A\cdot\boldsymbol{D}-c_{12}\,\boldsymbol{u}_0^A\cdot\boldsymbol{D}\rvert$

2. 面片级碰撞检测

零件间在进行完方向包围盒碰撞检测之后，会有两种情况出现：第一种是两个包围盒没有发生碰撞，那么被包围盒包围的两个零件也就不会发生碰撞；第二种情况是检测到两个包围盒发生了碰撞，但是因为包围盒的范围总是比零件真正的形状大，所以零件间不一定真正发生了碰撞，还需要对包围盒发生碰撞的零件进一步进行面片级的碰撞检测。

由于在虚拟环境中，图形的几何模型是由一个个三角面片聚合而成的，因此，需要对两个三角面片是否相交进行检测。一般来说，要描述一个三角面片，需要用到三角形的三个顶点坐标信息以及三角形的法矢，这些信息已经被存储到了 NFF 文件中。在虚拟装配系统中建立三角面片的结构体用来调用三角面片信息。

```
struct Triangle
{WTp3 a0;
WTp3 a1;
WTp3 a2;// 三角形三顶点坐标
WTp3 n;// 三角面片法矢向量
};
```

三角形的相交测试方法有很多，包括区间相交算法、穿越算法及分离轴测试算法。在这里用到了分离轴测试算法，同样是如果存在一条轴能够使两三角形的边在该轴上的投影不相交，那么就可以说两三角形不相交。首先定义两个三角形，三角形 A 的三个顶点为：A_0、A_1、A_2，那么三条边分别为$\boldsymbol{E}_0=A_1-A_0$、$\boldsymbol{E}_1=A_2-A_0$、$\boldsymbol{E}_2=\boldsymbol{E}_1-\boldsymbol{E}_0$，三角形的法矢 $\boldsymbol{N}=\boldsymbol{E}_0\times\boldsymbol{E}_1$。定义第二个三角形 B 的三个顶点为B_0、B_1、B_2，该三角形的三条边为$\boldsymbol{F}_0=B_1-B_0$、$\boldsymbol{F}_1=B_2-B_0$、$\boldsymbol{F}_2=\boldsymbol{F}_1-\boldsymbol{F}_0$，其法矢为 $\boldsymbol{M}=\boldsymbol{F}_0\times\boldsymbol{F}_1$。定义 $\boldsymbol{D}=B_0-A_0$。通过几何学可知两个三角形在空间中的位置关系有三种：平行但不共面、共面、不平行，如图4.11所示。

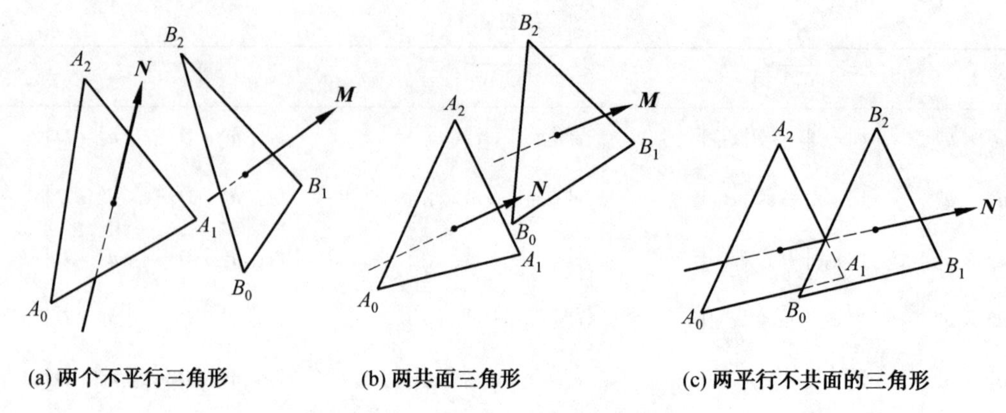

图 4.11 两个三角面片空间位置关系

当两个三角形平行但是不共面时，三角形的法矢可以作为两个三角形的分离轴，通过三角形在法矢上的投影可以判断两三角形是否相交。当两个三角形共面时，三角形的法矢不再是分离轴，三角形的法矢和三角形的一条边的叉积中会有一条成为分离轴。当两三角形不平行时，两三角形的分离轴将是三角形的法矢或者是两个三角形各自取一条边后的叉积。综上可以设置该分离轴通过点 A_0，那么分离轴即为 $A_0 + s\boldsymbol{L}$，当两三角形平行或共面时，$\boldsymbol{L}$ 为以下矢量中的一个：$\boldsymbol{N}$，$\boldsymbol{N} \times \boldsymbol{E}_i$ 或者 $\boldsymbol{N} \times \boldsymbol{F}_i$ $(i=0,1,2)$。当两三角形不平行时，则 $\boldsymbol{L}$ 为以下矢量中的一个：$\boldsymbol{N}$，$\boldsymbol{M}$ 或者 $\boldsymbol{E}_i \times \boldsymbol{F}_j$ $(i,j=0,1,2)$。

三角形 A 的三个顶点在分离轴上以点 A_0 为起点的投影为

$$p_0 = \boldsymbol{L} \cdot (A_0 - A_0) = 0 \tag{4.29}$$

$$p_1 = \boldsymbol{L} \cdot (A_1 - A_0) = \boldsymbol{L} \cdot \boldsymbol{E}_0 \tag{4.30}$$

$$p_2 = \boldsymbol{L} \cdot (A_2 - A_0) = \boldsymbol{L} \cdot \boldsymbol{E}_1 \tag{4.31}$$

三角形 B 的三个顶点在分离轴上以 A_0 为起点的投影为

$$q_0 = \boldsymbol{L} \cdot (B_0 - A_0) = \boldsymbol{L} \cdot \boldsymbol{D} \tag{4.32}$$

$$q_1 = \boldsymbol{L} \cdot (B_1 - A_0) = \boldsymbol{L} \cdot (\boldsymbol{D} + \boldsymbol{F}_0) = q_0 + \boldsymbol{L} \cdot \boldsymbol{F}_0 \tag{4.33}$$

$$q_2 = \boldsymbol{L} \cdot (B_2 - A_0) = \boldsymbol{L} \cdot (\boldsymbol{D} + \boldsymbol{F}_1) = q_0 + \boldsymbol{L} \cdot \boldsymbol{F}_1 \tag{4.34}$$

结合以上公式，可以得出两个不平行的三角形在各个分离轴下的情况，见表 4.12。

表 4.12 两不平行三角形的相交状态表

$\boldsymbol{L}$	p_0	p_1	p_2	q_0	q_1	q_2
$\boldsymbol{N}$	0	0	0	$\boldsymbol{N} \cdot \boldsymbol{D}$	$q_0 + \boldsymbol{N} \cdot \boldsymbol{F}_0$	$q_0 + \boldsymbol{N} \cdot \boldsymbol{F}_1$
$\boldsymbol{M}$	0	$\boldsymbol{M} \cdot \boldsymbol{E}_0$	$\boldsymbol{M} \cdot \boldsymbol{E}_1$	$\boldsymbol{M} \cdot \boldsymbol{D}$	q_0	q_0
$\boldsymbol{E}_0 \times \boldsymbol{F}_0$	0	0	$-\boldsymbol{N} \cdot \boldsymbol{F}_0$	$\boldsymbol{E}_0 \times \boldsymbol{F}_0 \cdot \boldsymbol{D}$	q_0	$q_0 + \boldsymbol{M} \cdot \boldsymbol{E}_0$
$\boldsymbol{E}_0 \times \boldsymbol{F}_1$	0	0	$-\boldsymbol{N} \cdot \boldsymbol{F}_1$	$\boldsymbol{E}_0 \times \boldsymbol{F}_1 \cdot \boldsymbol{D}$	$q_0 - \boldsymbol{M} \cdot \boldsymbol{E}_0$	q_0
$\boldsymbol{E}_0 \times \boldsymbol{F}_2$	0	0	$-\boldsymbol{N} \cdot \boldsymbol{F}_2$	$\boldsymbol{E}_0 \times \boldsymbol{F}_2 \cdot \boldsymbol{D}$	$q_0 - \boldsymbol{M} \cdot \boldsymbol{E}_0$	$q_0 - \boldsymbol{M} \cdot \boldsymbol{E}_0$

续表 4.12

L	p_0	p_1	p_2	q_0	q_1	q_2
$\boldsymbol{N}$	0	0	0	$\boldsymbol{N}\cdot\boldsymbol{D}$	$q_0+\boldsymbol{N}\cdot\boldsymbol{F}_0$	$q_0+\boldsymbol{N}\cdot\boldsymbol{F}_1$
$\boldsymbol{E}_1\times\boldsymbol{F}_0$	0	$\boldsymbol{N}\cdot\boldsymbol{F}_0$	0	$\boldsymbol{E}_1\times\boldsymbol{F}_0\cdot\boldsymbol{D}$	q_0	$q_0+\boldsymbol{M}\cdot\boldsymbol{E}_1$
$\boldsymbol{E}_1\times\boldsymbol{F}_1$	0	$\boldsymbol{N}\cdot\boldsymbol{F}_1$	0	$\boldsymbol{E}_1\times\boldsymbol{F}_1\cdot\boldsymbol{D}$	$q_0-\boldsymbol{M}\cdot\boldsymbol{E}_1$	q_0
$\boldsymbol{E}_1\times\boldsymbol{F}_2$	0	$\boldsymbol{N}\cdot\boldsymbol{F}_2$	0	$\boldsymbol{E}_1\times\boldsymbol{F}_2\cdot\boldsymbol{D}$	$q_0-\boldsymbol{M}\cdot\boldsymbol{E}_1$	$q_0-\boldsymbol{M}\cdot\boldsymbol{E}_1$
$\boldsymbol{E}_2\times\boldsymbol{F}_0$	0	$\boldsymbol{N}\cdot\boldsymbol{F}_0$	$\boldsymbol{N}\cdot\boldsymbol{F}_0$	$\boldsymbol{E}_2\times\boldsymbol{F}_0\cdot\boldsymbol{D}$	q_0	$q_0+\boldsymbol{M}\cdot\boldsymbol{E}_2$
$\boldsymbol{E}_2\times\boldsymbol{F}_1$	0	$\boldsymbol{N}\cdot\boldsymbol{F}_1$	$\boldsymbol{N}\cdot\boldsymbol{F}_1$	$\boldsymbol{E}_2\times\boldsymbol{F}_1\cdot\boldsymbol{D}$	$q_0-\boldsymbol{M}\cdot\boldsymbol{E}_2$	q_0
$\boldsymbol{E}_2\times\boldsymbol{F}_2$	0	$\boldsymbol{N}\cdot\boldsymbol{F}_2$	$\boldsymbol{N}\cdot\boldsymbol{F}_2$	$\boldsymbol{E}_2\times\boldsymbol{F}_2\cdot\boldsymbol{D}$	$q_0-\boldsymbol{M}\cdot\boldsymbol{E}_2$	$q_0-\boldsymbol{M}\cdot\boldsymbol{E}_2$

对于两个平行的三角形在各个分离轴下的情况，见表 4.13。

表 4.13　两平行三角形的相交状态表

L	p_0	p_1	p_2	q_0	q_1	q_2
$\boldsymbol{N}$	0	0	0	$\boldsymbol{N}\cdot\boldsymbol{D}$	q_0	q_0
$\boldsymbol{N}\times\boldsymbol{E}_0$	0	0	$\boldsymbol{N}\times\boldsymbol{E}_0\cdot\boldsymbol{E}_1$	$\boldsymbol{N}\times\boldsymbol{E}_0\cdot\boldsymbol{D}$	$q_0+\boldsymbol{N}\times\boldsymbol{E}_0\cdot\boldsymbol{F}_0$	$q_0+\boldsymbol{N}\times\boldsymbol{E}_0\cdot\boldsymbol{F}_1$
$\boldsymbol{N}\times\boldsymbol{E}_1$	0	$\boldsymbol{N}\times\boldsymbol{E}_1\cdot\boldsymbol{E}_0$	0	$\boldsymbol{N}\times\boldsymbol{E}_1\cdot\boldsymbol{D}$	$q_0+\boldsymbol{N}\times\boldsymbol{E}_1\cdot\boldsymbol{F}_0$	$q_0+\boldsymbol{N}\times\boldsymbol{E}_1\cdot\boldsymbol{F}_1$
$\boldsymbol{N}\times\boldsymbol{E}_2$	0	$\boldsymbol{N}\times\boldsymbol{E}_2\cdot\boldsymbol{E}_0$	$\boldsymbol{N}\times\boldsymbol{E}_2\cdot\boldsymbol{E}_1$	$\boldsymbol{N}\times\boldsymbol{E}_2\cdot\boldsymbol{D}$	$q_0+\boldsymbol{N}\times\boldsymbol{E}_2\cdot\boldsymbol{F}_0$	$q_0+\boldsymbol{N}\times\boldsymbol{E}_2\cdot\boldsymbol{F}_1$
$\boldsymbol{N}\times\boldsymbol{F}_0$	0	$\boldsymbol{N}\times\boldsymbol{F}_0\cdot\boldsymbol{E}_0$	$\boldsymbol{N}\times\boldsymbol{F}_0\cdot\boldsymbol{E}_1$	$\boldsymbol{N}\times\boldsymbol{F}_0\cdot\boldsymbol{D}$	q_0	$q_0+\boldsymbol{N}\times\boldsymbol{F}_0\cdot\boldsymbol{F}_1$
$\boldsymbol{N}\times\boldsymbol{F}_1$	0	$\boldsymbol{N}\times\boldsymbol{F}_1\cdot\boldsymbol{E}_0$	$\boldsymbol{N}\times\boldsymbol{F}_1\cdot\boldsymbol{E}_1$	$\boldsymbol{N}\times\boldsymbol{F}_1\cdot\boldsymbol{D}$	$q_0+\boldsymbol{N}\times\boldsymbol{F}_1\cdot\boldsymbol{F}_0$	q_0
$\boldsymbol{N}\times\boldsymbol{F}_2$	0	$\boldsymbol{N}\times\boldsymbol{F}_2\cdot\boldsymbol{E}_0$	$\boldsymbol{N}\times\boldsymbol{F}_2\cdot\boldsymbol{E}_1$	$\boldsymbol{N}\times\boldsymbol{F}_2\cdot\boldsymbol{D}$	$q_0+\boldsymbol{N}\times\boldsymbol{F}_2\cdot\boldsymbol{F}_0$	$q_0+\boldsymbol{N}\times\boldsymbol{F}_2\cdot\boldsymbol{F}_1$

在利用分离轴原理判断分离状态时，需要将两个三角形顶点在分离轴上以 A_0 为起点的投影进行比较，当存在 $\max(p_i)<\min(q_j)$ 或者 $\min(p_i)>\max(q_j)$（其中 $i,j=0,1,2$）时，两个三角面片是分离的，否则就是相交的。

在程序中创建了 Collision 类，在 Collision. cpp 文件中定义函数 BoxCollisionDetection(OBB &node1,OBB &node2)作为方向包围盒碰撞检测函数以及 TriangleCollisionDetection(Triangle &T1,Triangle &T2)作为三角面片的碰撞检测函数。

第5章 基于虚拟现实的公差产品虚拟装配

5.1 虚拟环境下的装配运动导航与精确定位

本章采用基于装配约束的零部件精确定位方法。在虚拟装配过程中,软件系统通过捕捉用户的装配意图,自动识别零部件之间的装配约束关系,然后将识别到的装配约束施加给待装配零件,并通过该零件的受约束运动,及约束作用下的定位求解,最终实现零部件的精确定位。虚拟环境下的装配定位过程如图5.1所示。

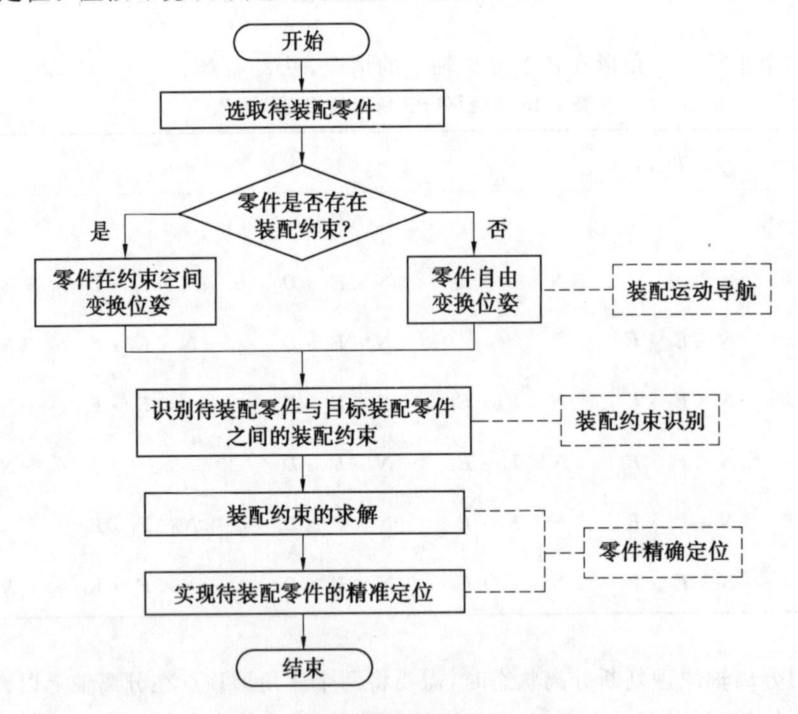

图5.1 虚拟环境下的装配定位过程

选择待装配零件,在虚拟环境中用三维鼠标操作该零件向装配目标位置移动,判断该零件与其他零件之间是否存在装配约束关系。如果存在装配约束,零件的自由度就会受到限制,只能在受约束空间内变换位姿;如果不存在装配约束,则零件进行自由位姿变换。在装配定位过程中,系统自动识别该零件与目标装配零件之间是否存在装配约束,如果存在装配约束,表明该零件可以进行装配操作。系统对装配约束进行求解并计算出该零件的位姿变换矩阵,通过调整零件的位姿,实现对零件的运动引导与精确定位。

基于装配约束的零件装配定位主要包括装配约束动态识别、基于装配约束的运动导航和基于装配约束的零件精确定位。

5.1.1 装配运动的数学基础

1.零件在虚拟现实环境下的位置和姿态描述

虚拟场景中的三个坐标系为:全局坐标系,零件坐标系和装配坐标系。全局坐标系由系统生成虚拟场景时自动生成,是一个固定坐标系。零件坐标系由零件结点添加到场景图时产生,零件中的几何要素的位置和姿态通过零件坐标系来表达。装配坐标系在装配仿真过程中由系统自动创建。

零件在虚拟场景下的位置和姿态是正确模拟产品装配过程的基础。虚拟场景下,采用4×4的矩阵来表示零件或组件的位置和姿态,即

$$\boldsymbol{P}=\begin{pmatrix} x_{r1} & x_{r2} & x_{r3} & 0 \\ y_{r1} & y_{r2} & y_{r3} & 0 \\ z_{r1} & z_{r2} & z_{r3} & 0 \\ x_p & y_p & z_p & 1 \end{pmatrix} \tag{5.1}$$

式中 $\boldsymbol{x}_r$、$\boldsymbol{y}_r$、$\boldsymbol{z}_r$——当前元件坐标系三个坐标轴相对于全局坐标系的方向矢量,描述了当前零件坐标系的姿态;

(x_p, y_p, z_p)——零件坐标系的零点位置。

如图5.2所示,零件从一个位置运动另一个位置,可以看作是零件相对于自身坐标系不发生变化而零件坐标系发生变换。零件坐标系 $\sigma_R=(O_R;x_R,y_R,z_R)$ 的零点在装配坐标系 $\sigma=(O;x,y,z)$ 的坐标为(x,y,z),经过坐标变换达到新的位置(x',y',z'),零件的姿态同时发生变化,新的坐标系描述为 $\sigma'_R=(O'_R;x'_R,y'_R,z'_R)$。上述过程实质上等价于原位姿矩阵 $\boldsymbol{P}$ 经过矩阵 $\boldsymbol{T}$ 变换达到新的位姿 $\boldsymbol{P}'$,即

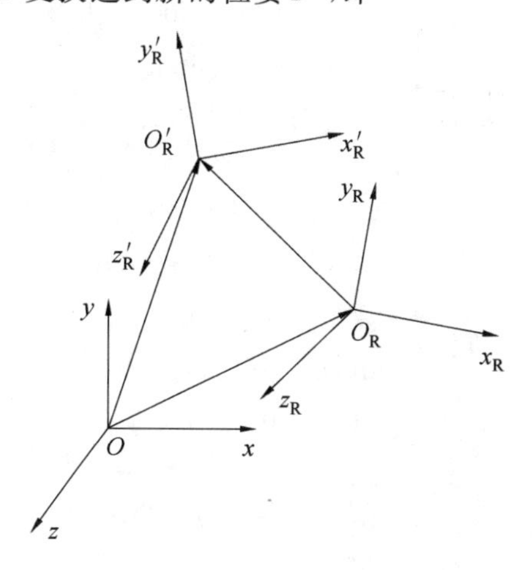

图5.2 元件坐标系的变换

$$\boldsymbol{P}'=\boldsymbol{P}\times\boldsymbol{T} \tag{5.2}$$

上式中 $\boldsymbol{T}$ 也是一个4×4的矩阵,如式(5.3)所示。式中(x_{px},y_{py},z_{pz})表示了平移变换,向量 $\boldsymbol{x}$、$\boldsymbol{y}$、$\boldsymbol{z}$ 表示了零件在全局坐标系下姿态的变化。

$$T=\begin{pmatrix} x_1 & x_2 & x_3 & 0 \\ y_1 & y_2 & y_3 & 0 \\ z_1 & z_2 & z_3 & 0 \\ x_{px} & y_{py} & z_{pz} & 1 \end{pmatrix} \tag{5.3}$$

2. 零件在虚拟现实环境下的运动

虚拟环境下，零件位姿的任何变化都可以简化成平移和转动或者二者运动的合成。在三维空间中，没有施加约束的物体有六个自由度：三个平移自由度和三个转动自由度。因此，物体在空间的运动可以定义为 $M=(x_t, y_t, z_t, x_r, y_r, z_r)$，$(x_t, y_t, z_t)$ 表示物体沿全局坐标系坐标轴的平移分量，(x_r, y_r, z_r) 表示绕坐标轴的转动分量。装配仿真过程中，系统从三维鼠标中读取平移和转动分量，然后根据式(5.2) 和式(5.3) 可以算出模型经运动变换后新的位姿。

对于式(5.3) 的计算，可以分为以下三种情况。

(1) 单平移。

$$T_t=\begin{pmatrix} 1 & 0 & 0 & 0 \\ 0 & 1 & 0 & 0 \\ 0 & 0 & 1 & 0 \\ x_t & y_t & z_t & 1 \end{pmatrix} \tag{5.4}$$

(2) 单转动。

在三维空间中，绕任意矢量或坐标轴的转动有三种表示方法：欧拉角、四元素法和旋转矩阵。而在虚拟环境下一般采用矩阵和四元素法表示，本章采用矩阵法来表示三维空间下的转动。

绕 x 轴的转动 x_r

$$T_x=\begin{pmatrix} 1 & 0 & 0 & 0 \\ 0 & \cos x_r & \sin x_r & 0 \\ 0 & -\sin x_r & \cos x_r & 0 \\ 0 & 0 & 0 & 1 \end{pmatrix} \tag{5.5}$$

绕 y 轴的转动 y_r

$$T_y=\begin{pmatrix} \cos y_r & 0 & \sin x_r & 0 \\ 0 & 1 & 0 & 0 \\ \sin y_r & 0 & \cos y_r & 0 \\ 0 & 0 & 0 & 1 \end{pmatrix} \tag{5.6}$$

绕 z 轴的转动 z_r

$$T_z=\begin{pmatrix} \cos z_r & \sin z_r & 0 & 0 \\ -\sin z_r & \cos z_r & 0 & 0 \\ 0 & 0 & 1 & 0 \\ 0 & 0 & 0 & 1 \end{pmatrix} \tag{5.7}$$

(3) 复合运动变换。

虚拟环境下，物体的任何运动都可以转化为平移和转动的合成。对于转动矩阵 $\boldsymbol{T}$ 的

计算与转动和平移的合成顺序有关。本章中，模型的运动变换特做如下规定：先转动后平移，即

$$\boldsymbol{T}=\boldsymbol{T}_x\times\boldsymbol{T}_y\times\boldsymbol{T}_z\times\boldsymbol{T}_t \tag{5.8}$$

对于受约束的零件，此时模型只能在装配坐标系的约束空间内运动。本章根据受约束类型，对三维鼠标的输入量进行修正来实现受约束零件的运动。

5.1.2 基于装配约束的零件装配运动导航

1. 装配约束识别

装配约束识别就是在虚拟装配过程中，软件系统通过捕捉用户的装配意图，自动识别零部件之间的装配约束关系，并对这些约束关系进行管理。约束识别的目的是识别两个零件之间的装配约束关系，然后将识别到的装配约束施加给待装配零部件，并建立对零件的运动自由度的限制，从而实现零部件在虚拟环境中的运动导航和精确定位。

在第3章中，通过模型信息转换接口将产品零部件间的装配约束信息进行提取后存入数据库的约束关系表中。这些装配约束关系是建立在几何面层上的，数据库中的约束关系表描述了装配约束与零件、几何面之间的对应关系，这种对应关系是进行装配约束识别的基础。

虚拟装配过程中，软件系统能够自动识别零部件之间的装配约束。装配约束识别的流程为：首先利用鼠标选取待装配零件，并将其加载到虚拟场景中；然后使该零件在虚拟场景中按照规划好的装配路径向目标装配零件靠近。系统对两零件进行约束识别，在数据库中进行检索，检测这两个零件的几何面之间是否存在装配约束关系。如果存在装配约束，则按照检测出来的装配约束关系将零件装配定位。

2. 装配运动导航

基于装配约束的装配运动导航的主要目的是对零部件的运动自由度进行分析，通过自由度归约求解零件在多个装配约束综合作用下的等价运动自由度，确定零件的可运动方向，然后对零件在虚拟环境中的运动进行修正，使零件在受约束空间内运动。

(1) 自由度的分类和表达。

虚拟装配过程中，零件的任何运动都能表示为旋转与平移的组合。运动自由度可分为旋转自由度和平移自由度，自由度的分类见表5.1。

表5.1 自由度的分类

平移自由度	旋转自由度
T_0 没有平移	R_0 没有旋转
T_1 沿给定方向平移	R_1 绕给定轴旋转
T_2 沿给定平面平移	R_2 绕给定方向的任意轴旋转
T_3 沿给定柱面平移	R_3 绕通过给定点的任意轴旋转
T_4 沿给定球面平移	R_4 自由旋转
T_5 自由平移	

自由度与装配约束之间存在对应关系，约束会对零部件的运动进行限制，不同的装配约束使得零部件具有不同的运动自由度。在虚拟装配过程中，零件起初是自由运动状态，随着装配约束的识别和添加，零件的运动自由度受到限制，只能在允许的自由度空间内运动。常见约束和自由度的等价关系见表 5.2。

表 5.2　常见约束和自由度的等价关系

约束类型	约束几何面	自由度
对齐	平面 —— 平面	(T_2, R_2)
对齐偏移	平面 —— 平面	(T_2, R_2)
贴合	平面 —— 平面	(T_2, R_2)
贴合偏移	平面 —— 平面	(T_2, R_2)
同轴	圆柱面 —— 圆柱面	(T_1, R_1)
角度	平面 —— 平面	(T_5, R_2)
坐标系	坐标系 —— 坐标系	(T_0, R_0)

(2) 自由度归约。

零件在虚拟装配过程中会受到多个装配约束的综合作用，每个装配约束都会对零件在某些方向的自由度进行限制。为了表示多个装配约束的组合，需要对自由度进行归约。自由度归约就是求解零部件在多个约束综合作用下运动自由度的交集，得到等价运动自由度。

由于旋转和平移自由度都是闭合集，所以旋转和平移自由度可各自独立归约。记某零件上施加的装配约束集为 $\varphi = \{\varphi_i, 0 \leqslant i \leqslant n\}$，$\varphi_i$ 对应的等价自由度为 (T_i, R_i)，则零件在约束集 φ 作用下对应的等价运动自由度为

$$(T^{\varphi}, R^{\varphi}) = (\sum_{i=0}^{n} T_i, \sum_{i=0}^{n} R_i) \tag{5.9}$$

式中　$\sum$ —— 归约运算，平移自由度和旋转自由度的归约情况见表 5.3。

表 5.3　平移自由度和旋转自由度的归约情况

平移自由度归约		旋转自由度归约	
$T_0 + T_x$	T_0	$R_0 + R_x$	R_0
$T_1 + T_1$	若方向相同，则结果为 T_1，否则为 T_0	$R_1 + R_1$	若两转轴重合，则结果为 R_1，否则为 R_0
$T_1 + T_2$	若 T_1 代表的直线和 T_2 代表的平面平行，则结果为 T_1，否则为 T_0	$R_1 + R_2$	若两转轴方向相同，则结果为 R_1，否则为 R_0
$T_1 + T_3$	若柱面轴线与直线平行，则结果为 T_1，否则为 T_0	$R_1 + R_3$	若旋转轴 R_1 通过 R_3 给定点，则结果为 R_1，否则为 R_0

续表 5.3

平移自由度归约		旋转自由度归约	
T_1+T_4	若直线与球面相交,则结果为 T_0,否则无解	R_2+R_2	若旋转轴方向相同,则结果为 R_2,否则为 R_0
T_2+T_2	若两平面平行,则结果为 T_2,否则为 T_0	R_2+R_3	R_1
T_5+T_x	T_x	R_3+R_3	若两点重合,则结果为 R_3,否则为 R_1
		R_4+R_x	R_x

(3) 约束导航。

约束导航就是在约束识别和运动自由度分析的基础上,在虚拟环境中利用待装配零件当前所受的约束对其进行运动引导。

对于虚拟装配过程,在完成约束识别后,对零部件的运动自由度进行分析,确定零部件在多个装配约束综合作用下的可自由运动方向;然后将用户输入的运动信息投影到该方向上,得到运动修正量,通过上述运动修正量计算出该自由运动方向的位姿变换矩阵,与该零部件的当前位姿矩阵相乘后即可得到运动施加后的新位姿,从而实现对零部件的运动引导。当零件的可自由运动方向为0时,零件被完全约束在装配位置,零件的装配完成。

拆卸是装配的逆过程。用户在虚拟环境中对零部件进行拆卸时,系统在每一个拆卸步骤都会对该零件与装配基准件之间的装配约束满足情况进行检测。如果装配约束的满足度小于给定值,系统会取消该装配约束对零件运动的限制。拆卸过程中,零件的可自由运动方向随着装配约束的解除而不断增加,直至约束为0时,零件恢复到自由运动状态,零件的拆卸完成。

3. 零件的精确定位

精确定位过程是指在虚拟环境下,系统克服三维鼠标,系统显示之间的精度限制,使零部件在装配操作中实现精确定位的过程。

(1) 约束求解。

虚拟环境下的装配是面向过程的。在虚拟环境下,利用二维鼠标选择待装配零部件,将其添加到虚拟场景中,利用三维鼠标操作待装配零部件在虚拟场景下运动并逐步向装配目标零件靠近,当两零件接近到一定程度时,软件系统根据用户的装配意图自动识别装配约束关系,依据零件所受到的约束调整零件的位姿,逐步把零件调整到最终的装配位置。

在待装配零件逐步向装配目标位置靠近的过程中,它与目标装配零件之间的位姿关系已经基本满足装配约束关系。约束求解只是对待装配零件的位姿进行微调,使之精确满足当前施加的约束条件。约束求解是根据当前零部件的约束识别和运动自由度分析的结果,在虚拟环境中按照零件位姿调整最小的原则,在零部件的运动可行解空间中求解出一个最小的位姿变换矩阵,使零部件在经过最小的平移或旋转后,从不符合约束的位姿状态调整到符合约束的位姿状态。

本章通过先旋转后平移的方法构造位姿变换矩阵，对零件的位置和姿态进行调整，最终实现零件的精确定位。虚拟环境下零件的运动包括平移和旋转，位姿变换矩阵的求解包括两个过程：① 构造旋转变换矩阵，使待装配零件在受约束空间内经过一定的旋转得到正确姿态；② 构造平移变换矩阵，使待装配零件在受约束空间内经过一定的平移到达正确位置。

根据零部件的约束状态，可以分为受约束状态下的约束求解和未受约束状态下的约束求解。前者是在零部件的运动自由度受到限制的情况下进行约束求解，只能在有限的自由度范围内平移、旋转待装配零件以满足新的约束关系；后者在进行约束求解的过程中，零部件处于自由运动状态，可以任意旋转、平移待装配零件。

(2) 精确定位过程。

现以平面对齐约束为例来说明虚拟环境下的零件装配定位求解过程。

在装配定位的过程中，先通过旋转对待装配零件的方向进行调整，使其与装配目标零件的方向对齐，然后再对待装配零件进行平移，实现零件的精确定位。如图 5.3 所示，两个具有约束关系的平面在世界坐标系中的中心点分别为(x,y,z)和(x',y',z')，两平面对应的法向矢量分别为 $\boldsymbol{k}=(k_x,k_y,k_z)$ 和 $\boldsymbol{k}'=(k_x',k_y',k_z')$。

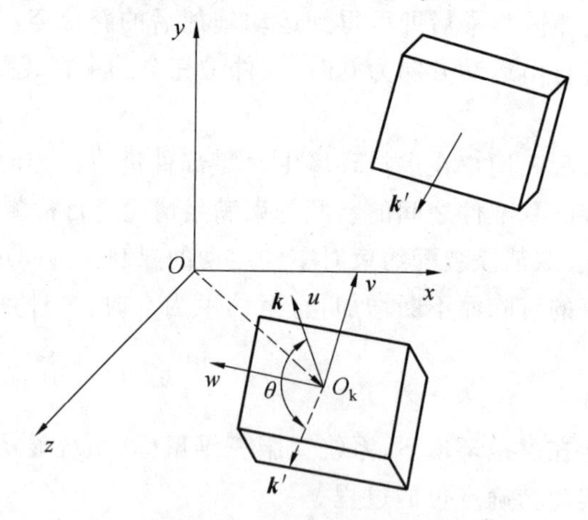

图 5.3　局部坐标系构造示意图

① 计算两平面之间的夹角。根据两平面的法向量来计算两平面之间的夹角 θ，其计算公式为

$$\theta=\arccos(\boldsymbol{k}',\boldsymbol{k}) \tag{5.10}$$

② 建立局部坐标系。因为待装配零件与目标装配零件的平面之间存在平面对齐约束，所以在计算出两平面之间的夹角后，对待装配零件进行旋转，使两平面的方向平行。为此，需要建立一个用于旋转的局部坐标系。

以装配目标零件配合平面的中心点(x,y,z)为局部坐标系原点，以其配合表面的法向量 $\boldsymbol{k}$ 为 u 轴，以向量积 $\boldsymbol{k}'\times\boldsymbol{k}$ 的方向为 w 轴，根据右手定则确定 v 轴。零件的装配定位过程是在世界坐标系下进行的，因此需要将建立的局部坐标系转换到世界坐标系下。如图 5.4 所示，设局部坐标系的坐标原点在世界坐标系中的坐标为(x,y,z)，先将局部坐标

系 $\sigma=(O_k;u,v,w)$ 平移到世界坐标系的原点位置，其坐标变为 $\sigma=(O_k;u',v',w')$，获得平移矩阵 $\boldsymbol{T}_t$。设局部坐标系的 u' 轴与世界坐标系 xOz 平面的夹角为 α，u' 轴在世界坐标系 xOz 平面的投影与 x 轴的夹角为 β。将 $\sigma=(O_k;u',v',w')$ 坐标系分别绕 w' 轴和 v' 轴旋转 α 和 β 角，其坐标变为 $\sigma=(O_k;u'',v'',w'')$，得到旋转矩阵 $\boldsymbol{T}_{R\alpha}$ 和 $\boldsymbol{T}_{R\beta}$。经过两次旋转变换后 u'' 轴与 x 轴重合，w'' 轴和 z 轴之间的夹角为 γ。最后绕 u'' 轴旋转 γ 角使局部坐标系和世界坐标系完全重合，得到旋转矩阵 $\boldsymbol{T}_{R\gamma}$。最终得到的变换矩阵 $\boldsymbol{T}$ 的计算公式为

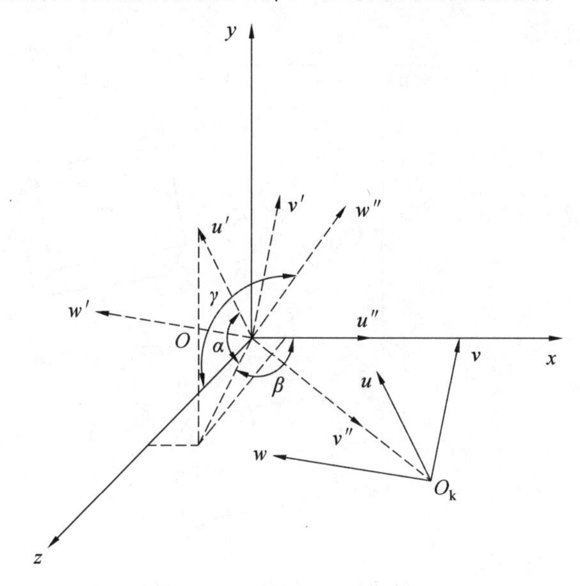

图 5.4　局部坐标系变换为世界坐标系示意图

$$
\begin{aligned}
\boldsymbol{T}&=\boldsymbol{T}_t\times\boldsymbol{T}_{R\alpha}\times\boldsymbol{T}_{R\beta}\times\boldsymbol{T}_{R\gamma}\\
&=\begin{pmatrix}1&0&0&0\\0&1&0&0\\0&0&1&0\\-x&-y&-z&1\end{pmatrix}\times\begin{pmatrix}\cos\alpha&\sin\alpha&0&0\\-\sin\alpha&\cos\alpha&0&0\\0&0&1&0\\0&0&0&1\end{pmatrix}\times\\
&\quad\begin{pmatrix}\cos\beta&0&-\sin\beta&0\\0&1&0&0\\\sin\beta&0&\cos\beta&0\\0&0&0&1\end{pmatrix}\times\begin{pmatrix}1&0&0&0\\0&\cos\gamma&\sin\gamma&0\\0&-\sin\gamma&\cos\gamma&0\\0&0&0&1\end{pmatrix}
\end{aligned}
\tag{5.11}
$$

式中，$\cos\alpha=\sqrt{u_x^2+u_z^2}$，$\cos\beta=u_x/\sqrt{u_x^2+u_z^2}$，$\cos\gamma=w''_z/\sqrt{w''^2_x+w''^2_y+w''^2_z}$。其中，

$$
(w''_x\quad w''_y\quad w''_z\quad 1)=(w_x\quad w_y\quad w_z\quad 1)\begin{pmatrix}\cos\alpha&\sin\alpha&0&0\\-\sin\alpha&\cos\alpha&0&0\\0&0&1&0\\0&0&0&1\end{pmatrix}\times\begin{pmatrix}\cos\beta&0&-\sin\beta&0\\0&1&0&0\\\sin\beta&0&\cos\beta&0\\0&0&0&1\end{pmatrix}
$$

③ 构造旋转变换矩阵。在局部坐标系中将待装配零件绕 w 轴旋转 θ 角，就能使待装配零件与目标装配零件的平面法向量方向一致，换算到世界坐标系下的旋转变换矩阵为

$$\boldsymbol{M}_{\mathrm{R}}=\begin{bmatrix}\cos\theta & \sin\theta & 0 & 0\\ -\sin\theta & \cos\theta & 0 & 0\\ 0 & 0 & 1 & 0\\ 0 & 0 & 0 & 1\end{bmatrix}\times\boldsymbol{T} \tag{5.12}$$

④ 计算两平面之间的距离。旋转变换后两零件的位置关系如图 5.5 所示，经过上述旋转变换，两平面的方向平行，下一步需要计算两平面之间距离 d，从而对待装配零件进行平移变换，其计算公式为

$$d=\sqrt{(x-x')^2+(y-y')^2+(z-z')^2} \tag{5.13}$$

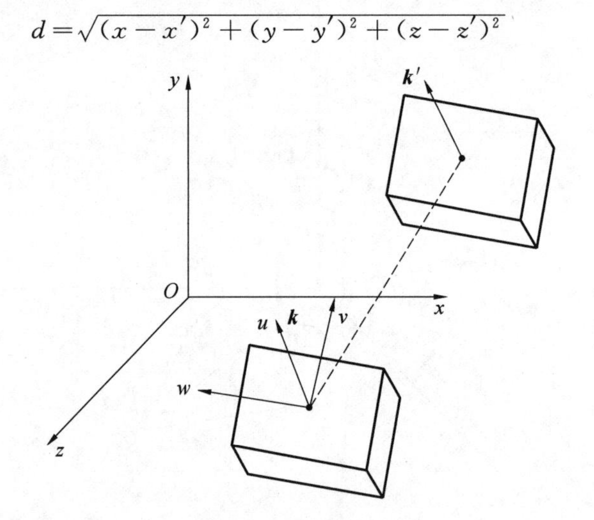

图 5.5 旋转变换后两零件的位置关系

⑤ 构造平移变换矩阵。将距离 d 在世界坐标系的三个坐标轴方向分解，得到 d 在三个坐标轴方向的分量 Δx、Δy、Δz，由此在可行解空间内构造换算到世界坐标系下的最小平移变换矩阵为

$$\boldsymbol{M}_{\mathrm{T}}=\begin{bmatrix}1 & 0 & 0 & 0\\ 0 & 1 & 0 & 0\\ 0 & 0 & 1 & 0\\ \Delta x & \Delta y & \Delta z & 1\end{bmatrix} \tag{5.14}$$

⑥ 零件的精确定位。将旋转和平移变换矩阵作用于待装配零件的位姿结点，实现该零件在满足当前装配约束条件下的精确定位，最终求解得到的位姿变换矩阵为

$$\boldsymbol{M}=\boldsymbol{M}_{\mathrm{T}}\times\boldsymbol{M}_{\mathrm{R}} \tag{5.15}$$

5.2 虚拟环境下轴孔过盈配合装配

5.2.1 过盈配合装配阻力的计算

轴孔装配按其配合尺寸可分为间隙配合、过渡配合及过盈配合。用于装配的孔、轴，其具体尺寸已经确定，形成间隙配合或者过盈配合。对于间隙配合，由于孔的实际尺寸大

于轴的实际尺寸,不应该有装配力;对于过盈配合,则应根据过盈量大小、材料、润滑情况等来计算装配力的大小,并将其反馈给用户。装配压入力的计算公式为

$$F=\mu\pi d_f l_f p \tag{5.16}$$

式中 F—— 装配压入力,N;

μ—— 配合面之间的摩擦系数;

d_f—— 配合直径,mm;

l_f—— 配合长度,mm;

p—— 配合面压强,N/mm^2,可按下式计算:

$$p=\frac{\delta}{d_f\left[\frac{1}{E_a}\left(\frac{d_a^2+d_f^2}{d_a^2-d_f^2}+\nu_a\right)+\frac{1}{E_i}\left(\frac{d_f^2+d_i^2}{d_f^2-d_i^2}-\nu_i\right)\right]} \tag{5.17}$$

式中 δ—— 过盈量,mm;

E_a、E_i—— 分别为包容件和被包容件材料的弹性模量,GPa;

d_a、d_i—— 分别为包容件外径和被包容件内径(实心轴取 $d_i=0$),mm;

ν_a、ν_i—— 分别为包容件和被包容件材料的泊松比。

由式(5.16)可知装配力随着配合长度的增加而增加,它是随着装配过程而不断动态变化的。为了表现这一变化过程,需要实时地由控制元件运动的传感器来获取配合长度,因为配合特征矩阵总是将沿任意轴的自由度转化成了沿 x 轴的自由度,因此,只需获取鼠标的 x 轴变化量就能计算出配合长度的大小。

在 MFC 编程中定义 AssenblyForceEdit 类定义摩擦系数、接触面压强、零件的弹性模量及接触面长度等变量。利用 ProsolidFeatVisit() 函数访问零件的尺寸信息、公差信息及零件的实际偏差,在系统开发阶段(尚无加工后的零件库),零件的实际偏差可根据零件加工误差的统计分布规律用随机数生成模拟的实际偏差,利用 GetAssemblyForceCoefficient() 函数计算装配力有效系数。

装配力的大小会随运动元件的位置变化而在区间$[0,F_{max}]$上变化。其中,F_{max} 是在元件的实际偏差确定之后(即过盈量固定),配合长度达到最大值时的装配力。最大配合长度可以通过函数 ProSurfacedataGet() 计算获得,首先计算表面参数方程的两个参数 u、v 的最大值和最小值,然后求出参数 v 的最大值与最小值的差值($v_{max}-v_{min}$),该差值即可作为该表面的长度,相互配合的两个圆柱面长度中的较小者即可作为最大配合长度,从而获得的装配力为最大装配力。轴或孔可以通过 $du\times dv$ 来确定,如果 $du\times dv>0$ 即为轴,否则为孔。利用 CFitDlg 类中的 AsmForceDisplay() 函数实现装配力的计算。

系统还可以对装配力参数进行编辑,如图 5.6 所示,对实际情况进行了较好的模拟。

由虚拟现实环境下的公差产品模型提取或编辑相应的参数,根据式(5.16)计算得到相应的装配力,然后可做进一步的判断,以便根据装配力的大小选择相应的装配工具。如果装配力较大,可选择压力机装配;如果装配力适中,可选择一般的手工工具如铜锤等即

可完成装配。

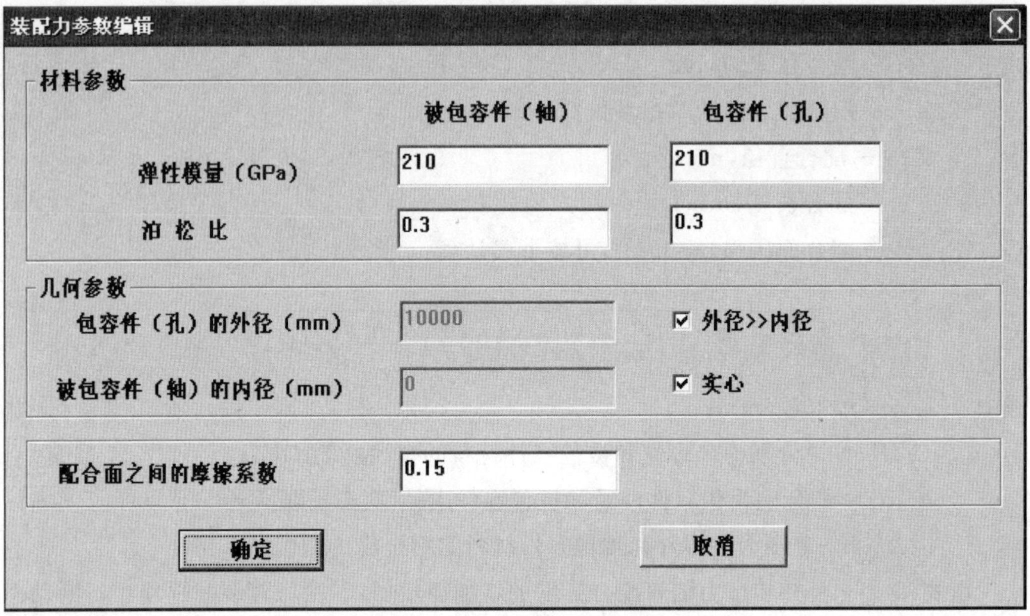

装配力参数编辑

材料参数

被包容件（轴） 包容件（孔）

弹性模量（GPa） 210 210

泊 松 比 0.3 0.3

几何参数

包容件（孔）的外径（mm） 10000 ☑ 外径>>内径

被包容件（轴）的内径（mm） 0 ☑ 实心

配合面之间的摩擦系数 0.15

确定 取消

图 5.6 装配力参数编辑界面

5.2.2 装配动画的制作

系统实现装配动画演示主要分为两步：利用 FLASH7.0 制作动画演示视频；在 MFC 编程中定义 CShockwaveFlash 类实现 FLASH 文件的调用播放。具体步骤如下。

步骤 1：创建动画视频文件。利用 FLASH7.0 制作相关的装配动画。

步骤 2：创建相关功能模块。在 MFC 编程中添加一个界面并插入 Active 控件，在弹出的界面选择 Shockwave Flash Object 插件并且创建 CShockwaveFlash 类。

步骤 3：访问公差尺寸信息，获得配合公差。通过 ADO 访问数据库技术提取零件的公差信息，根据配合特征的基本尺寸值利用 SelectTolerance() 函数在基本偏差等级表中查出零件的公差等级。

步骤 4：根据公差类型，推荐装配动画演示。相应的等级利用 Switch Case 语句查找到相应的装配方法，系统根据装配方法播放装配动画，如图 5.7 所示。

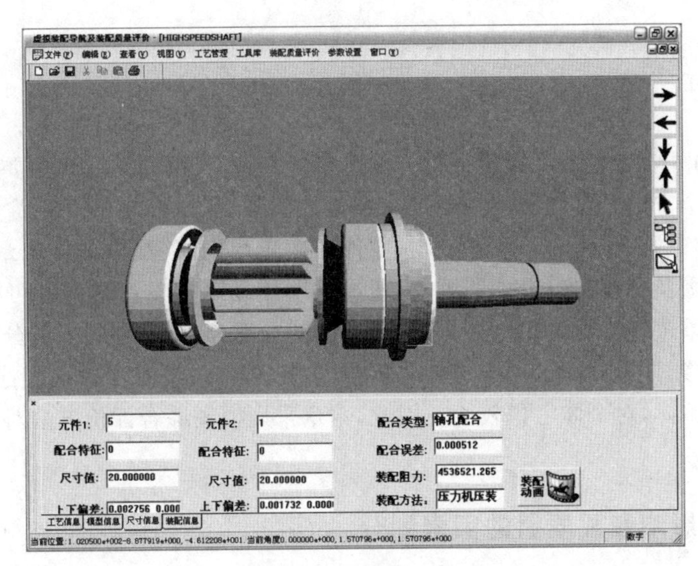

图 5.7　装配演示

5.2.3　虚拟环境下装配方法的确定

根据配合的类型不同采用不同的装配方法。过盈配合推荐装配方法见表 5.4。

表 5.4　过盈配合推荐装配方法

基本偏差	配合特点	推荐装配方法
$\frac{H7}{k6}$ $\frac{K7}{h6}$	稍有过盈的配合	木锤敲击
$\frac{H7}{n6}$ $\frac{N7}{h6}$	稍大过盈精确定位，推荐紧密件配合	大锤敲击
$\frac{H7}{p6}$ $\frac{P7}{h6}$	小过盈，高精度同轴定位	压力机压装
$\frac{H7}{s6}$ $\frac{S7}{h6}$	钢与铁质零件的永久性和半永久性装配，用以产生较大结合力	热装法
$\frac{H7}{u6}$ $\frac{U7}{h6}$	过盈较大，能够传递一定载荷	冷装法

在实际装配过程中，过盈配合是装配人员比较关注的问题，同时也是较为常见的装配工艺。过盈配合结构简单、承载能力强，但装配较为困难，一般属于不可拆卸的连接方式，同时对零件的配合尺寸要求较高。过盈配合件的装配方法包括压力机压入法、人工锤击法、热装法和冷装法。

调用系统零件的基本尺寸和上下偏差，计算获得装配零件的配合类型，根据配合类型，系统推荐相应的装配方法及 Flash 动画演示。

5.3 装配质量评价

目前,国内外学者对装配质量评价方法进行了深入研究,归纳起来主要包括定性研究和定量研究两个方向。定性研究主要是在经验的基础上,以一定的规则为评价标准。例如,零件的对称原则、零件的一致性原则、零件的数量原则、装配中的定位最少原则、子装配的稳定性原则及调整次数最少原则等,通过这些规则确定设计结构的可行性。定量研究是对装配结果进行指标量化分析,通常从产品的功能分析、零件的尺寸分析、装配方向、装配序列、装配条件等方面。由于定性分析较少考虑整体,没有考虑装配序列的影响,而定量分析注重整体,对个体考虑较少。因此,本章采用模糊综合评价方法对装配质量进行评价研究。

5.3.1 影响装配质量的因素划分

本章从人机工程方面考虑,将影响装配质量的因素划分为三大类:零件级因素、工作环境因素及装配环境因素。这三个因素构成了第一层因素集,此时将第一层因素作为评价指标,同时每个评价指标又包含自己的因素,共九小类因素,这样构成了第二层因素级。零件级因素包括零件的质量、零件的对称性及零件的尺寸,工作环境因素包括噪声、照明及温度,装配环境因素包括装配路径、装配空间及可视化。为此,本章构造了一个二级模型对装配质量进行综合评价。

1. 零件级指标评价因素

影响零件级的因素如下。

(1) 零件的对称性。零件的对称性包括α对称性和β对称性。α对称性指零件装配情况下,以横截轴为旋转轴,转动的极限角度;β对称性指零件装配情况下,以插入轴为旋转轴,旋转的极限角度。零件的对称度较小,零件在装配时需要旋转的角度较小,零件装配简单,这样节省了时间且提高了装配效率。典型零件装配对称度如图5.8所示。

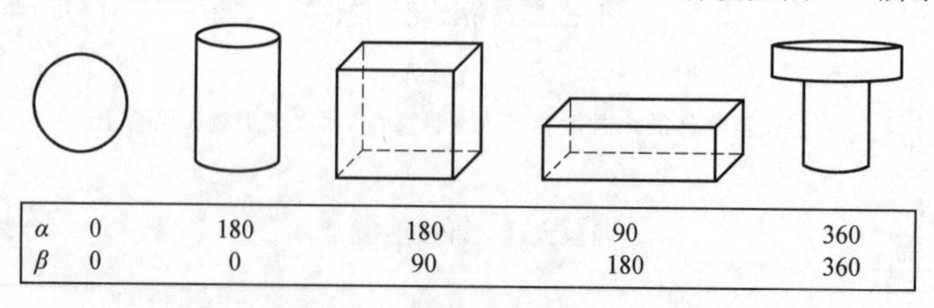

α 0 180 180 90 360
β 0 0 90 180 360

图5.8 典型零件装配对称度

(2) 零件的质量。零件的质量过小,增加了零件的识别和抓取难度,装配时操作困难;零件的质量过大,装配成本和装配时间会增加,装配难度也会增加,针对某些质量特别大的设备需要专门的设备进行安装。为此,零件的质量应在一定范围便于装配。

(3) 零件的尺寸。零件的尺寸过小,增加了识别和抓取难度,零件对装配工具要求较高,装配成本较高;零件尺寸过大,装配空间要求也较大,发生干涉的机会也增大。

2. 工作环境级评价指标因素

影响工作环境的指标因素如下。

(1) 噪声因素。噪声是指不同频率和不同强度的声波的组合，在生产加工过程中产生的一切声音都是噪声。长期在噪声的环境下工作会使人的听力下降，产生神精衰弱、心率加快及消化系统紊乱等症状。当噪声在 80 dB 以下时，人可以暂时忍受；当噪声超过 85 dB 时，人会产生烦躁情绪，影响工作效率；当噪声超过 90 dB 时，神经症状的出现次数增加；噪声在 100 dB 以下时，对与听觉无关的工作影响不大，但对需要精细操作的工作就显示明显的障碍。

(2) 照明因素。一般车间的照明情况通常用照度来表示，单位为勒克斯(lx)。工作环境下的照明情况对操作者的情绪及心理影响较大。工作环境的照明条件改善可以缓解操作者的疲劳度、增强眼睛对不同颜色的适应能力、减少识别物体的错误率、减少工伤事故，通常情况下大件装配混合照明照度小于 500 lx，小件装配要求混合照明照度在 500 ～ 1 000 lx 之间，精密装配要求混合照明照度在 1 000 ～ 2 000 lx 之间。

(3) 温度因素。温度过高或是过低都会给操作者带来不适，当温度在 4 ～ 10 ℃ 之间时，发病率较高；当温度在 15 ～ 20 ℃ 之间时，记忆力强，工作效率高；当温度在 20 ～ 28 ℃ 之间时，是人体最舒适的温度；当温度大于 28 ℃ 时，有不适感，导致中暑，精神紊乱。

3. 装配环境评价指标因素

影响装配环境的指标因素如下。

(1) 装配路径。装配路径评价主要关于路径是否可达、检查零件能否无干涉地到达目标地点。装配路径主要分为以下几种：可以自由地移动，不需要特别注意障碍物，此时装配不受装配路径上外界环境影响；在装配路径上需要注意周围环境，此时操作者需要集中精力进行特殊的操作，装配工作有一些难度；装配路径比较狭小，需要操作者集中精力才能顺利安装；零件在装配路径上发生干涉，需要修改设计方案。

(2) 装配空间。装配空间评价主要关于装配工具的装配空间是否合理及执行装配动作的肢体是否与产品发生碰撞情况。装配空间主要分为以下几种：装配空间充足，装配工具的运动范围无限制，装配作业可以顺利进行；允许装配工具在有限范围内活动；在小空间内允许装配工具的移动和旋转；装配空间严重不足，需要重新修改设计方案。

(3) 装配环境可视化。装配环境可视化评价主要存在障碍物的装配环境，由于障碍物存在阻挡视线使装配难度增加的情况。装配环境可视化主要分为以下几种情况：装配目标位置清晰且完全可见；装配目标位置被其他零件部分阻挡，但装配难度不大；装配目标位置被障碍物严重遮挡，只能根据以往经验进行装配；装配目标位置被其他零件全部遮住，无法进行安装，需要重新修改设计方案。

5.3.2 层次分析法确定权重

层次分析法按照心理、思维的规律把决策过程数量化、层次化、条理化，便于决策。层次分析法将定量和定性分析相结合，之后利用数学方法，计算出每一层元素相对重要性的权重，进行分层排序，以此作为评价方案的依据。

1. 层次分析法计算权重的一般步骤

(1) 建立层次结构模型。

本章的层次结构模型由目标层、准则层组成。

(2) 建立判断矩阵。

利用 1 ~ 9 尺度法,构造判断矩阵。

(3) 因素的重要性排序。

根据判断矩阵,结合数学方法,计算最大特征值及特征向量。

(4) 判断矩阵的检验。

具有一致性的判断矩阵方可使用,否则对其进行调整。

2. 判断矩阵的构造

判断矩阵是表示同一层元素下各个因素的相对重要关系,通常用 1 ~ 9 尺度法表示两个因素的相对重要关系,在此基础上构造判断矩阵,最终获得各因素的权重值。

若某一集合包含 n 个元素 $u_1, u_2, \cdots, u_n$,利用 1 ~ 9 尺度法,对每个因素的重要性两两比较获得判断矩阵 $\boldsymbol{w}_{n\times n}$。其评价规则为

$$\text{若 } u_i \text{ 和 } u_j \text{ 相比 } \begin{bmatrix} \text{同等重要} \\ \text{稍微重要} \\ \text{明显重要} \\ \text{重要得多} \\ \text{绝对重要} \end{bmatrix}, \text{则 } w_{ij} = \begin{bmatrix} 1 \\ 3 \\ 5 \\ 7 \\ 9 \end{bmatrix} \tag{5.18}$$

$w_{ji} = 1/w_{ij}$,若 w_{ij} 在两个尺度之间,则用 2、4、6、8 标度。依此类推获得因素的判断矩阵。最后求得判断矩阵的最大特征值 $\lambda_{\max}$ 及对应特征向量 $\boldsymbol{\omega}$,则 $\omega_i (i=1,2,\cdots,n)$ 为对应指标的权重值。

对于不同的零件来说,不同因素影响着不同操作,体现在权重值的不同。权重组成的集合称为权重集 $\boldsymbol{\omega} = (\omega_1, \omega_2, \cdots, \omega_n)$。每个权重 ω_i 应满足归一化及非负性的条件

$$\sum_{i=1}^{n} \omega_i = 1 \quad (\omega_i \geqslant 0) \tag{5.19}$$

3. 判断矩阵的一致性调整方法

判断矩阵的一致性调整方法主要包括:(1) 基于经验调整,为了构建一致性矩阵,根据经验修改专家的判断信息。(2) 构造一个完全一致性矩阵,对原始矩阵进行部分修改,如基于均方差、几何平均值调整法等。(3) 找出判断矩阵中偏差最大的元素,从而提出优化算法。本章在检验判断矩阵不具有一致性之后,构造一个完全一致性矩阵,利用 BP 神经网络对矩阵进行调整。具体步骤如下。

步骤 1:构造完全一致性矩阵。假设判断矩阵为 $\boldsymbol{A} = (a_{ij})_{n\times n}$,通过数学变换为

$$a^* = \sum_{l=1}^{n} a_{il} / \sum_{l=1}^{n} a_{jl} \tag{5.20}$$

则构造的完全一致性矩阵为 $\boldsymbol{A}^* = (a_{ij}^*)_{n\times n}$。

步骤 2:创建基于 BP 神经网络的矩阵调整模型。对判断矩阵转换为

$$\boldsymbol{A}=\begin{pmatrix}1 & a_{12} & \cdots & a_{1n}\\ 1/a_{12} & 1 & \cdots & a_{2n}\\ \vdots & \vdots & & \vdots\\ 1/a_{1n} & 1/a_{2n} & \cdots & 1\end{pmatrix} \tag{5.21}$$

将判断矩阵中的元素 a_{ij} 作为BP神经网络输入层元素 x_i，对应的输出层存在 y_i。将判断矩阵 $\boldsymbol{A}^*=(a_{ij}^*)_{n\times n}$ 中的对应元素作为BP神经网络的期望值。BP神经网络模型图如图5.9所示。

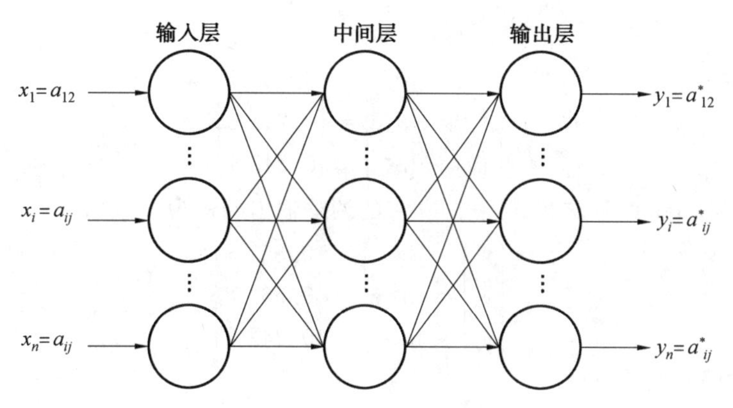

图5.9　BP神经网络模型图

步骤3：模型简化。由于判断矩阵$\boldsymbol{A}$是正互反矩阵，即 $a_{ij}=1/a_{ji}$，矩阵元素大于1和小于1的元素个数相等。本系统结合VC++与Matlab混合编程技术，调用Matlab引擎，利用神经网络工具箱进行求解，传递函数选择双曲线正切S形函数，选取判断矩阵中小于等于1的非对角线元素作为输入层元素 x_i，这样大大简化了模型的复杂性。

步骤4：Matlab编程求解。将不满足一致性的判断矩阵$\boldsymbol{A}$中小于1的元素作为输入层的输入元素，将 $\boldsymbol{A}^*$ 中的对应元素作为输出元素，确定预设误差精度 ε，进行求解。最后将获得的新矩阵进行一致性检验，检验满足要求则停止，否则修改误差精度 ε 重新计算直到满足要求。

步骤5：根据计算结果重构判断矩阵，将判断矩阵元素调整为较为接近的打分值。

4. 判断矩阵一致性调整实例分析

以判断确定零件级、工作环境、装配环境的权值为例，判断矩阵$\boldsymbol{A}$

$$\boldsymbol{A}=\begin{pmatrix}1 & 3 & 3\\ 1/3 & 1 & 5\\ 1/3 & 1/5 & 1\end{pmatrix}$$

计算判断矩阵$\boldsymbol{A}$的最大特征根$\lambda_{\max}=3.2948$，$CR=0.2827>0.1$，不满足矩阵一致性条件，需要对判断矩阵进行调整。调整步骤如下。

步骤1：构造一致性判断矩阵 $\boldsymbol{A}^*$。根据式(5.20)获得一致性判断矩阵

$$\boldsymbol{A}^*=\begin{pmatrix}1 & 1.1053 & 4.566\\ 0.9047 & 1 & 4.130\\ 0.219 & 0.2421 & 1\end{pmatrix}$$

步骤2:BP神经网络算法的初始条件设置。传递函数选择tansig函数,输出函数选择purelin函数,学习函数选择梯度下降算法traingd函数,最大训练次数设置300,学习效率η取0.3,误差精度ε取1.0×10^{-10}。

步骤3:确定BP神经网络的输入单元及期望响应。考虑到判断矩阵的正互反性,输入单元只需要考虑三个元素即可,输入及期望响应信号如下:

$$\begin{Bmatrix}x_1\\x_2\\x_3\end{Bmatrix}=\begin{Bmatrix}a_{21}\\a_{31}\\a_{32}\end{Bmatrix}=\begin{Bmatrix}1/3\\1/3\\1/5\end{Bmatrix}$$

$$\begin{Bmatrix}T_1\\T_2\\T_3\end{Bmatrix}=\begin{Bmatrix}a_{21}^*\\a_{31}^*\\a_{32}^*\end{Bmatrix}=\begin{Bmatrix}0.904\,7\\0.219\,0\\0.242\,1\end{Bmatrix}$$

步骤4:Matlab编程求解。经过50步的调整输出结构为

$$\begin{Bmatrix}y_1\\y_2\\y_3\end{Bmatrix}=\begin{Bmatrix}a'_{21}\\a'_{31}\\a'_{32}\end{Bmatrix}=\begin{Bmatrix}0.561\,8\\0.561\,8\\0.242\,1\end{Bmatrix}$$

重构判断矩阵$\boldsymbol{A}'$

$$\boldsymbol{A}'=\begin{bmatrix}1 & 1.779\,9 & 1.779\,9\\0.561\,8 & 1 & 4.130\\0.561\,8 & 0.242\,1 & 1\end{bmatrix}$$

步骤5:返回专家调整组并检验一致性。专家调整判断矩阵为

$$\boldsymbol{A}''=\begin{bmatrix}1 & 2 & 2\\1/2 & 1 & 4\\1/2 & 1/4 & 1\end{bmatrix}$$

经计算$\lambda_{\max}=3.217\,4$,$CR=0.209\,0>0.1$,不满足一致性要求。

继续调整判断矩阵,判断矩阵调整为

$$\boldsymbol{A}'''=\begin{bmatrix}1 & 1 & 4\\1 & 1 & 4\\1/4 & 1/4 & 1\end{bmatrix}$$

经计算$\lambda_{\max}=3$,$CR=0<0.1$,此时判断矩阵满足一致性要求,可以使用。获得权重向量$\boldsymbol{\omega}=(\omega_1\quad\omega_2\quad\omega_3)=(0.44\quad0.44\quad0.12)$。

5.3.3 装配质量综合评价方法

目前常用的综合评价方法分为以下三类:专家评价法、基于数值和统计的方法及人工智能法。专家评价法实质是基于经验的综合评价法,例如,专家打分法,该方法依靠专家经验对其指标进行评分,获得综合评价结论。基于数值和统计的方法通过数学理论、运筹学、统计学等方法进行定量计算,例如,模糊综合评价法。人工智能法是在人工智能网络和遗传算法结合的基础上,对装配质量进行综合评价。本章从人机工程方面考虑,针对影

响对象的多因素性、复杂性和模糊性等特点，采用模糊综合评价方法和层次分析法相结合的综合评价方法。

1. 模糊综合评价的概念及要素

模糊综合评价是在模糊数学的基础上，对每个评价对象进行评价，获得一个模糊评价值，进而进行排序。其评价目标是以某个条件作为标准，对若干对象进行排序比较，进而获得期望结果。由于因素的复杂性、层次性，需要将因素分层考虑，最终影响因素形成树状结构图。评价时先从底层因素开始模糊运算，将获得模糊矩阵结果计算作为上一层因素的模糊评价向量，依次循环逐层向上进行计算，便可得到最终的综合评价向量。

本章的评价模型主要包括以下几个方面。

(1) 评价目的。本章从人机工程角度，评价零件本身、工作环境及装配环境对装配质量的影响。

(2) 评价对象。评价对象是指相同类型的事物或某些事物在不同时期、环境的表现。本章从评价对象的零件质量、零件尺寸、零件对称性、照明、温度、噪声、装配路径、装配空间及可视化等九个方面进行评价。

(3) 评价者。评价者可以是相关方面的专家或团体。他们确定评价目的、评价指标、评价对象、评价方法、权重系数、评价模型的选取。因此，评价者在整个模糊综合评价中占有举足轻重的地位。

(4) 评价指标。评价指标将研究对象的某一方面特征反映出来。本章的评价指标从零件级特性、工作环境特性及装配环境特性三个方面进行综合，从而达到评价目的。

(5) 权重系数。相对于确定的评价目标而言，指标对评价目标的影响程度通过其权重值大小反映，结合层次分析法与数学计算方法，计算出因素的相对权重值。

(6) 评价模型。由于评价指标、评价因素的复杂性和层次性，本章构建了二级模型对装配质量进行模糊综合评价。

(7) 评价结果。评价结果作为模糊综合评价的最后环节，但是要正确对待评价结果，评价结果只是相对存在，最终决策还需要综合考量。

2. 综合评价模型的建立

若要对某一事物进行模糊评价，先要确定从哪些方面进行评价，即因素集 U。之后确定怎么表示评价结果，即评价集 V。在此基础上对每个因素进行评价，获得一个关于从 U 到 V 的模糊关系 R。用权重 W 描述各因素对目标的隶属度，“$\circ$”是一种数学运算方法，B 是 V 的一个模糊子集，模糊综合评价模型为

$$B = W \circ R$$

多因素评价首先从评价模型最低级的因素开始，通过专家的打分，获得该因素的评价向量，由多个因素的评价向量构成多因素评价矩阵，结合因素的权重向量进行模糊数学运算，这样将会得到第一层的评价向量，如此循环进行，最终获得多因素影响下的评价向量。装配质量评价结构图如图 5.10 所示。

因素的特征信息不同，相应的评价亦不同，见表 5.5。为了便于评价，将评价级的内容 V 统一为

$$V = \{v_1, v_2, v_3, v_4\} = \{\text{好}, \text{较好}, \text{一般}, \text{差}\} \tag{5.22}$$

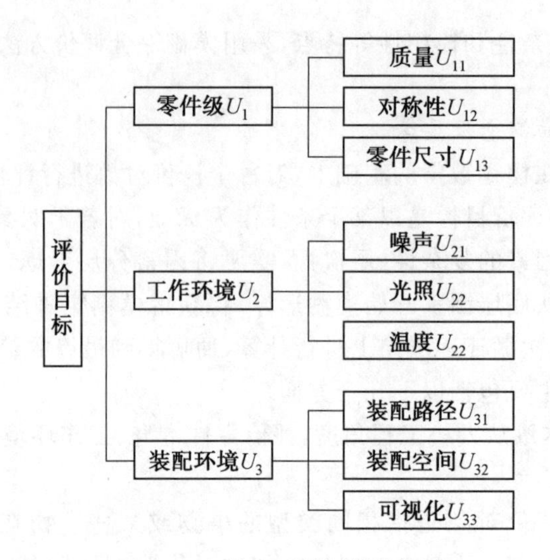

图 5.10 装配质量评价结构图

表 5.5 评价级评价内容

指标因素	评价内容
零件质量	较小;一般;大;较大
零件对称性	好;较好;一般;差
零件尺寸	较小;一般;大;较大
噪声	好;较好;一般;较差
照明	好;较好;一般;较差
温度	舒适;较舒适;一般;不舒适
装配路径	简单;一般;困难;干涉
装配空间	充足;略不足;不足;严重不足
可视化	完全可见;基本可见;勉强可见;不可见

3. 多级模糊矩阵

针对评价级V_i中的某一因素U_i,专家对该方案进行评价获得专家评价数据。假设参与评价的专家人数为d,给出V_i评价的专家人数为d_i,给出V_n评价的专家人数为d_n,则有

$$d_1 + d_2 + \cdots + d_n = d \tag{5.23}$$

令$r_i = d_i/d$获得指标隶属于W_i的模糊向量$\boldsymbol{R}_i$,则有

$$\boldsymbol{R}_i = \{r_{i1}, r_{i2}, \cdots, r_{im}\} \tag{5.24}$$

在专家评判的基础上,每个因素与一个模糊向量一一对应,同一个层次的因素的模糊向量构成该层的模糊矩阵

$$\boldsymbol{R}=\begin{Bmatrix}\boldsymbol{R}_1\\\boldsymbol{R}_2\\\vdots\\\boldsymbol{R}_n\end{Bmatrix}=\begin{pmatrix}r_{11} & r_{12} & \cdots & r_{1m}\\r_{21} & r_{22} & \cdots & r_{2m}\\\vdots & \vdots & & \vdots\\r_{n1} & r_{n2} & \cdots & r_{nm}\end{pmatrix} \tag{5.25}$$

式中 $\boldsymbol{R}_i$—— 第 i 个因素的模糊向量；

n—— 该层的指标因素个数；

m—— 评价级因子个数。

当获得权重集 $\boldsymbol{W}$ 与单因素评价矩阵 $\boldsymbol{R}$ 时，便可进行模糊综合评价。

$$\boldsymbol{B}=\boldsymbol{W}\circ\boldsymbol{R}=(\omega_1,\omega_2,\cdots,\omega_n)\circ\begin{pmatrix}r_{11} & r_{12} & \cdots & r_{1m}\\r_{21} & r_{22} & \cdots & r_{2m}\\\vdots & \vdots & & \vdots\\r_{n1} & r_{n2} & \cdots & r_{nm}\end{pmatrix}=(b_1,b_2,\cdots,b_n) \tag{5.26}$$

式中 “$\circ$”—— 模糊算子；

b_n—— 模糊综合评价指标。

当 $\sum_{i=1}^{n} b_i \neq 1$ 时，需要对评价集进行归一化处理，即

$$b_i^* = b_i / \sum_{i=1}^{n} b_i \tag{5.27}$$

获得归一化的评价集为 $\boldsymbol{B}^*$，依此类推可以获得多层的模糊矩阵。

$$\boldsymbol{B}^* = (b_1^*, b_2^*, \cdots, b_n^*) \tag{5.28}$$

本章的二层模糊矩阵分别为：

第一层模糊矩阵

$$\boldsymbol{R}=\begin{Bmatrix}B_1^*\\B_2^*\\B_3^*\end{Bmatrix} \tag{5.29}$$

第二层模糊矩阵

$$\boldsymbol{R}_1=\begin{bmatrix}r_{111} & r_{112} & r_{113} & r_{114}\\r_{121} & r_{122} & r_{123} & r_{124}\\r_{131} & r_{132} & r_{133} & r_{134}\end{bmatrix} \tag{5.30}$$

$$\boldsymbol{R}_2=\begin{bmatrix}r_{211} & r_{212} & r_{213} & r_{214}\\r_{221} & r_{222} & r_{223} & r_{224}\\r_{231} & r_{232} & r_{233} & r_{234}\end{bmatrix} \tag{5.31}$$

$$\boldsymbol{R}_3=\begin{bmatrix}r_{311} & r_{312} & r_{313} & r_{314}\\r_{321} & r_{322} & r_{323} & r_{324}\\r_{331} & r_{332} & r_{333} & r_{334}\end{bmatrix} \tag{5.32}$$

4. 评价结果分析

模糊算子的选取直接关系着评价结果的准确性，所以根据模型的不同特点选取最适合评价模型的模糊算子。由于 $M(\bullet, \oplus)$ 算子体现权重作用明显且综合程度强、充分利

用模糊矩阵等优点，本章采用 $M(\cdot,\oplus)$ 算子如下式

$$s_k=\min\{1,\sum_{j=1}^{m}w_j r_{jk}\}\quad(k=1,2,\cdots,n)\tag{5.33}$$

在进行模糊综合评价时，由最低层指标因素的权重及模糊矩阵算起，逐层向高级计算。本章采用二级的评价体系，给出了其模糊综合评价方法。

首先计算最后一级 U_1 的模糊结果向量 $\boldsymbol{B}_1$

$$\boldsymbol{B}_1=\boldsymbol{W}_1\circ\boldsymbol{R}_1=\{w_{11},w_{12},w_{13}\}\circ\begin{bmatrix}r_{111}&r_{112}&r_{113}&r_{114}\\r_{121}&r_{122}&r_{123}&r_{124}\\r_{131}&r_{132}&r_{133}&r_{132}\end{bmatrix}$$

$$=\sum_{i=1,j=1}^{4}w_{1i}r_{1ij}=\{b_{11},b_{12},b_{13},b_{14}\}\tag{5.34}$$

对 $\boldsymbol{B}_1$ 归一化运算得到 $\boldsymbol{B}_1^*$

$$\boldsymbol{B}_1^*=\left\{\frac{b_{11}}{\sum_{i=1}^{4}b_{1i}},\frac{b_{12}}{\sum_{i=1}^{4}b_{1i}},\frac{b_{13}}{\sum_{i=1}^{4}b_{1i}},\frac{b_{14}}{\sum_{i=1}^{4}b_{1i}}\right\}=\{b_{11}^*,b_{12}^*,b_{13}^*,b_{14}^*\}\tag{5.35}$$

同理获得 $\boldsymbol{B}_2$、$\boldsymbol{B}_3$ 后，将其归一化得到 $\boldsymbol{B}_2^*$、$\boldsymbol{B}_3^*$，$\boldsymbol{B}_1^*$、$\boldsymbol{B}_2^*$、$\boldsymbol{B}_3^*$ 构成了一级模糊综合评价集 $\boldsymbol{R}$，$\boldsymbol{R}$ 和权重向量 $\boldsymbol{W}$ 进行模糊计算将是最后的评价向量，即

$$\boldsymbol{B}=\boldsymbol{W}\circ\boldsymbol{R}=\{w_1,w_2,w_3\}\circ\begin{bmatrix}b_{11}^*&b_{12}^*&b_{13}^*&b_{14}^*\\b_{21}^*&b_{22}^*&b_{23}^*&b_{24}^*\\b_{31}^*&b_{32}^*&b_{33}^*&b_{34}^*\end{bmatrix}$$

$$=\{b_1,b_2,b_3,b_4\}\tag{5.36}$$

将评价向量 $\boldsymbol{B}$ 归一化得到 $\boldsymbol{B}^*$，整个评价的最后一步就是关于 $\boldsymbol{B}^*$ 的评价，从而得到最终结论。

本章对最终的结果向量 $\boldsymbol{B}^*$ 采用最大隶属度原则法进行评价。

若结果向量 $\boldsymbol{B}=\{b_1,b_2,\cdots,b_n\}$，其中 b_i 代表 $\boldsymbol{B}$ 对 v_i 的隶属度，M 代表以最大隶属度原则作为评价准则最终获得的结果，即

$$M=\max\{b_1,b_2,\cdots,b_n\}\tag{5.37}$$

5.3.4 装配质量评价实例

1. 单因素评价向量及权重的确定

装配结束后，根据前一节的内容确定单因素评价向量和权重值进行装配质量评价。单因素评价向量由专家对具体环境分析获得，对应权重根据专家意见通过层次分析法获得。

本章以减速器的轴承为例，深沟球轴承型号为 6204，内径为 20 mm，外径为 47 mm，宽度为 14 mm，质量为 0.106 kg，对装配质量进行评价。具体信息见表 5.6。

表 5.6 评价因素信息

	指标因素	装配特性	评价向量	权重	
零件级	质量	质量为0.010 6 kg，质量较好	{0.2,0.8,0,0}	0.14	0.12
	尺寸	内径20 mm，外径47 mm，宽度14 mm	{0.1,0.8,0.1,0}	0.43	
	对称性	对称零件，对称性较好	{0,0.8,0.2,0}	0.43	
工作环境	噪声	外部噪声80 dB	{0.1,0.8,0.1,0}	0.43	0.44
	光照	照明条件一般	{0,0.7,0.3,0}	0.43	
	温度	温度20 ℃	{0,0.8,0.2,0}	0.14	
装配环境	装配路径	不需要特别注意障碍物	{0.2,0.8,0,0}	0.11	0.44
	装配空间	装配空间充足	{0.1,0.9,0,0}	0.41	
	可视化	装配目标清晰可见	{0.1,0.8,0.1,0}	0.48	

2.模糊综合评价

由式(5.26)得

$$\boldsymbol{B}_1=\boldsymbol{W}_1\circ\boldsymbol{R}_1=(0.14\quad 0.43\quad 0.43)\circ\begin{pmatrix}0.2 & 0.8 & 0 & 0\\0.1 & 0.8 & 0.1 & 0\\0 & 0.8 & 0.2 & 0\end{pmatrix}=(0.071\quad 0.8\quad 0.129\quad 0)$$

$$\boldsymbol{B}_2=\boldsymbol{W}_2\circ\boldsymbol{R}_2=(0.43\quad 0.43\quad 0.14)\circ\begin{pmatrix}0.1 & 0.8 & 0.1 & 0\\0 & 0.7 & 0.3 & 0\\0 & 0.8 & 0.2 & 0\end{pmatrix}=(0.043\quad 0.757\quad 0.2\quad 0)$$

$$\boldsymbol{B}_3=\boldsymbol{W}_3\circ\boldsymbol{R}_3=(0.11\quad 0.41\quad 0.48)\circ\begin{pmatrix}0.2 & 0.8 & 0 & 0\\0.1 & 0.9 & 0 & 0\\0.1 & 0.8 & 0.1 & 0\end{pmatrix}$$

$$=(0.111\quad 0.841\quad 0.048\quad 0)$$

$$\boldsymbol{B}=\boldsymbol{W}\circ\boldsymbol{R}=(0.12\quad 0.44\quad 0.44)\circ\begin{pmatrix}0.071 & 0.8 & 0.129 & 0\\0.043 & 0.757 & 0.2 & 0\\0.111 & 0.841 & 0.048 & 0\end{pmatrix}$$

$$=(0.076\quad 0.799\quad 0.124\quad 0)$$

根据最大隶属度原则对其进行评价，$M=\max\{0.076\quad 0.799\quad 0.124\quad 0\}=0.799$，此值对应评价级中的“较好”，故此次的模糊评价结果是“较好”。

零件级、装配环境、工作环境判断矩阵见表5.7、表5.8、表5.9。

表 5.7 零件级判断矩阵信息表

零件级	质量	对称性	零件尺寸
质量	1	1/3	1/3
对称性	3	1	1
零件尺寸	3	1	1

$\lambda_{\max}=3, CR=0<0.1$,权重向量 $\boldsymbol{\omega}=\{0.14\quad 0.43\quad 0.43\}$。

表 5.8 工作环境判断矩阵信息表

工作环境	噪声	光照	温度
噪声	1	1	3
光照	1	1	3
温度	1/3	1/3	1

$\lambda_{\max}=3, CR=0<0.1$ 权重向量 $\boldsymbol{\omega}=\{0.43\quad 0.43\quad 0.14\}$。

表 5.9 装配环境判断矩阵信息表

装配环境	装配路径	装配空间	可视化
装配路径	1	1/3	1/5
装配空间	3	1	1
可视化	5	1	1

$\lambda_{\max}=3.02, CR=0.01<0.1$,权重向量 $\boldsymbol{\omega}=\{0.11\quad 0.41\quad 0.48\}$。

3. 模糊综合评价的界面设计

系统界面如图 5.11 所示,系统计算界面如图 5.12(a)所示,调用 Matlab 计算界面如图 5.12(b)所示。该功能模块主要实现两个功能,参数的输入计算和评价文件的输出。

参数的输入计算功能:将单因素评价向量和对应的权重定义为 0~1 之间的变量,当输入值不在区间范围之内时,系统会报错提示,最后将评价向量中的最大值输出作为评价结果,可以直观地获得"好""较好""一般"及"差"的评价结果。

评价文件输出功能:系统定义了 CAssmblyEvaluatePeoDlg 类定义单因素评价向量和权重,利用系统的 OnOut()函数实现评价结果的输出,以便查看修改输出文件,如图 5.13所示。

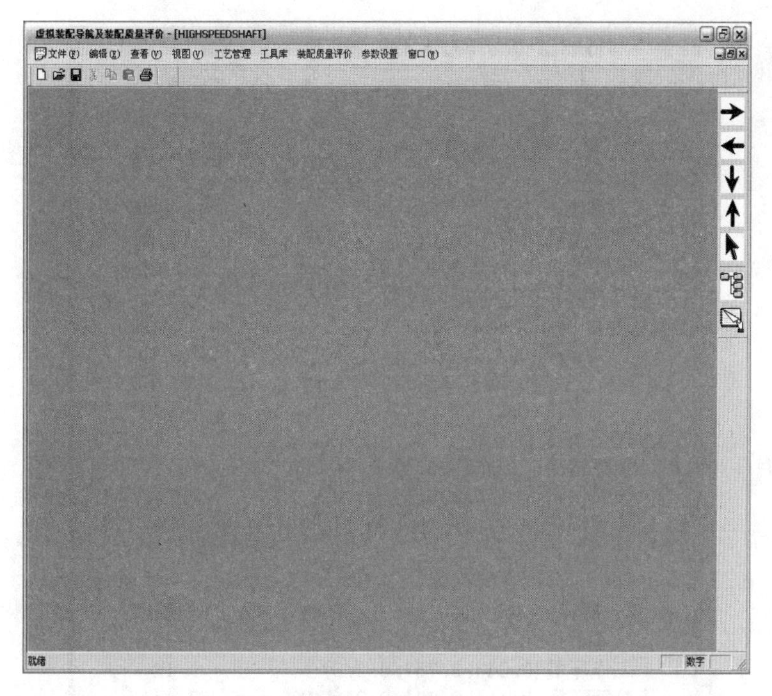

图 5.11　系统界面

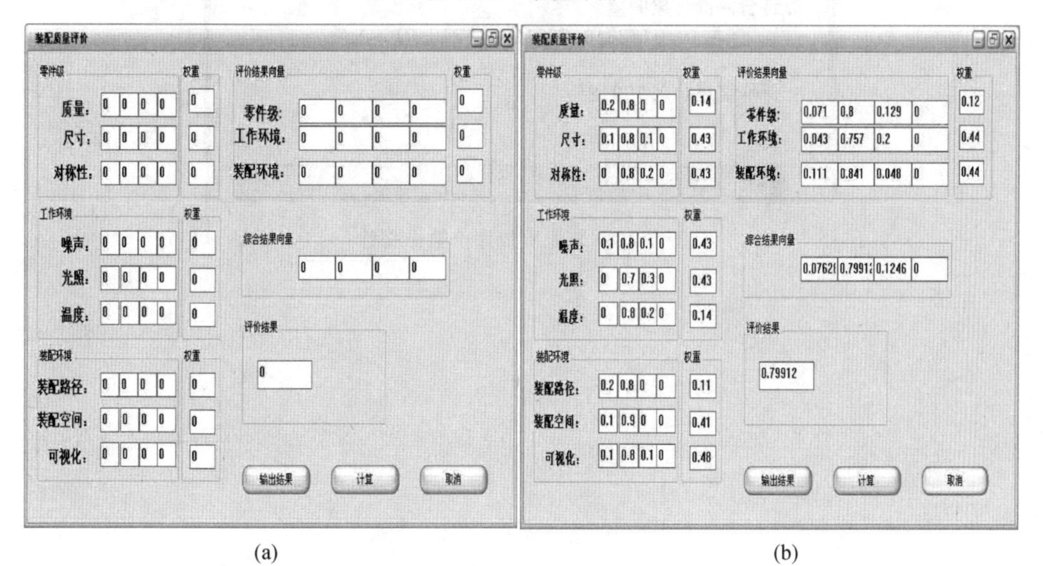

(a)　(b)

图 5.12　系统计算界面

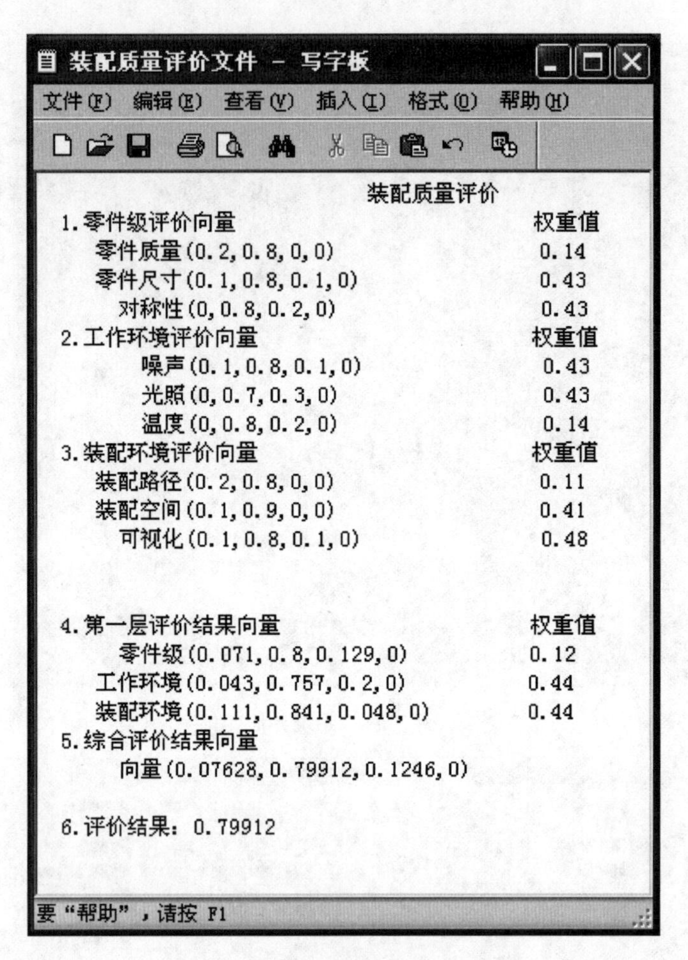

图 5.13 装配质量评价输出文件

第6章 摩托车发动机虚拟装配系统开发实例

6.1 虚拟装配系统的总体结构设计

6.1.1 软件系统的体系结构

根据上述对虚拟装配系统功能需求的分析，本章建立了摩托车发动机虚拟装配系统的体系结构，如图6.1所示，系统主要由用户层、功能层、支持层和数据层组成。

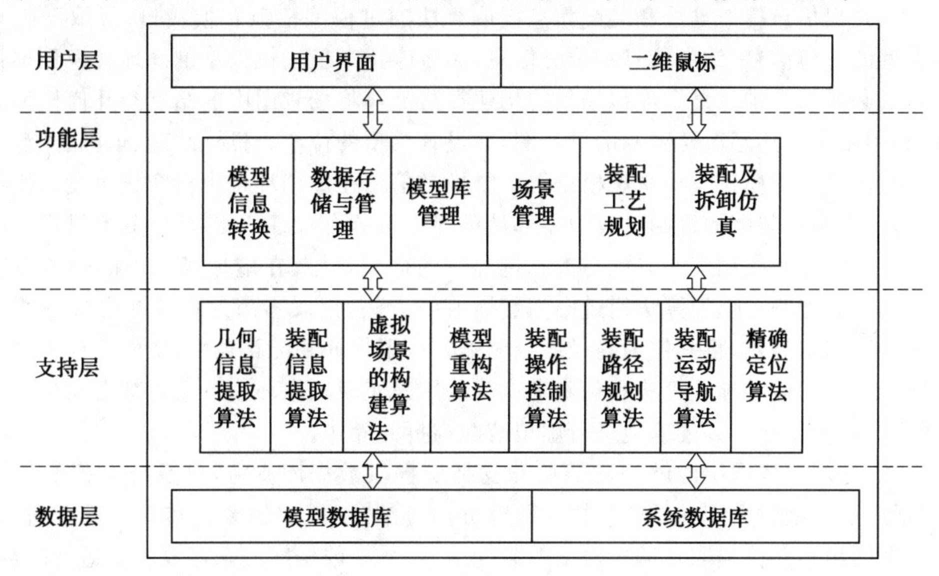

图6.1 虚拟装配系统的体系结构

(1)用户层。用户层定义了用户与软件系统交互的接口，实现用户与虚拟环境之间的信息交流。用户可以通过鼠标、键盘进行输入并控制模型的运动，用户层负责响应并解析用户的指令，之后调用功能层的相应模块进行处理，系统进行处理后通过人机交互界面将信息反馈给用户。

(2)功能层。功能层体现了软件系统的应用环节，实现了系统的主要功能，包括模型信息转换、数据存储与管理、模型库管理、场景管理、装配工艺规划、装配及拆卸仿真等。

其中，模型信息转换模块为Creo系统与虚拟装配系统提供了模型转换接口，通过该接口将摩托车发动机模型的几何信息、装配信息提取转换到虚拟环境中，在虚拟环境下重新构建摩托车发动机模型。数据存储与管理模块主要用来存储和管理模型数据，包括数据库的设计、模型信息的存储与管理、数据库的访问等。模型库管理模块主要用来管理工具模型库和标准零件库，工具模型库包括装配和拆卸（简称拆装）过程中用到的各种装配及拆卸工具，标准零件库包括各种标准件。场景管理模块主要用来构建和管理虚拟场景，实现模型的加载与显示。装配工艺规划模块包括装配顺序规划和装配路径规划，装配顺序规划采用分层规划的方法得到装配顺序，然后确定用哪些实施装配与拆卸操作的拆装工具和相应的装配与拆卸方法；装配路径规划采用人机交互的方式，对摩托车发动机装配体模型进行仿真试拆装，获得每个零部件的可行拆卸路径，再通过求逆得到可行的装配路径。装配及拆卸仿真模块能够在虚拟环境下对摩托车发动机的装配和拆卸过程进行模拟，使用户能够方便地拾取零部件模型并控制其运动，利用拆装工具进行虚拟装配和拆卸操作。

(3)支持层。支持层主要为功能层提供规则和算法上的支持，是虚拟装配系统正常运行的核心。主要的算法有：几何信息提取算法、装配信息提取算法、虚拟场景的构建算法、模型重构算法、装配操作控制算法、装配路径规划算法、装配运动导航算法和精确定位算法等。

其中，几何信息提取算法和装配信息提取算法通过模型信息转换接口，提取摩托车发动机模型的几何信息、约束信息和位姿信息，为将摩托车发动机模型准确地转换到虚拟环境中提供必要的基础信息。虚拟场景的构建算法能够将场景图中的结点与几何模型关联起来，利用结点构建层次性结构的场景图，并设置模型的位姿、材质、纹理、烟雾、光源等效果。虚拟场景中的模型重构算法根据提取的模型信息在虚拟环境中对摩托车发动机模型进行重构，以满足装配和拆卸过程中零部件的显示和操作要求。装配操作控制算法能够为鼠标拾取零件和控制其在装配与拆卸过程中的运动，以及在虚拟场景中的漫游等功能提供支持。装配路径规划算法通过中间点插值的方法，记录零部件在装配过程中所经过的一系列空间位姿点，将其作为路径结点添加到该零件的装配路径中，从而获得该零件的装配路径。装配运动导航算法和精确定位算法用来实现虚拟环境下摩托车发动机的装配和拆卸仿真，使用户可以准确地进行虚拟装配与拆卸操作。

(4)数据层。数据层能够为功能层和支持层提供数据库支持，是系统运行的数据基础，包括底层模型数据库和系统数据库两部分，对应装配模型的数据和系统运行的数据。模型数据库用来存放提取发动机模型的装配信息，系统数据库用来存放系统运行的数据。

6.1.2 软件系统的工作流程

根据上述体系结构，虚拟装配系统的工作流程如图 6.2 所示。

虚拟装配系统开始运行后，首先载入零部件 CAD 模型，通过模型转换接口提取摩托车发动机模型的几何信息和装配信息，并将其转换到虚拟环境中，在虚拟环境下利用上述模型信息完成发动机模型的重新构建，从而实现 CAD 系统到虚拟装配系统的模型信息转换。然后进行装配工艺规划，利用人机交互的方式得到可行的拆卸顺序和拆卸路径，通过求逆得到装配顺序和装配路径。在完成装配顺序规划与装配路径规划后，需要进行装配及拆卸仿真，对所规划出的装配顺序、装配路径、装配空间等进行可行性验证，发现装配和拆卸过程中存在的问题并及时调整。装配及拆卸仿真过程是在约束识别的基础上，对零部件的运动进行导航，实现零件的精确定位，并对需要使用拆装工具的装配及拆卸操作

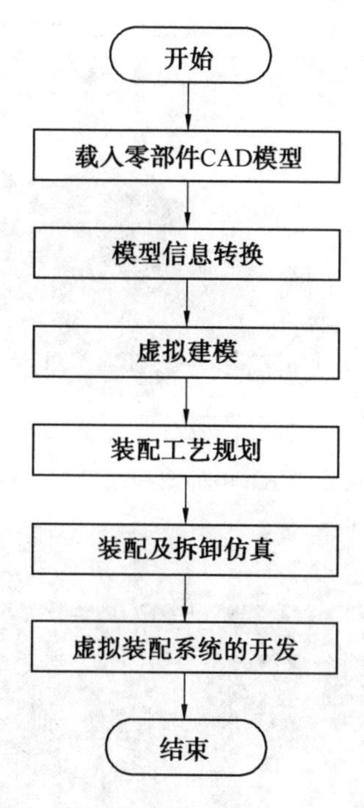

图 6.2 虚拟装配系统的工作流程

验证工具的操作空间。在完成上述工作后，利用 VS 2010 开发平台及虚拟现实开发工具 WTK，完成摩托车发动机虚拟装配系统的开发。

6.2 数据库的设计

虚拟装配系统用 SQL Server 来存储和管理数据，系统的数据包括两部分：装配模型与工具模型的数据和系统运行时的数据。因此需要设计相应的模型数据库和系统数据库。模型数据库用于记录和存储发动机模型的装配信息，模型信息由 MateFeature、PartPosMatrix、Part 和 AsmcompPath 等多个表构成。系统数据库存放系统运行的数据。

数据库中的主要信息就是表信息，数据库的表中含有 Creo 中构建摩托车发动机模型的模型信息，这些信息通过模型转换接口提取后存储到数据库的表中，虚拟装配系统通过这些表将模型信息传递到虚拟环境中，从而在虚拟环境下完成摩托车发动机装配体模型的重构。

6.3 虚拟装配模型的建立实例

本节以摩托车发动机为例，验证虚拟装配模型建立的有效性。Creo 系统中建立的摩托车发动机模型如图 6.3 所示，经过上述模型信息转换与虚拟场景构建，将其转换到软件系统的虚拟环境中，在虚拟装配系统中重构的摩托车发动机模型如图 6.4 所示。

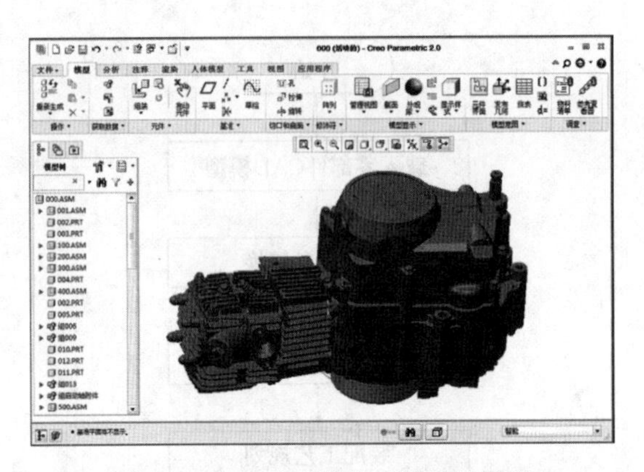

图 6.3　Creo 中的摩托车发动机模型

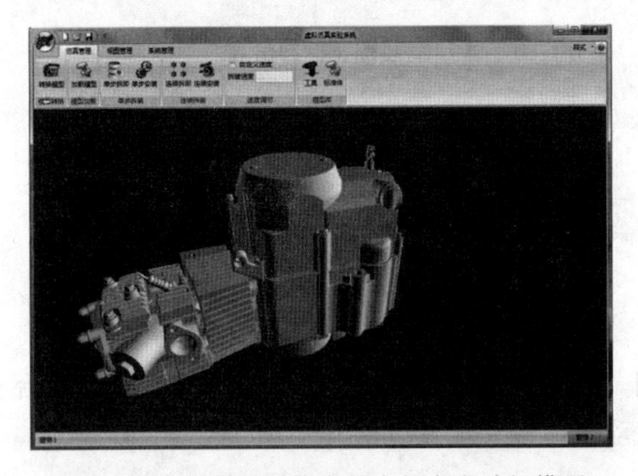

图 6.4　虚拟装配系统中的摩托车发动机模型

6.4　模型库的建立

为了进行摩托车发动机的虚拟装配与拆卸，还需要构建虚拟环境中的装配和拆卸工具及标准件的模型。虚拟装配系统中的模型库包括工具模型库和标准零件库两部分，工具模型库包括装配和拆卸过程中用到的各种拆装工具，标准零件库包括各种标准件。

首先在 Creo 中建立装配及拆卸工具和标准件的模型，然后通过前面所述的模型转换接口对 Creo 中建立的模型进行模型转换，最后导入软件系统的模型库中。通过软件系统的模型库实现对工具模型和标准件模型的管理，用户可以利用模型库进行添加、删除、编辑和查看工具及标准件模型的操作。

6.4.1　工具模型库的建立

摩托车发动机拆装过程中用到的工具主要有十字螺丝刀、一字螺丝刀、橡胶锤、大三叉套筒扳手(有 12 mm、14 mm 和 17 mm 三个接口)、小三叉套筒扳手(有 8 mm、9 mm 和 10 mm 三个接口)、飞轮拔卸器、飞轮夹持器、尖嘴钳、卡簧钳、圆螺母拆装工具、L 形弯杆、T 形套筒扳手和圆螺母套筒等。

Creo 中建立的摩托车发动机拆装工具的模型如图 6.5 所示。

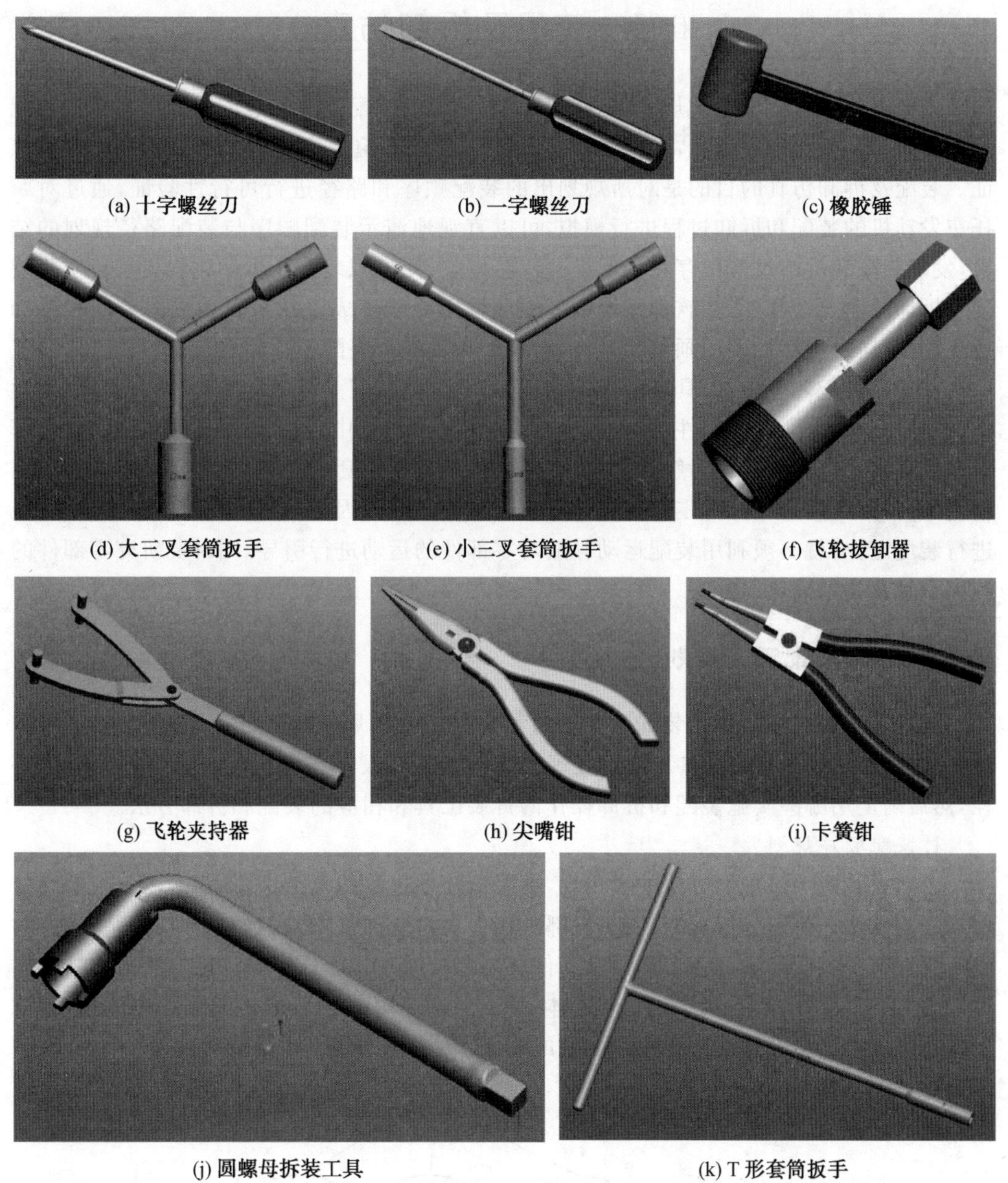

(a) 十字螺丝刀　(b) 一字螺丝刀　(c) 橡胶锤
(d) 大三叉套筒扳手　(e) 小三叉套筒扳手　(f) 飞轮拔卸器
(g) 飞轮夹持器　(h) 尖嘴钳　(i) 卡簧钳
(j) 圆螺母拆装工具　(k) T 形套筒扳手

图 6.5　摩托车发动机拆装工具的模型

6.4.2　标准零件库的建立

摩托车发动机中的标准件是指各种标准化紧固件、密封件、润滑件、连接件、传动件、液压元件、气动元件和滚动轴承等。其中，紧固件主要包括螺栓、螺钉、螺母、螺柱、垫圈、挡圈、销、键、铆钉、焊钉等。软件系统利用标准零件库能够对标准件进行快速检索，方便用户在装配与拆卸过程中对标准件的快速调用。

6.5 装配及拆卸仿真

本章首先通过装配工艺规划得到摩托车发动机的装配顺序与装配路径。在完成装配顺序规划与装配路径规划后，装配顺序与路径是否合理，还需要通过装配及拆卸仿真来验证。装配及拆卸仿真的目的是对所规划出的装配顺序和路径进行可行性验证，通过对摩托车发动机的装配和拆卸过程进行模拟，可以直观地演示装配顺序与装配路径规划的结果，发现装配和拆卸过程中存在的问题并及时调整，使虚拟装配及拆卸过程更符合实际装配与拆卸的需要。此外，在软件系统的虚拟环境中能够生成摩托车发动机的装配和拆卸仿真动画，通过虚拟拆装动画演示，可以对装配人员进行装配与拆卸培训。

在实际装配环境中，人具有精确的物理感知能力，装配人员通过装配约束的作用及触觉、视觉的配合来实现零部件的精确定位。而在虚拟环境中，由于技术条件的限制，大部分虚拟现实系统难以实现对触觉的反馈，同时由于数据手套、三维鼠标等交互设备的定位精度不高，因此用户难以对零部件进行有效的精确定位。因此，在虚拟环境中要想精确地进行装配定位，就必须利用装配运动导航对零部件的运动进行引导，同时要研究零部件的约束识别及其精确定位方法。

6.5.1 装配工艺规划

装配工艺规划主要包括装配顺序规划和装配路径规划。基于可拆即可装的假定，本章首先通过装配顺序规划和装配路径规划得到摩托车发动机的可行装配顺序和装配路径，然后确定用哪些实施装配和拆卸操作的拆装工具和相应的装配和拆卸方法。

1. 装配顺序规划

为增强装配顺序规划方法的实用性，并降低规划过程的复杂性，本章采用装配顺序分层规划的方法。所谓分层是指：首先在部件层上对每一部件单元中的零件规划装配顺序；然后再对整个装配体中的各个部件及零件规划装配顺序。摩托车发动机的装配体结构树可以分为三个层次：第一层次为总装配体，第二层次为组成总装配体的零件和部件，第三层次为组成第二层部件的次级零件。装配体层次树结构示意图如图 6.6 所示。

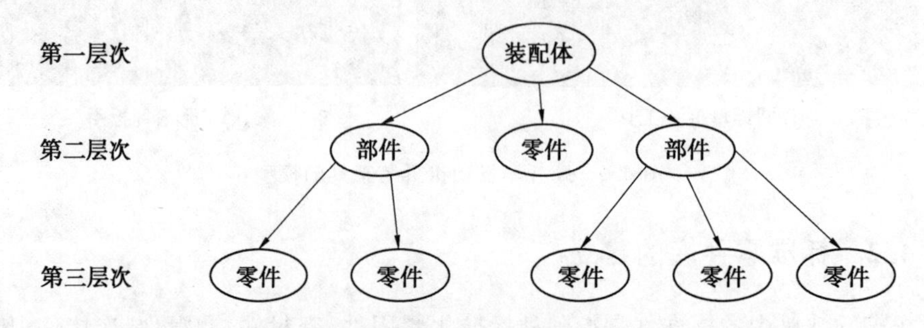

图 6.6 装配体层次树结构示意图

摩托车发动机装配体的三个结构层次中的具体零部件明细见表 6.1。

表 6.1 摩托车发动机装配体三个结构层次中的零部件明细表

零部件序号	零部件名称	所属层次
000	摩托车发动机装配体	第一层次
001	右曲轴箱	第二层次
002	轴承	第二层次
003	轴承	第二层次
100	曲轴活塞	第二层次
200	变速机构	第二层次
300	启动轴	第二层次
004	左曲轴箱	第二层次
400	机油泵	第二层次
005	轴承	第二层次
006	螺钉	第二层次
009	曲轴箱体螺栓	第二层次
010	变速毂定位螺栓	第二层次
011	二次传动装置链轮	第二层次
012	锁紧垫圈	第二层次
013	螺栓	第二层次
014	启动轴附件	第二层次
015	启动轴附件弹簧	第二层次
207	弹性挡圈	第二层次
500	换挡摇臂	第二层次
600	变速毂定位板	第二层次
016	从动减速齿轮	第二层次
017	套筒	第二层次
018	轴套	第二层次
019	主动齿轮	第二层次
020	离合器齿轮外套	第二层次
021	离合器	第二层次
022	碟形垫片	第二层次
023	垫圈	第二层次
024	圆螺母	第二层次
025	离合器端盖	第二层次
026	离合器端盖轴承	第二层次

续表 6.1

零部件序号	零部件名称	所属层次
027	螺钉	第二层次
028	离合器轴端挡圈	第二层次
029	左曲轴箱盖	第二层次
030	曲轴箱体螺栓	第二层次
031	曲轴箱体螺栓	第二层次
032	缸体	第二层次
033	螺栓	第二层次
034	导向滚轮	第二层次
035	滚轮销轴	第二层次
036	缸头	第二层次
037	正时从动链轮	第二层次
038	螺栓	第二层次
039	张紧轮臂	第二层次
040	螺栓	第二层次
041	张紧轮	第二层次
700	传动链条	第二层次
043	张紧杆	第二层次
044	弹簧	第二层次
042	螺栓	第二层次
046	磁电机定子总成	第二层次
047	螺钉	第二层次
045	磁电机飞轮	第二层次
048	螺母	第二层次
049	气缸头盖	第二层次
053	垫圈	第二层次
054	螺母	第二层次
050	气缸头侧盖 1	第二层次
051	气缸头侧盖 2	第二层次
055	螺栓	第二层次
056	螺栓	第二层次
052	螺栓	第二层次
001	链轮箱体 1	第三层次

续表 6.1

零部件序号	零部件名称	所属层次
007	链轮轴	第三层次
008	链轮	第三层次
101	曲轴 1	第三层次
102	曲轴 2	第三层次
103	曲轴 3	第三层次
104	摇臂	第三层次
105	活塞轴	第三层次
106	活塞	第三层次
107	轴承	第三层次
108	滚针轴承	第三层次
201	主动齿轮 3	第三层次
202	主动齿轮 4	第三层次
203	从动齿轮 3	第三层次
204	主动齿轮 2	第三层次
205	主动齿轮 1	第三层次
206	主动轴	第三层次
207	弹性卡圈	第三层次
208	从动齿轮 2	第三层次
209	从动齿轮 1	第三层次
210	从动轴	第三层次
211	变速毂	第三层次
212	垫片	第三层次
213	拨叉销	第三层次
214	销	第三层次
215	拨叉	第三层次
216	螺栓	第三层次
301	启动轴	第三层次
302	齿轮 1	第三层次
303	齿轮 2	第三层次
304	盖板	第三层次
305	弹性卡圈	第三层次
306	弹簧	第三层次

续表 6.1

零部件序号	零部件名称	所属层次
401	泵外圈	第三层次
402	泵内圈	第三层次
403	泵销	第三层次
404	泵盖	第三层次
405	螺栓	第三层次
406	泵体	第三层次
501	摇臂	第三层次
502	钩爪	第三层次
503	摇臂弹簧	第三层次
504	钩爪弹簧	第三层次
505	钩爪销轴	第三层次
601	定位板	第三层次
602	定位弹簧	第三层次
603	定位螺栓	第三层次
029	左曲轴箱盖	第三层次
057	箱体盖	第三层次
058	油尺	第三层次
059	螺栓	第三层次
PRT0113	链结单元 1	第三层次
PRT0114	链结单元 2	第三层次

根据表 6.1 摩托车发动机装配体中各个零部件所处的层次，在不考虑拆装工具的情况下，规划一个可行的拆卸顺序如下。

拆卸 4 个螺母 054. prt→拆卸 4 个垫圈 053. prt→拆卸气缸头盖 049. prt→拆卸螺栓 055. prt→拆卸气缸头右盖 050. prt→拆卸 2 个螺栓 056. prt→拆卸气缸头左盖 051. prt→拆卸螺母 048. prt→拆卸磁电机飞轮 045. prt→拆卸 2 个螺钉 047. prt→拆卸磁电机定子总成 046. prt→拆卸螺栓 042. prt→拆卸张紧杆弹簧 044. prt→拆卸张紧杆 043. prt→拆卸张紧轮 041. prt→拆卸螺栓 040. prt→拆卸张紧轮臂 039. prt→拆卸 3 个螺栓 038. prt→拆卸正时从动链轮 037. prt→拆卸 2 个螺栓 033. prt→拆卸 2 个螺栓 052. prt→拆卸缸头 036. prt →拆卸滚轮销轴 035. prt→拆卸导向滚轮 034. prt→拆卸缸体 032. prt→拆卸 8 个螺栓组 030. prt→拆卸左曲轴箱盖 029. asm→拆卸轴端挡圈 028. prt→拆卸端盖轴承 026. prt→拆卸 4 个螺钉 027. prt→拆卸离合器端盖 025. prt→拆卸圆螺母 024. prt→拆卸垫圈 023. prt→拆卸碟形垫片 022. prt→拆卸离合器 021. prt→拆卸离合器齿轮外套 020. prt→拆卸主动齿轮 019. prt→拆卸轴套 018. prt→拆卸套筒 017. prt→拆卸弹性挡圈 207.

prt→拆卸从动减速齿轮 016. prt→拆卸变速毂定位板 600. asm→拆卸换挡摇臂 500. asm→拆卸弹性挡圈 207. prt→拆卸启动轴附件 014. prt→拆卸启动轴附件弹簧 015. prt→拆卸 2 个螺栓 013. prt→拆卸锁紧垫圈 012. prt→拆卸二次传动装置链轮 011. prt→拆卸变速毂定位螺栓 010. prt→拆卸 6 个螺栓组 009. prt→拆卸 3 个螺钉 006. prt→拆卸机油泵 400. asm→拆卸左曲轴箱 004. prt→拆卸轴承 002. prt→拆卸轴承 005. prt→拆卸启动轴 300. asm→拆卸变速机构 200. asm→拆卸轴承 002. prt 和 003. prt→拆卸曲轴活塞 100. asm→拆卸链条 700. asm→拆卸右曲轴箱 001. asm。

对上述拆卸顺序求逆后得到可行的装配顺序。

2. 装配路径规划

装配路径是零部件从装配起点到装配目标点所经过的空间路径。装配路径规划是在装配顺序规划的基础上，利用零部件之间的装配信息对路径进行判断和分析，求解并生成一条合理的装配路径。

装配路径智能自动搜索和自动规划算法大多偏重于理论研究，只能解决比较简单的路径自动规划问题。对于复杂产品的路径规划，由于其零部件数量较多，若采用自动规划则容易产生组合爆炸问题，求解效率低下且计算复杂性高，很难高效率地自动生成装配路径。因此，装配路径自动规划算法在实际应用中较难实现。

虚拟环境下利用人机交互进行装配路径规划更加实用。为简化装配路径的生成过程，基于可拆即可装的假定，本章通过人机交互的方式对摩托车发动机装配体模型进行仿真试拆装，获得每个零部件的可行拆卸路径，再通过求逆得到可行的装配路径。

在虚拟环境下，装配路径由一系列的离散点组成，装配路径规划就是记录零部件在装配过程中所经过的一系列离散的空间位姿点。本章根据零件在虚拟环境中的初始位姿和最终位姿，通过中间点插值的方法形成装配路径。其具体过程为：在拆卸仿真过程运行的每一帧，先记录待拆卸零件的当前位姿关键点。系统根据用户输入的信息，为该零件计算下一个位姿关键点，该零件通过平移或旋转变换移动到新的位置。然后判断该零件在当前位置是否与其他已装配零件发生干涉，若没有发生干涉，系统为该零件生成一个新的路径结点，并将其添加到该零件的装配路径中，进入下一帧；若发生干涉，则将该零件返回到上一帧所处的位置。重复上述过程，直至待拆卸零件移动到目标拆卸位置，获得该零件的拆卸路径。在所有零部件都拆卸完成后，生成完整的拆卸路径，再通过求逆获得完整的装配路径。

装配路径规划的基本流程如图 6.7 所示。

本章用一个离散点序列来表示零部件的装配路径，路径结点可以描述为一个六元组

$$\text{path}=\{p_1,p_2,p_3,\cdots,p_n\} \tag{6.1}$$

$$p_i=\langle x_i,y_i,z_i,w_{i\alpha},w_{i\beta},w_{i\gamma}\rangle \tag{6.2}$$

式中 p_i—— 第 i 个序列结点；

x_i、y_i、z_i—— 分别表示零部件在某一帧的空间位置信息；

$w_{i\alpha}$、$w_{i\beta}$、$w_{i\gamma}$—— 分别表示零部件在某一帧的姿态信息。

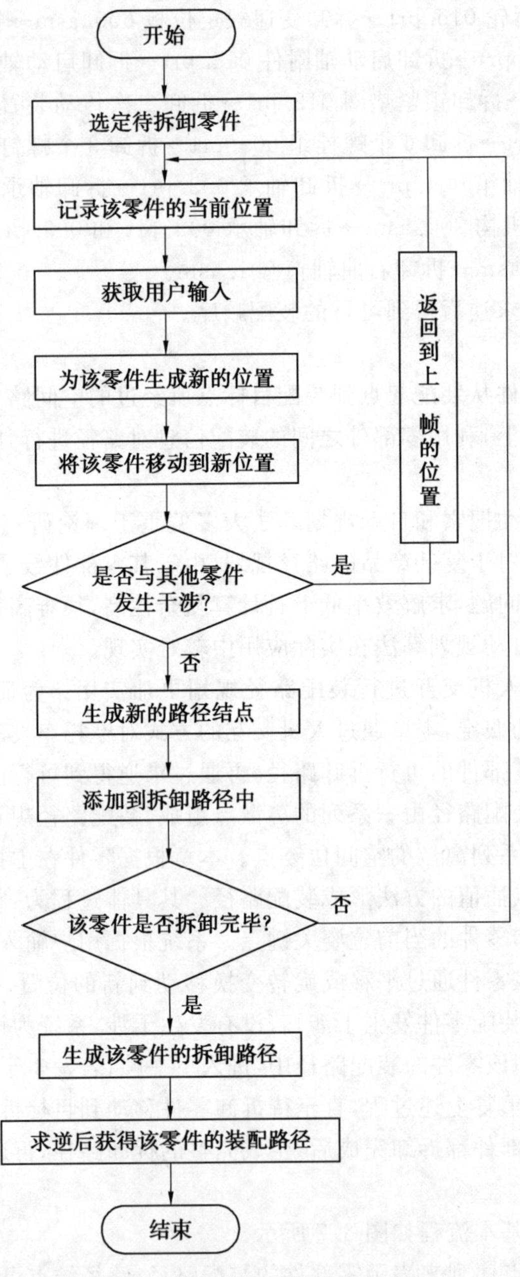

图 6.7 装配路径规划的基本流程

6.5.2 装配定位实例

如图 6.8 所示,以摩托车发动机中的螺栓和气缸头左盖的装配为例,对虚拟环境下基于约束识别与求解的零件精确定位过程进行说明。螺栓为待装配零件,气缸头左盖为基准件,两零件的几何面之间存在两个装配约束关系:螺栓顶部下端面和气缸头左盖上的螺纹孔上端面之间的平面贴合约束,螺栓圆柱面和气缸头左盖上的螺纹孔圆柱面之间的轴线对齐约束。螺栓在向气缸头左盖靠近的过程中,系统识别出螺栓和螺纹孔之间的轴线对齐约束,如图 6.8(a) 所示。系统求解出旋转变换矩阵并对螺栓进行旋转变换,使两配合圆柱面的轴线平行,如图 6.8(b) 所示。再计算两轴线之间的距离,求解出平移变换矩阵并对螺栓进行平移变换,使两配合圆柱面的轴线重合,如图 6.8(c) 所示。螺栓在轴线对齐约束的作用下继续装配,此时螺栓只能沿轴线对齐的方向移动。螺栓逐渐向目标装配位置靠近,系统识别出螺栓顶部下端面和气缸头左盖上的螺纹孔上端面之间的平面贴合约束,求解出位姿变换矩阵,最终将螺栓精确装配定位,如图 6.8(d) 所示。

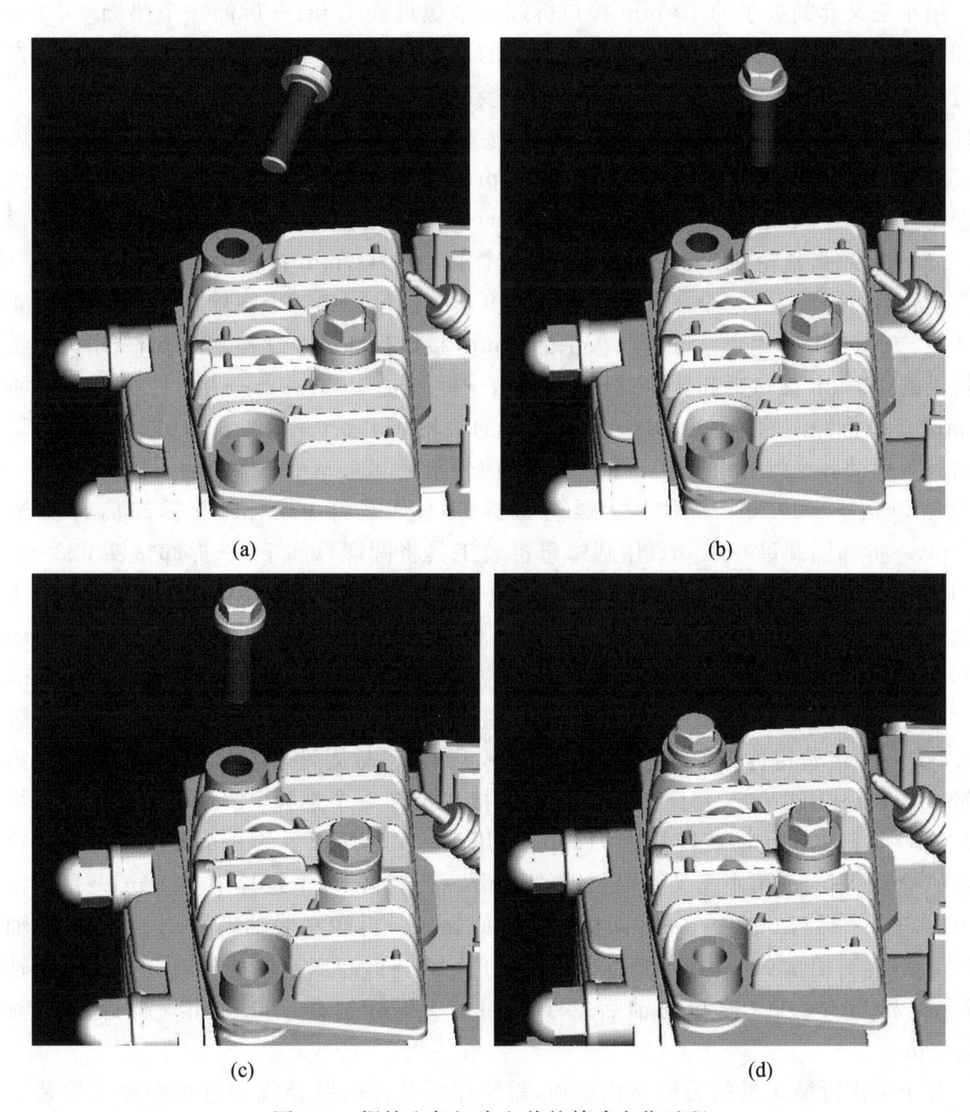

图 6.8 螺栓和气缸头左盖的精确定位过程

6.5.3 考虑拆装工具的装配及拆卸仿真

1. 拆装工具的引入对装配工艺规划的影响

引入拆装工具后，原有的装配或拆卸顺序与路径都会发生变化，必须重新进行装配工艺规划。

在装配顺序规划过程中，考虑拆装工具的参与，对摩托车发动机规划一个新的可行拆卸顺序如下。

用小三叉套筒扳手的 10 mm 接口拆卸 4 个螺母 054. prt→拆卸 4 个垫圈 053. prt→拆卸气缸头盖 049. prt→用小三叉套筒扳手的 9 mm 接口拆卸螺栓 055. prt→拆卸气缸头右盖 050. prt→用小三叉套筒扳手的 8 mm 接口拆卸 2 个螺栓 056. prt→拆卸气缸头左盖 051. prt→用大三叉套筒扳手的 14 mm 接口拆卸螺母 048. prt→拆卸磁电机飞轮 045. prt→用十字螺丝刀拆卸 2 个螺钉 047. prt→拆卸磁电机定子总成 046. prt→用大三叉套筒扳手的 14 mm 接口拆卸螺栓 042. prt→拆卸张紧杆弹簧 044. prt→拆卸张紧杆 043. prt→拆卸张紧轮 041. prt→用大三叉套筒扳手的 17 mm 接口拆卸螺栓 040. prt→拆卸张紧轮臂 039. prt→用小三叉套筒扳手的 9 mm 接口拆卸 3 个螺栓 038. prt→拆卸正时从动链轮 037. prt→用小三叉套筒扳手的 9 mm 接口拆卸 2 个螺栓 033. prt→用大三叉套筒扳手的 17 mm 接口拆卸 2 个螺栓 052. prt→拆卸缸头 036. prt →用小三叉套筒扳手的 10 mm 接口拆卸滚轮销轴 035. prt→拆卸导向滚轮 034. prt→拆卸缸体 032. prt→用 T 形套筒扳手拆卸 8 个螺栓组 030. prt→拆卸左曲轴箱盖 029. asm→拆卸轴端挡圈 028. prt→拆卸端盖轴承 026. prt→用十字螺丝刀拆卸 4 个螺钉 027. prt→拆卸离合器端盖 025. prt→拆卸圆螺母 024. prt(用圆螺母拆装工具将圆螺母卸下)→拆卸垫圈 023. prt→拆卸碟形垫片 022. prt→拆卸离合器 021. prt→拆卸离合器齿轮外套 020. prt→拆卸主动齿轮 019. prt→拆卸轴套 018. prt→拆卸套筒 017. prt→用卡簧钳拆卸弹性挡圈 207. prt→拆卸从动减速齿轮 016. prt→拆卸变速毂定位板 600. asm(用小三叉套筒扳手的 9 mm 接口拆卸变速毂定位螺栓 010. prt，之后将整个变速毂定位板拆下）→拆卸换挡摇臂 500. asm→用卡簧钳拆卸弹性挡圈 207. prt→拆卸启动轴附件 014. prt→拆卸启动轴附件弹簧 015. prt→用小三叉套筒扳手的 9 mm 接口拆卸 2 个螺栓 013. prt→拆卸锁紧垫圈 012. prt→拆卸二次传动装置链轮 011. prt→用小三叉套筒扳手的 9 mm 接口拆卸变速毂定位螺栓 010. prt→用小三叉套筒扳手的 9 mm 接口拆卸 6 个螺栓组 009. prt→用十字螺丝刀拆卸 3 个螺钉 006. prt→拆卸机油泵 400. asm→拆卸左曲轴箱 004. prt→拆卸轴承 002. prt→拆卸轴承 005. prt→拆卸启动轴 300. asm→拆卸变速机构 200. asm→拆卸轴承 002. prt 和 003. prt→拆卸曲轴活塞 100. asm→拆卸链条 700. asm→拆卸右曲轴箱 001. asm。

对于考虑拆装工具的装配路径规划，需要在零部件的路径规划过程中加上拆装工具规划环节。

在虚拟装配过程中使用拆装工具，首先要根据前面规划好的拆卸顺序，选定待拆卸零件，判断该零件的拆卸操作是否需要使用拆装工具。如果需要使用拆装工具，则进入拆装工具规划环节。首先是拆装工具的引入和定位，即根据待拆卸零件选择对应的拆装工具，并在工具与零件之间建立正确的约束关系，使待拆卸零件与工具固连在一起；然后是工具的操作，即控制待拆卸零件和工具一起运动，在工具的作用下逐渐将零件从装配体中拆除；最后是工具的退出，即在拆卸完零件并将其移动到指定位置后，将工具从待拆卸零件上移开，工具释放零件并退出本轮拆卸操作。拆装工具规划环节结束后，再对零部件进行路径规划，其具体流程如图6.9所示。

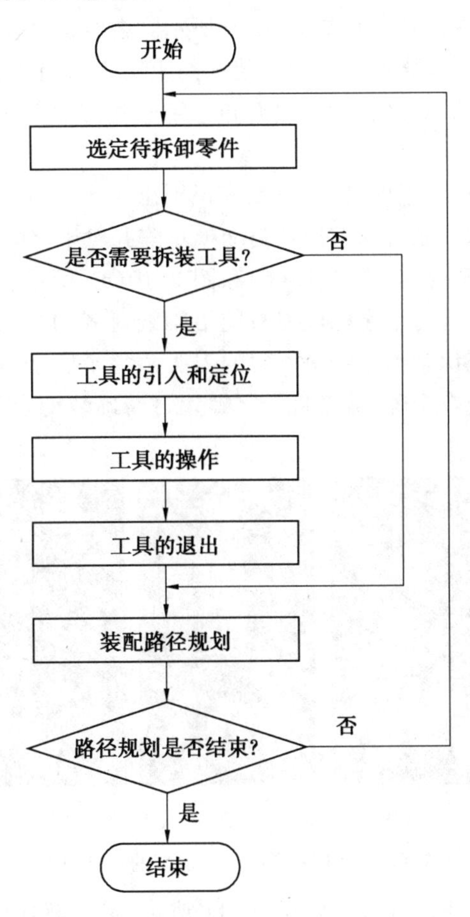

图6.9 考虑拆装工具的装配路径规划流程

拆装工具的操作过程可以分为三个方面：工具的引入和定位、工具的操作和工具的退出。

(1)工具的引入和定位。

工具的引入是指根据选定的待拆卸零件选择对应的拆装工具。工具的定位是指将选定的拆装工具放入合适的位置，并在工具与零件之间建立正确的约束关系，使工具与零件固连在一起。

工具的定位是将待拆卸零件作为基准件，将拆装工具作为零部件，按照一定的约束关系将它们装配到一起的过程。在工具定位的过程中，待拆卸零件的位姿没有变化，只有工具的位姿发生改变，通过不断调整工具的位姿，实现工具的定位。拆装工具与待拆卸零件定位之后，它们之间建立了定位约束关系，此时可以认为工具与该零件固连在一起形成了稳定的装配体，二者在后续装配或拆卸操作中能够一起运动，共享一个位姿变换矩阵。

工具定位的关键是在待拆卸零件与拆装工具之间建立正确的约束关系，在具体实施过程中，按照前文所讲的基于装配约束的零部件精确定位方法进行。十字螺丝刀和三叉套筒扳手是摩托车发动机拆装过程中常用的拆装工具，在此，以十字螺丝刀和三叉套筒扳手的定位过程为例进行具体说明。

十字螺丝刀与螺钉的定位过程如图 6.10 所示。在定位过程中，十字螺丝刀为待装配零件，螺钉为基准件，两零件之间存在两个装配约束关系：螺钉的圆柱面和十字螺丝刀的圆柱面之间的轴线对齐约束，螺钉的槽底面和十字螺丝刀的刀头顶端平面之间的平面贴合约束。

十字螺丝刀在向螺钉靠近的过程中，系统识别出十字螺丝刀和螺钉之间的轴线对齐约束，如图 6.10(a) 所示。系统求解出位姿变换矩阵并对十字螺丝刀进行位姿变换，从而使两配合圆柱面的轴线重合，如图 6.10(b)和图 6.10(c) 所示。十字螺丝刀在轴线对齐约束的作用下继续装配，这时十字螺丝刀只能沿轴线对齐的方向运动。十字螺丝刀逐步靠近螺钉的槽底面，系统识别出十字螺丝刀的刀头顶端平面和螺钉的槽底面之间的平面贴合约束，求解出平移变换矩阵，最终将十字螺丝刀精确装配定位，如图 6.10(d)和 6.10(e)所示。

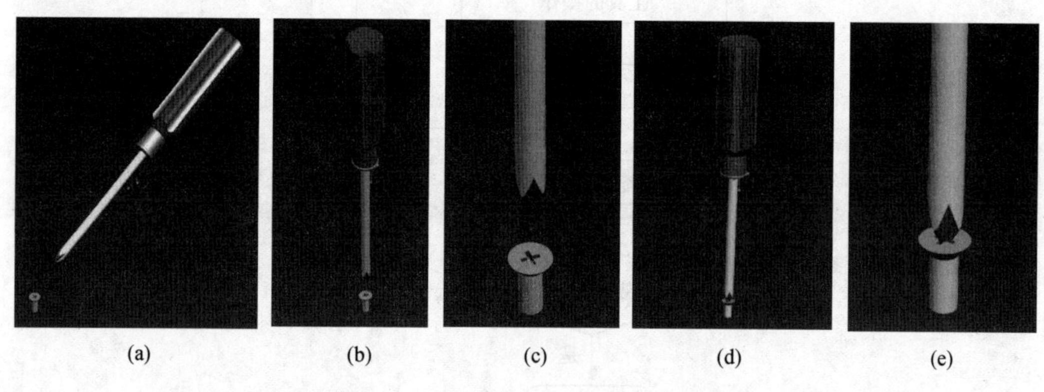

图 6.10　十字螺丝刀与螺钉的定位过程

三叉套筒扳手与螺栓的定位过程如图 6.11 所示，根据螺栓的尺寸，选择三叉套筒扳手的不同接口进行拆装操作。在定位过程中，三叉套筒扳手为待装配零件，螺栓为基准件，两零件之间存在两个装配约束关系：螺栓的圆柱面和三叉套筒扳手的圆柱面之间的轴线对齐约束，螺栓顶部下端面和三叉套筒扳手的接口顶端平面之间的平面贴合约束。

三叉套筒扳手在向螺栓靠近的过程中，系统识别三叉套筒扳手和螺栓之间的轴线对齐约束，如图 6.11(a)所示。系统求解出位姿变换矩阵并对三叉套筒扳手进行位姿变换，从而使两配合圆柱面的轴线重合，如图 6.11(b)所示。三叉套筒扳手在轴线对齐约束的作用下沿轴线对齐的方向逐步靠近螺栓的顶部下端面，系统识别出三叉套筒扳手的接口顶端平面和螺栓顶部下端面之间的平面贴合约束，求解出平移变换矩阵，最终将三叉套筒扳手精确装配定位，如图 6.11(c)和 6.11(d)所示。

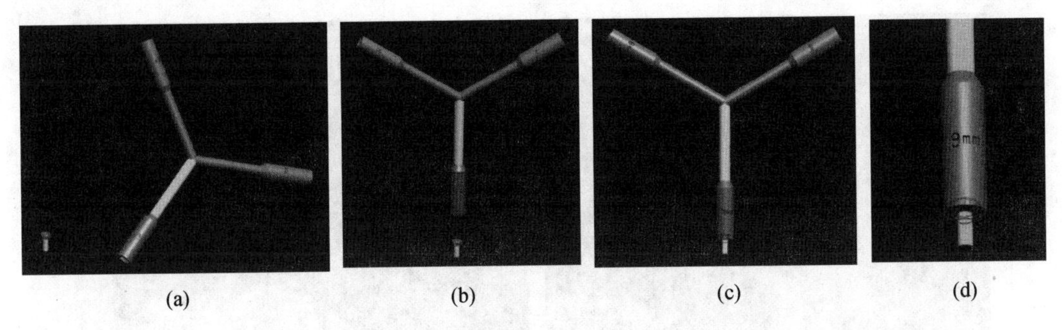

图 6.11 三叉套筒扳手与螺栓的定位过程

(2)工具的操作。

工具的操作是指控制待拆卸零件和工具一起运动,在工具的作用下逐渐将零件从装配体中拆除。在这个过程中,为了使待拆卸零件和工具固连在一起,必须保持它们之间的定位约束关系不变。

要想利用拆装工具完成装配与拆卸操作,关键是获取工具的运动量,在此借助前文介绍的约束识别和装配运动导航方法,获取拆装工具的运动信息并将其传递到待拆卸零件上,从而实现对零件和工具的运动引导。

在具体拆卸过程中,首先通过动态约束识别,对待拆卸零件的运动自由度进行分析,确定该零件在多个装配约束作用下的可拆卸方向;然后将用户施加在工具上的运动量投影到该方向上,得到运动修正量,通过上述运动修正量计算出该拆卸方向的位姿转换矩阵,与工具的当前位姿相乘后即可得到运动施加后的新位姿。

系统在每一个拆卸步骤都会对待拆卸零件与基准件之间的装配约束满足情况进行检测,并逐渐取消该装配约束对零件运动的限制,随着装配过程中建立的装配约束依次解除,零件的可自由运动方向随之增加,装配约束完全被解除后,零件恢复到自由运动状态,待拆卸零件从基准件上拆卸下来。

(3)工具的退出。

工具的退出是指在拆卸完零件并将其移动到指定位置后,将拆卸工具从待拆卸零件上移开,工具释放零件并退出本轮拆卸操作。拆装工具操作零件进行移动的过程中,它们之间的定位约束关系仍然保持不变,直至将待拆卸零件移动到指定位置后,将该零件与工具分离并解除它们之间的定位约束关系,工具退出虚拟场景。此时,拆装工具对该零件的拆卸工作完毕,用户继续选择下一个待拆卸零件及对应的拆装工具,进行下一轮的拆卸。

2. 工具操作空间验证

在虚拟装配及拆卸过程中,对于使用拆装工具的仿真过程,需要先对工具的操作空间进行验证,工具的操作空间要保证用户能够方便地利用工具完成零件的装配与拆卸。在完成拆装工具与零件的定位之后,可以通过旋转或移动工具,判断该工具是否与周围空间的其他零部件发生碰撞干涉,如果没有发生干涉,则认为该工具在此位置具有足够的操作空间。三叉套筒扳手和十字螺丝刀的操作空间验证如图 6.12 所示。

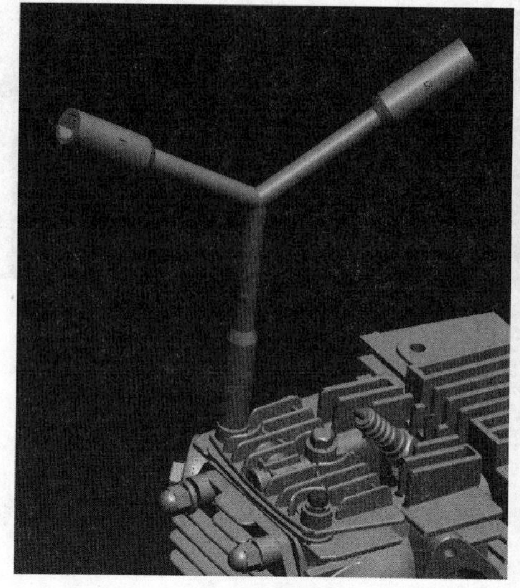

(a) 三叉套筒扳手

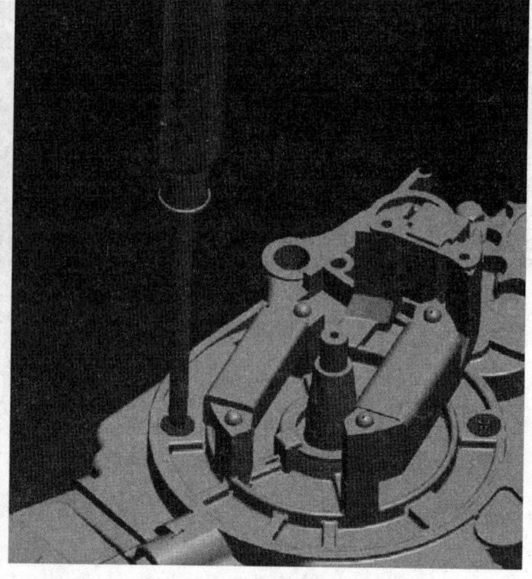

(b) 十字螺丝刀

图 6.12 工具操作空间验证

6.6 用户界面设计

本章采用现代软件交互界面的设计理念，利用 Ribbon 界面进行软件用户界面的开发。与传统的菜单式用户界面相比，Ribbon 界面具有以下优点：(1)提供足够的空间来显示更多的指令，能够在应用程序中更好地组织指令。(2)使用功能区代替菜单栏和工具栏，所有功能都集中存放，不需要再查找菜单和工具栏。(3)使应用程序的功能更加易于发现和使用，减少点击鼠标的次数。(4)外观整洁漂亮，功能直观，用户操作方便。

创建 Ribbon 界面主要分三步：(1)创建 Ribbon 样式的应用程序框架。(2)为 Ribbon Bar 添加控件。(3)为控件添加消息处理函数。

下面介绍在 VS 2010 中利用 MFC 向导创建 Ribbon 样式的多文档应用程序框架的具体过程：首先利用 MFC 应用程序向导创建 Ribbon 界面，如图 6.13 所示，在图 6.13(a)中的"应用程序类型"下选择"多个文档"，在"项目类型"下选择"Office"；在图 6.13(b)中的"指令栏"下选择"使用功能区"，其他设置保持默认值不变；这样就完成了创建 Ribbon 样式的应用程序框架的全部设置。

要想向 Ribbon 界面中添加控件，可以通过"视图—工具箱"在工具箱视图中打开 Ribbon 编辑器，里面列出了一些常用 Ribbon 控件，在工具箱中选中需要添加的控件类型，并将其拖入 Ribbon bar，修改控件的属性，即可实现控件的添加。在完成控件的添加后需要为它们添加消息处理函数，通过"事件处理程序向导"为控件添加消息处理函数，并修改消息处理函数以实现程序要求的功能。

最终创建的软件系统用户界面如图 6.14 所示。软件界面的顶部是圆形菜单按钮和快速访问工具栏，可以自定义各种快速访问工具。快速访问工具栏的下方是功能区，功能区包含各种功能控件，对应实现软件系统的各种功能，是整个软件的核心部分。Ribbon

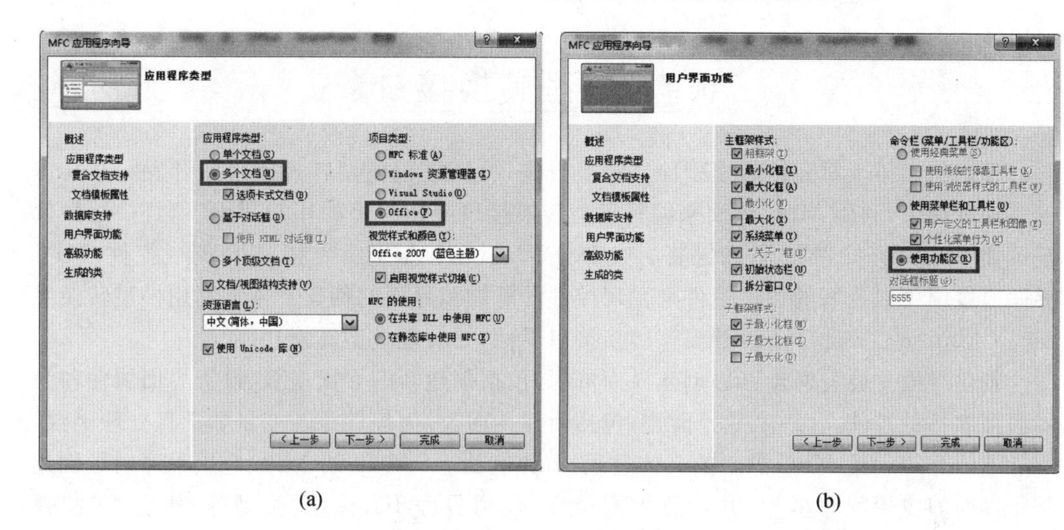

(a) (b)

图 6.13　利用 MFC 应用程序向导创建 Ribbon 界面

的界面元素可以分为类别、面板和基本控件，类别由面板组成，面板由文本编辑框、按钮等基本控件组成。“仿真管理”“视图管理”和“系统管理”标签下的整个界面就是类别，“模型转换”“模型加载”“单步拆装”“连续拆装”“速度调节”和“模型库”对应的就是面板，每个面板都包含一些复选框、编辑、按钮等基本控件。主窗口是虚拟场景区，用于虚拟场景中模型的显示和虚拟拆装操作。软件界面底部是状态栏。

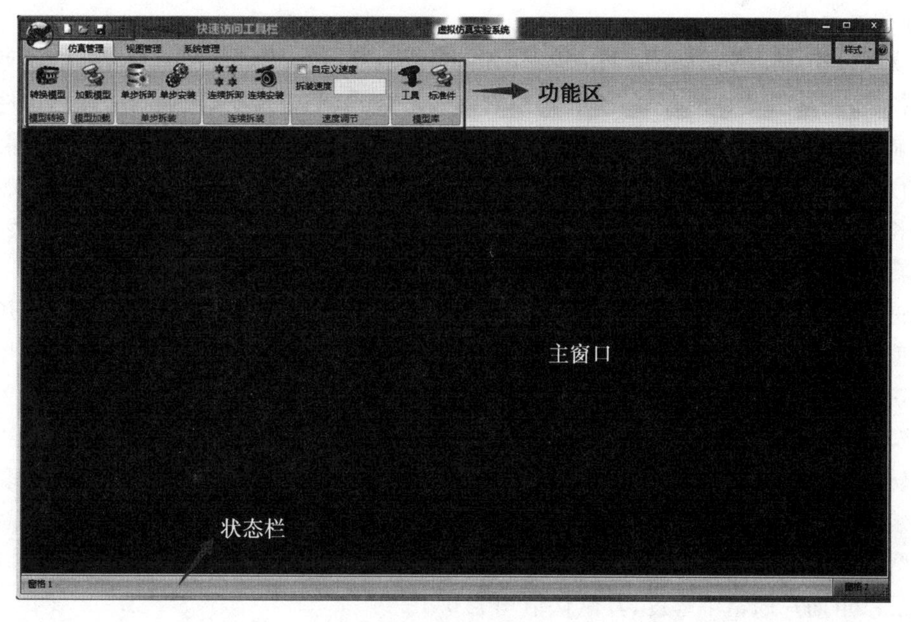

图 6.14　软件系统用户界面

6.7 模型转换接口

根据前面第4章介绍的模型信息转换方法，可以进行模型转换接口的开发。在具体的实现过程中，利用MFC界面来编写模型转换接口应用程序的用户界面。MFC是微软基础类库，以C++类的形式封装了大部分Windows API函数和Windows控件，MFC界面通过调用封装好的各类控件来实现控件的添加和界面的创建。本章利用模型转换界面类CMotion_TraspDlg，设计模型转换接口界面，并实现模型转换功能。

创建界面主要分两步：(1)创建界面资源，包括创建新的界面模板、设置界面属性和为界面添加各种控件。(2)生成界面类，包括新建界面类、为控件添加变量和消息处理函数。

下面介绍创建MFC界面的具体过程：首先利用VS 2010的MFC应用程序向导创建基于界面的应用程序框架，并设置界面属性，包括界面ID、标题、类型等；然后通过"视图—工具箱"在工具箱视图中打开界面编辑器，里面列出了一些常用控件，在工具箱中选中需要添加的控件类型，将其拖到界面模板上并修改控件的属性，即可实现控件的添加；最后通过"添加类向导"创建界面类，使用"添加成员变量向导"为界面中的控件添加变量，利用"事件处理程序向导"为控件添加消息处理函数，并在消息处理函数中添加程序要求实现的功能。

Pro/TOOLKIT应用程序有两种工作模式：异步模式和同步模式。本章采用异步模式，软件系统不需要依赖Creo运行，可以独立存在运行，只有在程序需要调用Creo功能时，才在后台启动Creo。

模型转换接口界面如图6.15所示，其包括六个部分，分别是：选择要转换的模型文件或路径、转换结果文件的存储路径、转换后的文件格式、偏差控制、转换功能控制控件和进度条显示。通过该转换接口，能够对摩托车发动机零部件模型的几何信息和装配信息分别进行提取转换，并可以选择转换前后文件的存储位置。转换后的文件有两种格式：NFF格式和SLP格式。转换功能控制控件包含四个按钮控件：启动Creo、几何信息转换、装配信息转换和退出。

首先点击"启动Creo"按钮，软件在后台启动Creo程序，并在Creo中自动打开选择的模型文件，用户可以观察打开的模型是否正确。在模型成功打开后，通过点击"几何信息转换"按钮，可以将零部件模型的几何信息转换成NFF文件，并存储在选定的文件夹中，该转换过程较费时间，用户可以通过进度条查看信息转换的完成率。通过点击"装配信息转换"按钮，可以提取装配体模型的装配信息，并暂存在Vector容器中，在提取完毕后将装配信息存储在数据库的表中。为了对转换后模型的精度进行控制，在该界面中添加了"偏差控制"栏，通过对最大允许弦高和角度控制两个参数的输入进行控制，可以控制转换后三角面片的精细程度，其默认值均为0.1。

此外，由于模型转换时间较长，为了及时显示和反馈模型转换过程的进度，在该界面最下方添加一个模型转换的进度条，进度条控件能够实时显示"启动Creo""几何信息转换""装配信息转换"三个进程的当前完成率。由于软件系统为单线程模式，所以在模型转换的过程中，若进度条未显示完成率达到100%，请不要对软件系统进行任何操作，否则

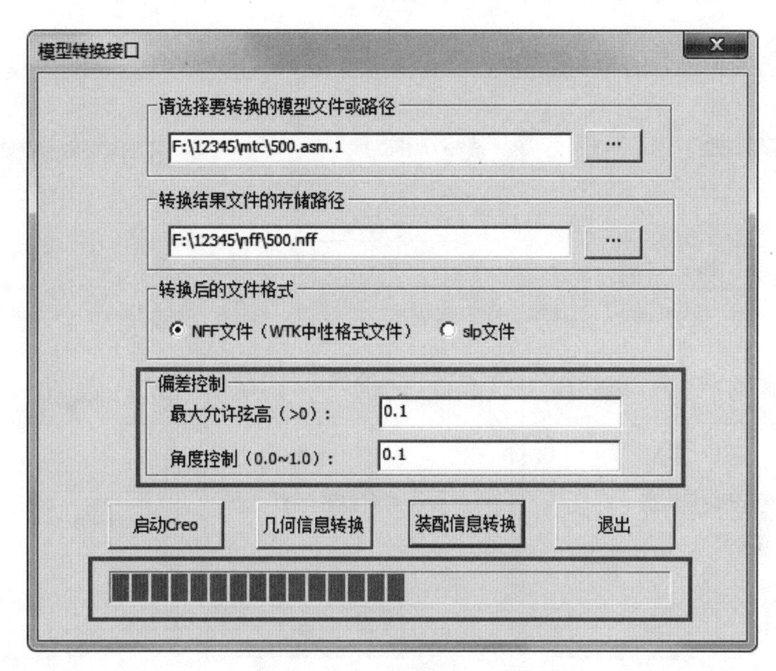

图 6.15　模型转换接口界面

会导致软件系统崩溃。在完成模型转换后，点击“退出”按钮，软件自动关闭 Creo 软件并退出当前模型转换接口界面。

模型转换模块还设计了较为完善的错误操作防呆机制和提示处理程序。如果用户操作不符合正确规范，系统就会提示错误，并不进入内部计算程序，防止用户的错误操作导致的模型转换错误问题。此外，在 Creo 启动成功和模型信息转换完成后都会给出提示，弹出的界面如图 6.16 所示。

如果没有选择要转换的模型文件或路径，直接点击“启动 Creo”按钮，系统会弹出提示信息“请选择模型！”，如图 6.16(a)所示；同样，在启动 Creo 之前就点击“几何信息转换”或“装配信息转换”两个控件中的任何一个，系统都会弹出提示信息“请先打开模型！”，如图 6.16(b)所示。如果没有选择转换结果文件的存储路径和转换后的文件格式，点击“几何信息转换”或“装配信息转换”两个控件中的任何一个，则会分别弹出“请选择转换文件存储路径！”和“请选择转换类型！”的提示信息，如图 6.16(c)和图 6.16(d)所示。在模型打开完成后系统会弹出提示信息“打开模型完成！”，如图 6.16(e)所示；在模型信息转换完成后系统会弹出提示信息“转换完成！”，如图 6.16(f)所示。

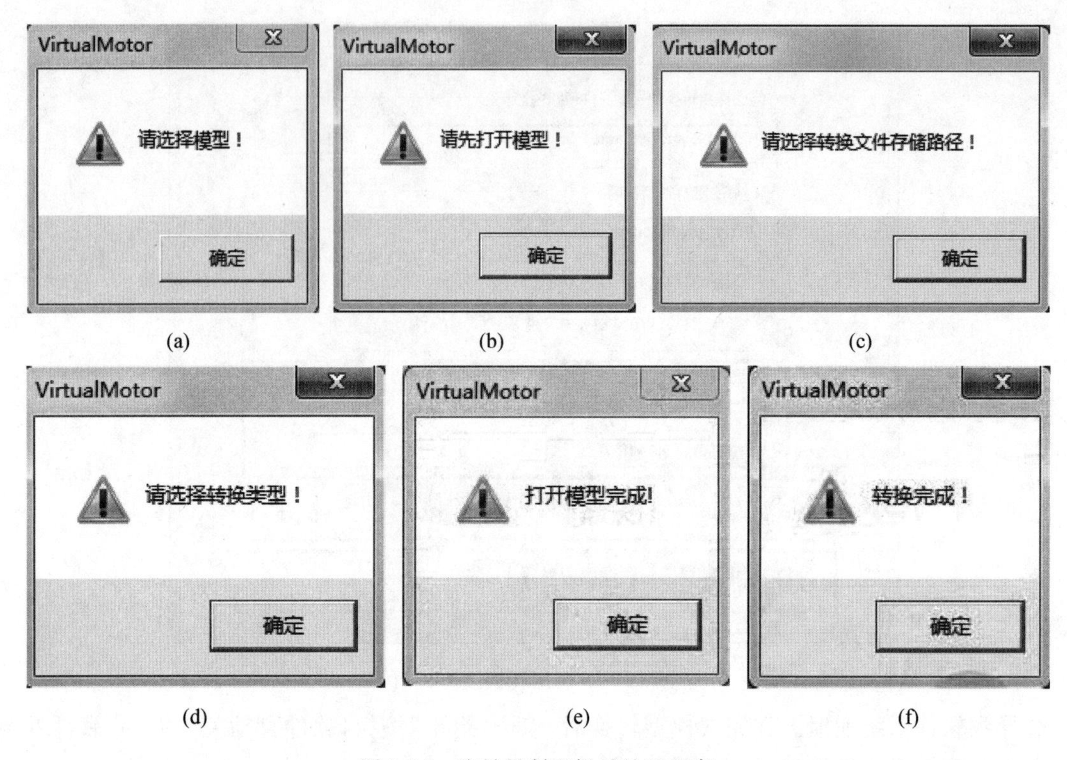

图 6.16 防呆机制和提示处理程序

6.8 模型库管理

模型库包括工具模型库和标准零件库两部分，工具模型库包括装配和拆卸过程中用到的各种装配及拆卸工具，标准零件库包括各种标准件。

在 6.4 节对拆装工具和标准件进行分析的基础上，通过前面所述模型转换功能将 Creo 中建立的装配及拆卸工具和标准零件模型导入软件系统的模型库中。模型库的各项功能都集成在界面里，通过拆装工具和标准件类的建立、函数的封装来实现用户所需的各种操作。用户可以通过软件功能区中的“模型库—工具”“模型库—标准件”分别打开工具库和标准零件库，工具库和标准零件库的界面如图 6.17 和图 6.18 所示，工具库和标准零件库中列出摩托车发动机常用的拆装工具和标准零件。利用该界面能够对工具模型库和标准零件库进行管理，包括工具与模型的添加、删除、编辑和查看功能。

本章利用工具库界面类 CToolLibraryDlg 和标准零件库界面类 CStandrPrtLibraryDlg，设计工具库和标准零件库界面，并实现相应功能。以工具库为例，工具库封装了新建工具函数 OnInsertTool( )，用户点击“添加工具”后，该函数会自动调用，向工具库中添加新的工具；用户通过点击“删除工具”调用删除工具函数 OnDelTool( )，将选择的工具从工具库中删除；用户通过点击“编辑工具”调用编辑工具函数 OnEditTool( )，能够对选择的工具进行编辑；用户通过点击“查看工具”调用查看工具函数 OnViewTool( )，将选择的工具调入虚拟场景中。

图 6.17　工具库

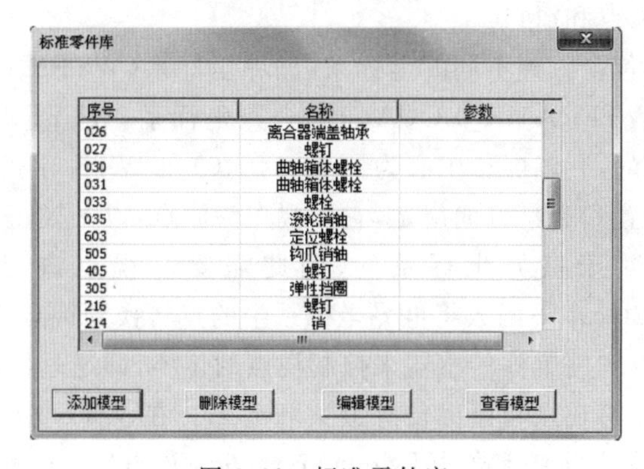

图 6.18　标准零件库

6.9　视图管理及视点控制

软件系统的图形显示部分不仅可以实现三维模型的显示，还可以对模型进行视图定向、旋转、平移和缩放等操作。

三维模型按正投影法向投影面投射所得到的投影称为视图，指定不同的投影方向，就可以得到不同的视图。软件功能区有一个视图管理模块，如图 6.19 所示，在虚拟场景中构建不同视向的方向视图，包括前视图、后视图、左视图、右视图、上视图和下视图等基本视图，用户利用该模块能够方便地对模型的视图进行切换与管理。在该模块需要建立视图变换矩阵，不同的视图之间通过视图变换矩阵进行切换。各个视图的具体实现方法如下：利用 CVirtualMotorView 视图类中的 OnButton9( )函数设置前视图，利用 OnButtonback( )函数设置后视图，利用 OnLeft( )函数设置左视图，利用 OnRight( )函数设置右视图，利用 OnTop( )函数设置上视图，利用 OnBottom( )函数设置下视图。

在装配与拆卸仿真过程中，为了更好地观察和演示摩托车发动机的拆装操作，需要对模型的视角进行变换，即通过视点的平移和旋转，在不同的视角观察模型。本章基于 WTK 的仿真环境，通过视点变换原理开发了视点变化功能，可以实现装配与拆卸过程中对模型的缩放、平移和旋转观察，以及在虚拟场景中的漫游。

通过窗口观察虚拟场景时，视点定义了观察点的位置和姿态。在调用 WTuniverse_

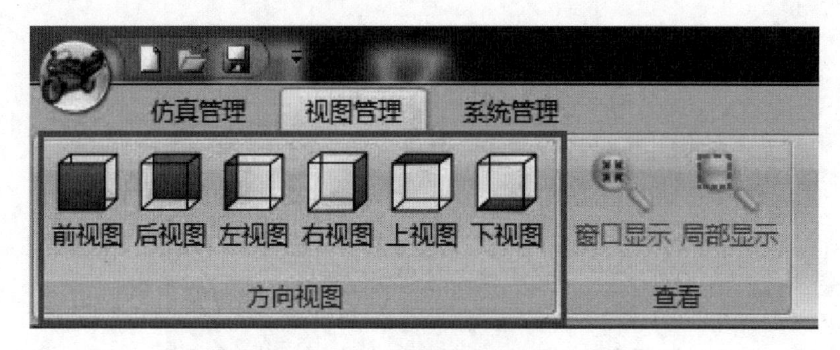

图 6.19 视图管理模块

new( )函数生成一个新的宇宙时，WTK 自动生成一个视点和窗口，自动将它们添加到宇宙中，并且自动关联视点和窗口。

虚拟场景中主要包含三种不同的坐标系：世界坐标系(WTFRAME_WORLD)、几何模型的局部坐标系(WTFRAME_LOCAL)和视点坐标系(WTFRAME_VPOINT)。世界坐标系是固定不变的，它以屏幕中心为原点(0,0,0)在 WTK 中用来描述场景的坐标。视点坐标系由视点位置和观察方向决定，它以视点为原点，以 z 轴正方向为视线方向。由于视点的位姿是相对于世界坐标系的，因此需要对视点进行坐标变换，即利用 WTviewpoint_world2local( )函数将世界坐标系中的点转换到视点坐标系中。

虚拟环境中，可以利用鼠标传感器来控制视点的位姿，即通过鼠标来控制视点的平移和旋转。因此，必须先将视点与鼠标传感器关联起来。在 WTK 中有两种方法能够将视点与传感器关联：一种是调用函数 WTviewpoint_addsensor( )，这种方法比较简单；另一种是利用运动连接(Motion Links)的方法，这种方法可以将视点与传感器或路径进行关联。通过传感器或路径，可以控制视点或物体的运动，实现与虚拟世界的交互。运动连接可以将传感器或路径的位姿信息应用于运动连接的目标。为了能够在虚拟场景中使用鼠标对模型运动进行控制，本章采用了运动连接的方式，利用 WTmotionlink_new( )函数创建鼠标传感器与视点之间的运动连接。传感器对象的构造与连接流程如图 6.20 所示。

视点与传感器关联后，视点自动随鼠标的输入而运动。为此，需要根据传感器设备的输入生成 x、y、z 轴的平移和旋转记录，利用 WTsensor_gettranslation( )函数获取传感器当前的平移记录，平移记录受平移缩放系数的影响；利用 WTsensor_getrotation( )函数获取传感器当前的旋转记录，旋转记录受旋转缩放系数的影响。在 WTK 中对于传感器记录需要进行缩放，包括平移和旋转缩放，平移缩放系数可以用 WTsensor_setsensitivity( )函数调整，旋转缩放系数可以用 WTsensor_settangularrate( ) 函数调整。传感器连接的目标对象(视点)的实际平移量和旋转量是用缩放系数乘以传感器设备的输入量。

在将视点与鼠标关联前，需要先构造一个鼠标传感器对象。利用 WTmouse_new( )函数构造鼠标传感器对象，并添加到宇宙中。该函数包含三个指针，分别指向传感器的打开函数、关闭函数和更新函数，打开函数在传感器构造时调用，关闭函数在传感器删除时调用，更新函数在每一帧的开始位置由仿真引擎调用。

为了设置鼠标的交互状态，并获取鼠标的输入，需要编写鼠标传感器驱动程序，在此可以直接调用 WTK 提供的鼠标打开和关闭驱动程序，并自己编写更新驱动程序。本章

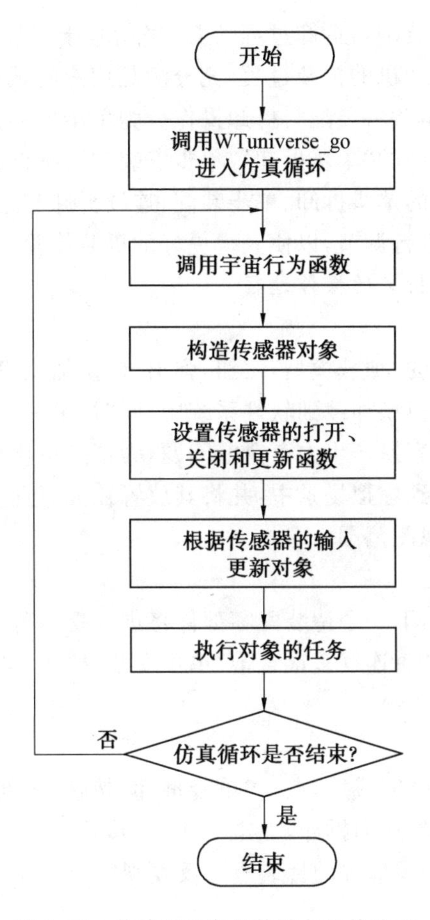

图6.20 传感器对象的构造与连接流程

利用WTmouse_new()函数生成一个鼠标传感器对象，其打开函数是WTmouse_open()，关闭函数是WTmouse_close()，通过三个更新函数WTmouse_translate()、WTmouse_rotate()和WTmouse_scale()分别实现鼠标控制视点的平移、旋转和缩放。

当鼠标与视点关联后，操纵鼠标可实现如下效果。

(1)没有按下任何按钮时，视点静止不动。

(2)按住鼠标右键并拖动鼠标，模型发生旋转。

(3)按住鼠标中键并拖动鼠标，模型发生平移。

(4)同时按住鼠标左右键并移动鼠标，可以对模型进行缩放。

6.10 虚拟装配及拆卸操作

在完成虚拟装配模型的建立和虚拟场景的构建之后，通过编程实现摩托车发动机零部件的装配与拆卸仿真。对于摩托车发动机的所有零部件，要求在软件系统中按照已经规划好的装配和拆卸顺序与路径，利用已经选定的拆装工具，在虚拟场景中进行装配和拆卸操作。

对于摩托车发动机的装配与拆卸过程仿真，采用基于鼠标点击的拆装操作。为了尽可能直观地演示摩托车发动机的拆装过程，充分满足用户的试拆装需求，使用户对整个拆装过程有更深刻的认识，本章将装配与拆卸操作分为单步拆装和一键连续拆装两种类型。用户可以通过软件功能区中的"单步拆卸""单步安装""连续拆卸"和"连续安装"四个按钮实现摩托车发动机零部件的单步拆卸、单步装配、连续拆卸和连续装配操作，并可通过"速度调节"控件对拆装速度进行调节，以便获得更好的拆装体验。

1. 摩托车发动机虚拟拆装的操作过程

(1)加载模型。

首先点击软件功能区的"加载模型"按钮，弹出"模型加载完毕"提示消息，证明已将所有的摩托车发动机零部件模型加载到软件系统中；同时，第一个基体零件将直接显示到窗口区域中。反复加载模型容易产生内存泄漏问题，为了避免模型的频繁加载，系统一次性将所有的零部件模型加载到虚拟场景中，并将其放置在无穷远处；在对相应零部件进行装配时，该零件才会出现在视图范围内。

(2)单步装配。

点击"单步安装"按钮，下一个待装配零部件将进入视图范围内，系统按照规划好的顺序和路径对该零件进行装配；连续多次点击"单步安装"按钮，系统将按顺序对零部件进行装配。

(3)单步拆卸。

在装配过程中或者装配完成后，点击"单步拆卸"按钮，系统按照装配的逆过程，对最近安装的零部件进行单步的逆向拆卸，点击一次"单步拆卸"按钮拆卸一个零部件。在这个过程中，用户可以对单个零部件的拆装进行反复观察与操作，以便充分了解摩托车发动机的整个拆装过程。

(4)连续装配。

在拆卸完成或拆装过程中，点击"连续安装"按钮，系统将按照规划好的装配顺序对各个零部件进行连续装配。

(5)连续拆卸。

在装配完成或拆装过程中，点击"连续拆卸"按钮，系统将按照规划好的拆卸顺序对各个零部件进行连续拆卸。

(6)拆装工具。

对于用到拆装工具的装配或拆卸步骤，该拆卸或安装步骤会引入拆装工具模型，并模拟工具的装配或拆卸动作。

(7)拆装速度。

对于装配与拆卸仿真过程中的零部件移动速度，在不影响观察的前提下事先设定好，用户也可以根据自己的需要调节拆装速度。

2. 拆装仿真功能的实现方法

摩托车发动机的拆装仿真功能通过在 CWtkUniverse 类中定义的各种方法实现，包括零件的位姿变换、装配零件函数和拆卸零件函数。该类定义了安装零件的位姿矩阵，包括初始位姿矩阵及最终位姿矩阵；定义了拆装工具的位姿矩阵，包括初始和最终位姿矩阵;并为每个零部件和工具定义一个安装矩阵函数和拆卸矩阵函数。

(1)单步装配。

利用 OnButtoninstall1( )函数对"单步安装"按钮进行设置,鼠标点击一次"单步安装"按钮,计数增加一次,CWtkUniverse 类中的 AssemModlePrt( )装配零件函数响应,根据计数操作相应零件模型的安装矩阵函数 TranslateMdl1( )。针对不同零件,将其从初始位姿处开始运动,按照装配路径对模型位姿矩阵进行刷新,直至将零件模型从初始位姿移动至最终装配位置。

(2)单步拆卸。

利用 OnButtonteardown1( )函数对"单步拆卸"按钮进行设置,鼠标点击一次"单步拆卸"按钮,计数减少一次,CWtkUniverse 类中的 DisassemModlePrt( )拆卸零件函数响应,根据计数操作相应零件模型的拆卸矩阵函数 TranslateMdl1_( )。针对不同零件,将其由最终装配位置开始向外运动,按照拆卸路径对位姿矩阵进行刷新,直至将零件模型移出视图范围,移动到无穷远处。

(3)连续装配。

利用 OnButtoninstall2( )函数对"连续安装"按钮进行设置,连续装配使用定时器进行装配仿真。利用 SetTimer( )函数创建一个定时器并设置定时器时间间隔,在回调函数 OnTimer( )中添加消息处理程序代码,在定时器使用完毕后调用 KillTimer( )函数取消定时器。定时器每隔 20 s 触发一次,同时对计数加一,调用装配零件函数进行装配仿真;通过不间断触发定时器,可以实现连续装配效果。

(4)连续拆卸。

利用 OnButtonteardown2( )函数对"连续拆卸"按钮进行设置,连续拆卸使用定时器进行拆卸仿真。利用 SetTimer( )函数创建一个定时器并设置定时器时间间隔,在回调函数 OnTimer( )中添加消息处理程序代码,在定时器使用完毕后调用 KillTimer( )函数取消定时器。定时器每隔 20 s 触发一次,同时对计数减一,调用拆卸零件函数进行拆卸仿真,通过不间断触发定时器,可以实现连续拆卸效果。

为了更好地演示和说明软件系统中的摩托车发动机装配与拆卸仿真过程,现以曲轴上离合器的安装过程为例,对装配与拆卸操作进行说明,其装配过程如图 6.21 所示。

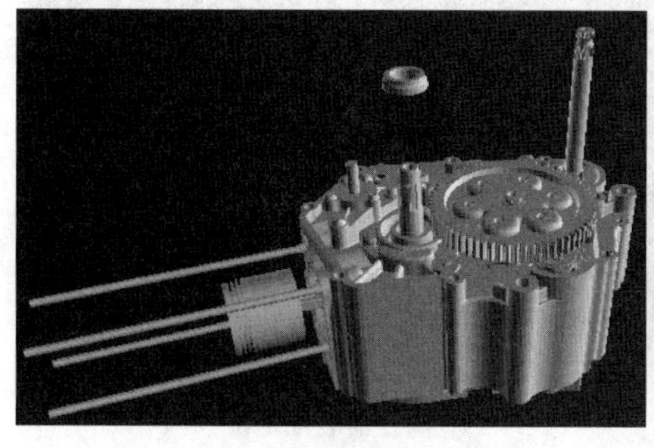

(a) 安装套筒

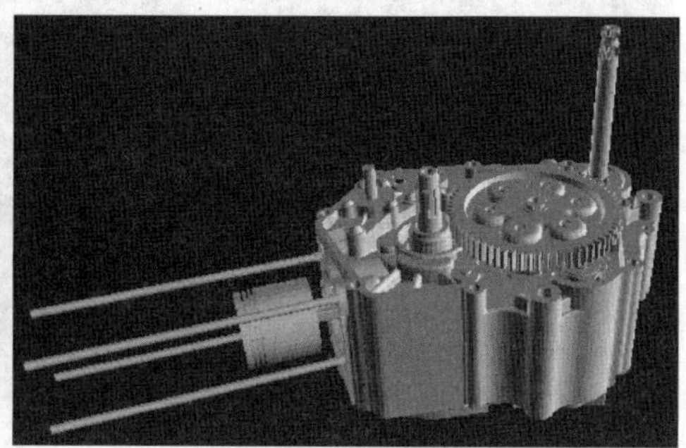

(b) 套筒装配定位

图 6.21 离合器的装配仿真

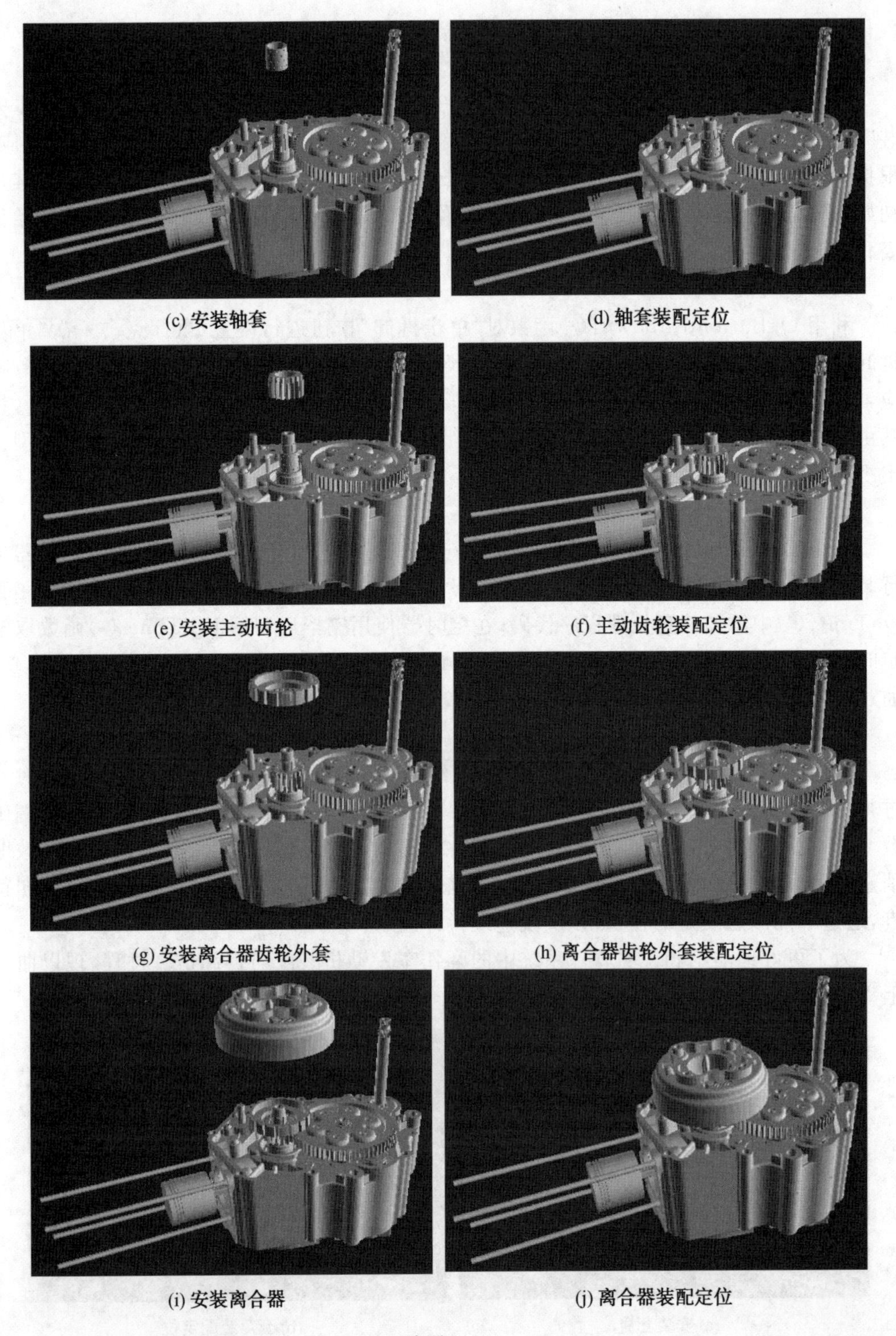

(c) 安装轴套　(d) 轴套装配定位

(e) 安装主动齿轮　(f) 主动齿轮装配定位

(g) 安装离合器齿轮外套　(h) 离合器齿轮外套装配定位

(i) 安装离合器　(j) 离合器装配定位

续图 6.21

参考文献

[1] GAO W, SHAO X, LIU H. Virtual assembly planning and assembly-oriented quantitative evaluation of product assemblability[J]. The International Journal of Advanced Manufacturing Technology, 2014, 71(1-4): 483-496.

[2] LI J R, KHOO L P, TOR S B. Desktop virtual reality for maintenance training: an object oriented prototype system (V-REALISM) [J]. Computers in Industry (S0166-3615), 2003,52(9):109-125.

[3] 王恒,宁汝新.面向虚拟装配的产品公差模型[J].计算机集成制造系统，2006,12(7): 961-975.

[4] CHRYSSOLOURIS G, MAVRIKIOS D, FRAGOS D, et al. A vrtual reality-based experimentation environment for the verification of human-related factors in assembly processes[J]. Robotics and Computer Integrated Manufacturing, 2000, 16: 267-276.

[5] DEVIPRASAD T, KESAVADAS T. Virtual prototyping of assembly components using process modeling[J]. Journal of Manufacturing Systems, 2003, 22(1): 16-27.

[6] HUANG J, DU P, LIAO W. Genetic algorithm for assembly sequences planning based on assembly constraint[J]. Computer Integrated Manufact Systems-Beijing, 2007, 13(4): 756.

[7] WANG Y, LIU J H. Chaotic particle swarm optimization for assembly sequence planning[J]. Robotics and Computer-Integrated Manufacturing, 2010, 26(2): 212-222.

[8] 曾聪文，古天龙. 求解装配序列规划的一种多智能体进化算法[J]. 计算机集成制造系统，2009，15(9)：1803-1808.

[9] 刘江山，王毅刚，王辉，等. 虚拟装配中自动路径规划算法的研究[J]. 杭州电子科技大学学报，2013，32(6)：93-96.

[10] MING C L, ELMARAGHY H A, NEE A Y C, et al. CAD model based virtual assembly simulation, planning and training [J]. CIRP Annals Manufacturing Technology, 2013, 62(2):799-822.

[11] GONG Yadong, CHENG Jun, JIAO Zhongjian, et al. Research of virtual assembly for tunnel boring machine based on division [C]//Computer Science-Technology and Applications, 2009. IFCSTA'09. International Forum on. IEEE, 2009, 1: 43-46.

[12] 郑铁，宁汝新，刘检华，等. 交互式虚拟装配路径规划及优选方法研究[J]. 中国机械工程，2006，17(11)：1153-1156.

[13] 王洁，刘检华，刘伟东，等. 虚拟装配中几何精度可视化及其实现技术[J]. 计算机集成制造系统，2012，18(10)：2158-2165.
[14] 夏平均，姚英学，刘江省，等. 基于虚拟现实和仿生算法的装配序列优化[J]. 机械工程学报，2007，43(4)：44-52.
[15] 韩晓东，常伟杰. 一种基于遗传算法的装配序列规划新方法[J]. 机械，2008，35(8)：5-8.
[16] GRANDL R. Virtual process week in the experimental vehicle build at BMWAG[J]. Robotics and Computer-Integrated Manufacturing，2001，17(1)：65.
[17] 杨建，谢志强，王坚，等. 虚拟装配技术概述[J]. 机械制造，2013，51(2)：61-64.
[18] BOUD A C，BABER C，STEINER S J. Virtual reality：a tool for assembly[J]. Presence：Teleoperators and Virtual Environments，2000，9(5)：486-496.
[19] 曾理，张林鍹，肖田元. 一个虚拟装配支持系统的实现[J]. 系统仿真学报，2002，14(9)：1149-1153.
[20] INAZU，JOHN D. Virtual assembly[J]. Cornell Law Review，2013，98：1093-1142.
[21] 赵鸿飞，张琦，苏凡囤，等. 桌面式虚拟装配训练评价系统设计与实现[J]. 解放军理工大学学报(自然科学版)，2012，13(6)：658-663.
[22] FANG Yanhong，WU Bin，HUANG Fengjuan，et al. Research on teleoperation surgery simulation system based on virtual reality[C]//Intelligent Control and Automation (WCICA)，2014 11th World Congress on. IEEE，2014：5830-5834.
[23] 刘检华，宁汝新，阎艳. 集成化虚拟装配工艺规划系统研究[J]. 中国机械工程，2006，17(23)：2486-2491.
[24] 杨梅，魏恒义，宫殿庆，等. 基于 VC++. NET 的数据访问技术与实现[J]. 计算机技术与发展，2012，22(5)：1-5.
[25] CHANDRASEGARAN S K，RAMANI K，SRIRAM R D，et al. The evolution，challenges，and future of knowledge representation in product design systems[J]. Computer-aided Design，2013，45(2)：204-228.
[26] KADIR A A，XU X，HAMMERLE E. Virtual machine tools and virtual machining-atechnological review [J]. Robotics and Computer-Integrated Manufacturing，2011(27)：494-508.
[27] OU Liming，XU Xun. Relationship matrix based automatic assembly sequence generation from a CAD model[J]. Computer-aided Design，2013，45(7)：1053-1067.
[28] 王光慧，胡赤兵，贺成柱. 基于改进遗传算法的虚拟装配路径规划研究[J]. 机械制造与自动化，2015，44(1)：205-208.
[29] 米小珍，甄晓阳，周韶泽. 虚拟装配中拆卸序列规划算法的研究与实现[J]. 中国机械工程，2011，22(13)：1576-1579.
[30] 刘林，贾庆浩，熊志勇. 基于工程语义的虚拟装配序列规划[J]. 机械设计与制造，

2013 (8): 44-47.

[31] 魏巍，郭晨，段晓东，等. 基于蚁群遗传混合算法的装配序列规划方法[J]. 系统仿真学报，2014，26(8):1684-1691.

[32] 韩水华，卢正鼎. 基于几何推理的装配序列自动规划研究[J]. 计算机辅助设计与图形学学报，2000，12(7): 528-532.

[33] 李苗. 实时碰撞检测算法分析与比较[J]. 计算机与现代化，2011 (6): 88-90.

[34] 陈尚飞. 基于分离轴理论的有向包围盒重叠测试算法[J]. 广西科学院学报，2005，21(3): 196-198.

[35] KASSS J，COLE K S，STANNY C J. Effects of distraction and experience on situation awareness and simulated driving[J]. Transportation Research Part F: Traffic Psychology and Behaviour，2007，10(4):321-329.

[36] STANTON N A，YOUNG M S，WALKERG H. The psychology of driving automation:a discussion with professor don norman[J]. International Journal of Vehicle Design，2017，45(3):289-306.

[37] BULLINGER H J，RICHTER M. Virtual assembly planning[J]. Human Factors and Ergonomics in Manufacturing，2000，10(3): 331-341.

[38] SETH A，VANCE J M，OLIVER J H. Virtual reality for assembly methods prototyping: a review[J]. Virtual Reality，2011(15):5-20.

[39] CHOI S，JUNG K，NOH S D. Virtual reality applications in manufacturing industries: past research，present findings，and future directions[J]. Concurrent Engineering，2015，23(1): 40-63.

[40] AKOUMIANAKIS D，ALEXANDRAKI C. Collective practices in common information spaces[J]. Human-Computer Interaction，2012，27(4):311-351.

[41] KOPP S，WACHSMUTH I. Model-based animation of coverbal gesture[J]. Computer Animation，2002:252-257.

[42] CHRISTIAND，YOON J. Assembly simulations in virtual environments with optimized haptic path and sequence [J]. Robotics and Computer-Integrated Manufacturing，2011，27(2):306-317.

[43] BELLAMINE M，ABE N，TANAKA K，et al. Remote machinery maintenance system with the use of virtual reality[C]// Proceedings of the 1st International Symposium on 3D Data Processing Visualization and Transmission，Padova，2002: 38-43.

[44] GRANDL R. Virtual process week in the experimental vehicle build at BMW AG [J]. Robotics and Computer-Integrated Manufacturing，2016，17(2):65-71.

[45] 孙宏. 基于包围盒的虚拟装配路径规划技术的研究[D]. 大连:大连海事大学，2015:2-4.

[46] LIVERANI A，AMATI G，CALIGIANA G. A CAD-augmented reality integrated environment for assembly sequence check and interactive validation [J].

Concurrent Engineering: Research and Application (S1063-293X), 2004, 12(3): 67-77.

[47] 万毕乐,刘检华,宁汝新,等. 面向虚拟装配的CAD模型转换接口的研究与实现[J]. 系统仿真学报,2006,18(2):391-394.

[48] GUTIERREZ T, RODRIGUEZ J, VELAZ Y, et al. IMA-VR: a multimodal virtual training system for skills transfer in industrial maintenance and assembly tasks[C]// Proceedings of 19th IEEE International Symposium on Robot and Human Interactive Communication. Principe di Piemonte-Viareggio, Italy, 2010: 428-433.

[49] BERTRAND J, BRICKLER D, BABU S, et al. The role of dimensional symmetry on bimanual psychomotor skills education in immersive virtual environments [J]. Virtual Reality,2015,1:3-10.

[50] 万根华,高曙明,彭群生. VDVAS:一个集成的虚拟设计与虚拟装配系统[J]. 中国图像图形学报,2002,7(1):25-27.

[51] 李原,张涛,余剑锋,等. 基于操作模型的装配仿真技术研究[J]. 机械科学与技术,2000,19(3):503-507.

[52] 于宏文,单琦,项阳. 基于Unity 3D的节能车虚拟装配系统的设计[J]. 上海工程技术大学学报,2018,32(2):121-126.

[53] 范冠雄. 基于Visual C++的数据库访问技术比较研究[J]. 计算机与数字工程,2010(1):64-66.

[54] 韩虎. 飞机虚拟装配场景工艺及关键技术研究[D]. 上海:上海大学,2013:89-91.

[55] 杨洪君,宁汝新,郑铁. 基于XML的CAD系统和虚拟装配系统之间的数据转换[J]. 机械设计与制造,2006(11):46-48.

名词索引